CHENXIANG SHISHUI JIEXIANG JISHU

沉香失水结香技术

何海珊　邱坚　等著

化学工业出版社
·北京·

内容简介

沉香是名贵的香料和中药材。野生沉香产量稀少，远远不能满足人们的需求，由此，人工沉香应运而生。本书深入研究了天然沉香的成香机理，通过机械创伤、真菌菌剂注入树干、化学试剂注入树干等手段，迫使白木香失水结香。通过相关试验数据，介绍了白木香诱导结香的工艺方法，并详尽分析了成品的化学成分以及工艺过程对成分的影响。

本书适宜从事香料开发的技术人员使用，也可供林木和造纸等相关专业人士参考。

图书在版编目（CIP）数据

沉香失水结香技术/何海珊等著. —北京：化学工业出版社，2021.10

ISBN 978-7-122-39651-8

Ⅰ. ①沉… Ⅱ. ①何… Ⅲ. ①沉香-栽培技术 Ⅳ. ①S573

中国版本图书馆 CIP 数据核字（2021）第 152912 号

责任编辑：邢　涛　　文字编辑：朱丽莉　陈小滔

责任校对：杜杏然　　装帧设计：韩　飞

出版发行：化学工业出版社（北京市东城区青年湖南街 13 号　邮政编码 100011）

印　　装：北京虎彩文化传播有限公司

710mm×1000mm　1/16　印张 12¼　字数 186 千字　2021 年 11 月北京第 1 版第 1 次印刷

购书咨询：010-64518888　　售后服务：010-64518899

网　　址：http：//www.cip.com.cn

凡购买本书，如有缺损质量问题，本社销售中心负责调换。

定　　价：98.00 元

前言

沉香是名贵的香料和中药材。因野生沉香资源远不能满足人们对沉香的需求，故世界上沉香产出国均大力开展人工林种植，近年来，我国人工林种植本土沉香源植物白木香（又叫土沉香，*Aquilaria sinensis*）面积得到了很大的发展，但因形成沉香的机理研究尚不透彻，难以高效稳定地出产高质量的沉香，不仅种植者难以为继，消费者也受低质量沉香产品之害。

本书编写团队从树木生理的角度出发，认为沉香的形成是树木在生长过程中形成的伪心材，此种伪心材的形成过程中，失水是造成树木形成伪心材的关键因素。

著者研究通过机械创伤、真菌菌剂注入树干、化学试剂注入树干、盐水胁迫等可能引起白木香失水的方式，意在迫使白木香失水结香。比如，机械创伤的创口或成为内部细胞失水的开口，水分可经由细胞腔、细胞壁纹孔从创口向空气散失，若以薄膜包裹，则减缓、阻止水分的散失；以不同浓度的化学试剂注入树干，试剂的成分、浓度与正常活细胞不同，以此或可诱导白木香结香；以白木香木段在干燥环境下失水，验证失水状态下白木香是否结香等。

研究提出并初步验证了白木香失水可诱导沉香形成的假设；发现结香方法不同则创伤愈合方式不同；内含韧皮部可脱分化和再分化出完整次生维管组织系统、皮层、周皮，可向下输送营养物质，在不同处理下再生情况不同；阻隔层和过渡层隔开沉香层和白木层，是创伤愈合的重要标志，因创伤不同其阻隔方式不同；环剥的再生组织形成受环境湿度、树势和创伤程度影响；研究筛选出结香效果较好的结香方案，包括环剥至形成层并包裹薄膜处理、氯化钠和亚硫酸氢钠混合试剂处理、化学试剂 A 处理，其中环剥至形成层并包裹薄膜处理具有较好的前景。

另外，研究对白木香树皮纤维的特征进行了分析，发现白木香树皮纤维的特征与用于宣纸制造的青檀树皮纤维特征相近，有可开发利用的潜力。

本书的特色在于以白木香失水可诱导结香的科学假设为中心，设计了白木香结香实验，从解剖构造及化学成分分析探索白木香结香过程的生理变化，研发了可持续的机械创伤方式的结香方法，分析了白木香树皮纤维特征，可为植物生理生化研究者、沉香结香技术研究者、从事沉香生产的技术人员、造纸行业人员提供参考，扩展了沉香生产技术及沉香形成机理的研究。

本书的出版是在国家自然科学基金“白木香失水诱导结香机制的研究”（31570555）的资助和支持下完成的，特此鸣谢！ 本书的第四章、第五章采用了李明月、肖支叶毕业论文的部分内容，特此感谢！

由于编者水平有限，本书存在的不足之处，恳请读者给予批评指正！

何海珊

2020 年 12 月

目录

第一章 概述

1.1 研究背景与意义

1.1.1 沉香的概念

1.1.1.1 从用途的角度

大部分人认识沉香，主要是由于沉香是名贵的药材和香料。从用途的角度，沉香的概念可以有狭义和广义层面的理解。

狭义的层面，是作为药材的沉香。沉香曾是一味常用药物，但由于沉香名贵，被列入贡品后，采伐无度，到明清时期已近绝产，当今大面积人工林的产香限于人工结香技术的不成熟，因此沉香药材仍然十分稀缺，虽有药理和临床的研究，但实际应用较为稀少。沉香最早记载于汉末的《名医别录》，历代本草医籍均有记载，应用历史悠久，梅全喜主编的《香药——沉香》[1]一书较全面地挖掘整理了沉香应用的记载，回顾和总结了现代医药研究背景下沉香的研究。现代药理研究表明沉香对治疗消化系统、呼吸系统、心脑血管系统、中枢神经系统疾病均有作用，还具有抗炎、抗菌、抗氧化、降血糖、抗肿瘤、止血、抗过敏等作用，在临床上的应用研究也进一步扩大了。2015 年版《中华人民共和国药典（一部）》[2]中，对沉香的描述为：本品为瑞香科植物白木香［*Aquilaria sinensis*（Lour.）Gilg］含有树脂的木材。在鉴别方法中，不仅对沉香的外观特征进行了描述，还指定了显色反应、薄层色谱图谱特征、高效液相图谱特征、醇溶性提取物含量、沉香四醇含量应符合的特征和条件。

广义的层面，是作为药材、香料、工艺品等产品原料的沉香。2017年发布的我国林业行业标准LY/T 2904—2017《沉香》（以下简称行标《沉香》）[3]中将沉香（agarwood）定义为“沉香属树种在生长过程中形成的由木质部组织及其分泌物共同组成的天然混合物质”，同时定义沉香木（Aquilaria wood）为“沉香属树种的木质部组织”。在标准中指定沉香的微观特征、显色反应、薄层色谱特征、高效液相图谱特征、醇溶性提取物含量的特征。在沉香市场上，除了沉香属，还包括多种拟沉香属树种，还存在大量分泌物含量少的沉香属树种的木质部组织，也称为沉香。

狭义层面的沉香仅来源于沉香属的一个树种，广义层面上的沉香来源于沉香属的二十余种树种；狭义层面的沉香要求具有药理药效功能的特征性化合物沉香四醇的含量需高于0.10%；狭义层面的沉香在薄层色谱和高效液相特征图谱的特征限定也更为严格。可见作为药材的沉香的条件较作为香料、工艺品等的原料的沉香更高，具体体现在树种、某一种有效成分含量的限制等。

1.1.1.2 从植物来源的角度

全球沉香源植物包括至少26种沉香属（*Aquilaria* spp.）植物、8种拟沉香属（*Gyrinops* spp.）植物中的部分树种[4]，广泛分布于东南亚、南亚、印度东北部等地，其中菲律宾的种类较多，而马来西亚的分布面积最广。郑科等在印度尼西亚的调查发现，印度尼西亚的沉香源植物资源优势明显，可产香的包括沉香属15种，拟沉香属13种，以马来西亚沉香*A. malaccensis*、*A. fillaria*为主要产香树种，野生沉香资源存量大，是沉香出产大国。但由于大量采伐，野生沉香资源的日益减少，该国的多个研究机构也在研究发展人工结香技术，并提出应引种马来西亚沉香源植物[5]。

我国传统中药沉香的来源树种白木香［*Aquilaria sinensis*（Lour.）Gilg，中文学名为土沉香，白木香是别称，但为避免与沉香的概念混淆，因此国内论文多称之为白木香，本文亦采用白木香作为树种名称］，主要分布于我国亚热带地区，主产于海南、广东、广西、福建、台湾、云南等省区，是近二十年来我国大面积种植的用于生产沉香的树种。我国的野生白木香资源仅零星分布于多个自然保护区内，数量稀少。我国原产的另一种沉香属树种是云南沉香（*Aquilaria yunnanensis*），分布于云南，分布范围较窄，研究与应用尚少。我国发展大面积规模化白木香的种植有约 15 年的历史，2016 年，据统计广东种植面积约 10000hm^2，广西约 4000hm^2，海南约 4000hm^2，福建约 667hm^2，云南在西双版纳傣族自治州有一定的种植规模[6]，实际的种植面积甚至更大。近年来，对于白木香优良品种（易于形成沉香特征性化合物的品种）的研究取得较大进展，白木香树种中奇楠的繁育技术成为研究热点，大量种植户纷纷将生长数年的普通的白木香品种苗木砍伐后嫁接奇楠嫩枝。

沉香属全部树种已列入《濒危野生动植物种国际贸易公约》附录加以保护。白木香（土沉香）于 1999 年列入《国家重点保护野生植物名录（第一批）》，保护级别为Ⅱ级。

1.1.1.3 从沉香的形成过程的角度

从沉香的形成的角度，沉香是由沉香源植物的树木活体在受到某些刺激后形成的分泌物和木质部共同组成。在自然条件下，树木在生长过程中可因风折、虫蛀、雷电、动物碰撞或咬伤等而形成伤口，树木在伤口处分泌出深色的混合物，经年累月，伤口愈合处形成的木质组织和树木分泌物组成的混合物即为沉香，沉香形成的过程称为结香。

由于过度和不合理的采伐使野生沉香资源日渐枯竭，沉香人工结香日渐兴起，人工结香技术包括物理创伤、化学试剂刺激结香等方法。其中物理创伤法即为仿照自然条件下的创伤，通过刀砍、打钉等方式使树木形成伤口，伤口处也可形成树木分泌物，一般 1～2 年采香。化学试剂刺激法是通过向树体注射促进结香的制剂，如无机盐类、有机酸类、植物激素类等制剂或混合制剂，随树液流动扩散使树木形成分泌物。

1.1.1.4 从沉香的化学成分的角度

沉香是沉香源植物受伤后历经多年沉积所得的树脂状物质，其主要特征性成分为倍半萜类和 2-(2-苯乙基）色酮类化合物，是植物体受到外界刺激所产生的次生代谢产物。戴好富主编的《沉香的现代研究》[7]对基于现代化学分析手段检测鉴定的沉香化合物进行了详细的收编和总结，至 2017 年，从沉香中鉴定出了 300 多种化学成分，自 2017 年以来，从沉香中新发现的倍半萜类、2-(2-苯乙基) 色酮类化合物超过28种。

1.1.2 沉香的价值

沉香是珍稀名贵中药材，具有多种药用功能，药理学研究证明其化学成分具有多种疗效；沉香是名贵香料，香道文化源远流长，在日本和东南亚国家已发展出多样的形态；沉香与宗教密切相关，世界五大宗教均视沉香为难得的珍品，沉香工艺品是收藏的热门。

《中国植物志》记载，白木香老茎受伤后所积得的树脂，俗称沉香，可作香料原料，并为治胃病特效药；树皮纤维柔韧，色白而细致可作为高级纸及人造棉原料；木质部可提取芳香油，花可制浸膏。

由于自然结香周期长，结香概率低，野生沉香资源日渐枯竭，沉香价格飙升，催生了人工种植及结香、加工、销售乃至金融业的产业链。

2000年以来关于沉香的研究逐渐活跃，对沉香化学成分的研究是重点，有力促进了沉香产业的发展。人工结香技术和理论在多年的研究中已经有所突破和进展，主要包括砍伤法、半断干法、断干法、凿洞法、打钉法、接菌法、化学伤害结香法等，一般0.5～4年即可采香。

由于结香技术不够成熟且多保密，沉香产量和质量仍有待提高，沉香标准不够完善，鉴别技术要求高，市场假冒伪劣现象严重，沉香产业的发展受到极大的限制，大面积白木香人工林种植已近10年，但大部分种植户经济效益低迷甚至难以为继，因此研究沉香的人工结香技术有重要的实际意义，探索沉香结香机理有重要理论价值。

1.2 国内外研究现状

1.2.1 人工结香技术研究

白木香结香技术可分为机械创伤法、真菌诱导法、化学试剂法等，分别总结分析如下。

1.2.1.1 机械创伤法

这类方法效仿自然状态下的沉香的一种形成方式。野生的沉香属木本植物，在森林中可以长成参天大树，如我国的白木香（*A. sinensis*）高度可达15m，往往在受伤部位形成沉香，其中又以风折、雷击、虫蛀为主。我国古代结香方法主要以机械伤害老茎老根为主，早在李时珍所著《本草纲目》中就有记载，现代化学分析表明机械伤害所形成沉香的成分较接近天然沉香[8]。在目前沉香市场上，机械创伤法也被认为是最安全可靠的结香方法。

砍伤法：在枝干上砍出伤口，可在伤口附近形成沉香层。打钉法：铁钉打入树干，铁被氧化使其周围木质部变为深褐色或黑色。钻孔法：以电钻在树干上打孔，孔径约1.5cm，可穿透树干，或再以烧红的铁棒烫烧孔洞，一般2年后采香，在洞口周围形成约1mm厚的沉香层，采集时往往砍伐整颗白木香树，以便取香。断干法/半断干法：截断沉香树树干，或在断面培上泥土，断面下产生薄薄的一层沉香层。断根法：《本草纲目》中记载在冬天断老根，几年后采香。敲皮法：敲击树体使树皮受伤，数月后，撕下受伤树皮，风干，可磨成粉焚烧或制成丝状插入香烟中吸食。开香门法：用刀具在树干上木质部凿出方形的创口。

虽然机械伤害的结香方式被认可为最安全可靠的结香方法，但结香率低，所需时间长，采香困难，一般对树体伤害很大，因此经济效益并不高，且人工结香对象往往是树龄小于十年的人工林，因此结香质量一般较野生十年以上的大树差。

本书在调研中发现白木香树具有环剥后不加保护措施却能再生树皮的现象，进而考虑以剥皮法刺激结香，并对白木香树皮纤维特征进行观察，或可使白木香树在结香和采香后继续生长，由此反复结香、采香。

环剥法在白木香结香的应用目前尚未见研究报道，可能是由于一般树木整圈剥皮后，有机物输送系统受到破坏，如不能恢复，将影响树木的生存，绝大部分的树木在树干受到环剥后，在环境湿度低、不做保护措施的条件下，环剥部位以上的树体往往逐渐死亡。长期的生产实践和研究均表明，有的果树在适当的时期进行环剥未损害植株，反而可以增加产量，减少病虫害。而有的皮用药材的木本植物，在环剥后采取一定措施也可促进树皮再生。杜仲作为一种树皮药用的树种，在剥皮后，需要立即以薄膜包裹，以保持创口的水分，能促进树皮的再生[9,10]。广西人工种植5～6年的肉桂树（*Cinnamomum casia*），喷“桂皮再生剂”并包裹薄膜，1个月后取下薄膜，可重新分化出新皮，且二年再生皮与原生皮含油量相近，三年再生皮的含油量明显高于前两者，接近《药典》含量标准[11]。早在 1987 年，北京大学生物系鲁鹏哲[11]等对北大校园内的 14 种种子植物进行树皮环剥再生观察，环剥长度 15～80cm，环剥后立即包裹薄膜，1 个月和 2 个月取样观察，发现其中 10 种植物均能正常再生出新皮，只有白皮松在剥皮后渗出树脂，新生树皮不能连成片，全株死亡。

解剖学研究表明，当树木的一部分树皮被剥下，次生维管组织再生主要经历愈伤组织形成、木质部细胞脱分化和筛管的出现及创伤形成层的形成三个关键阶段，即当形成层和韧皮部被剥除，树干表面的愈伤组织将形成新的周皮和创伤形成层，随后创伤形成层衍生出新的韧皮部[12]。树木大规模剥皮后维管组织再生的形态学、基因表达和植物激素调控也引起了植物学的关注和研究，树皮环剥在植物维管发育和组织再生研究方面潜力巨大[13]。

作者团队在前期研究工作中，对白木香剥皮再生的现象进行了解剖学研究，但白木香剥皮程度与诱导白木香结香的关系及相应的树皮再生情况仍不确定。

本书将在中山市五桂山沉香基地进行白木香树皮环剥和开香门的诱导结香研究，重点解决的问题是，白木香树皮环剥再生现象的细胞构造基础及树皮环剥是否具有实际应用的价值。

前期对白木香树皮进行环剥结香实验表明，白木香树皮可在环剥后再生，不影响白木香树的成活，因此纤维主要由树皮的次生韧皮部中的韧皮纤维构成，从树皮横切面观察，韧皮纤维在树皮组织中的面积所占比例大于三分之一，纤维丰富，树皮颜色浅，是白木香树皮作为优良造纸原料的先决条件。因此树干的剥皮可以成为白木香树皮纤维的来源之一。据调查，白木香树的树叶具有抗炎、抗氧化、延缓衰老的功效[14,15]，用于茶叶制作的工艺也日渐成熟[16,17]，种植户砍下生长旺盛的枝条，将树叶收集后用于制茶，而剩下的树枝也可以成为白木香树皮纤维的来源。因此，白木香树皮纤维的利用或可以提高对白木香人工林资源的综合利用率。白木香树皮色浅，纤维含量丰富，虽然《中国植物志》记载其可为造纸原料，但目前尚无对白木香树皮特征进行分析的文献。

1.2.1.2　真菌诱导法

早在1934年，沉香结香部位就可分离出砖红镰孢（*Fusarium lateritum*）、可可球二孢（*Botryodiplodia theobromae*）、色二孢属（*Diplodia* spp.）、毛霉属（*Mucor* spp.）、木霉属（*Trichoderma* spp.）、裂褶菌属（*Schizophyllum* spp.）等[18,19]。后来，Gibson等[20]分离出*Epicoccum granulatum*，并提出沉香形成与真菌有关，随后越来越多与沉香有关的真菌被分离出来，部分真菌接种于沉香属的一些树种，并成功结香。真菌诱导结香方式可分为两种：一种为在树体打洞后将菌液封存于洞中；一种为将菌液过滤，用输液袋或输液瓶装菌液，在树体钻孔后，用针管滴注菌液于树体内。因此，两种接种真菌的方式均不能避免对树体的机械伤害，无法排除机械伤害的影响，另外真菌培养液中的成分复杂，包括糖类、真菌代谢产物、水中的无机物等。

国内对真菌诱导的方法也做了大量研究。主要研究方法为将结香部位分离得到的真菌及健康部位分离得到的真菌，经分离纯化及培养，再接种到白木香等沉香属植物树体，筛选出可促进形成沉香类化合物的真菌，接种物可为真菌的液态培养物，一般液态培养物使用输液法注入树干。近年来国内外报道的可促进结香的真菌有20多种，属于6纲9目13科[21]。接种真菌的提取物也可促进沉香的形成，何梦玲等[22,23]在培养的白木香组织中添加黄绿墨耳真菌提取物诱导得到沉香2-(2-苯乙基）色酮类化合物。郑科等[5]认为印度尼西亚使用的真菌接种技术值得借鉴，特别是使用镰刀菌属真菌诱导的方法。另外，将真菌（葡萄座腔菌属）接种到离体白木香上，置于恒温恒湿箱中培养20天，证实了该菌株可以促进白木香树枝产生沉香倍半萜组分[24]。真菌培养液提取物可促进白木香结香证明了真菌侵染并不是必要因素，可能是真菌培养液中的真菌次生代谢物产生的诱导。李海燕等采用网式连接钻孔方式，使所钻孔眼相互连接，形成通道，使伤口透气，也可提高结香品质。

本书拟以两种真菌及其菌液混合剂注入树干诱导白木香树结香，观察真菌培养液结香所致白木香解剖构造的变化，并与其他方法进行比较。

1.2.1.3 化学试剂法

化学试剂法的主要优点是化学试剂法诱导结香与机械创伤法诱导结香所形成的沉香均为在刺激周边形成一层沉香物质，应用机械创伤法的沉香结香范围是创伤伤口周围，而化学物质可以渗透在植物的木质部疏导系统中，随着树液传输到植物的远端。刘培卫等[25]研究表明结香液能形成沉香的距离为 150cm 左右，向上输送通过髓心，距离 100～140cm，向下输送不通过髓心，距离为 30～50cm。

（1）植物激素

木本植物体内激素含量变化可影响薄壁细胞次生代谢，诱导和调控木本植物心材物质形成，已得到诸多研究者的认同[26,27]。影响白木香结香的植物激素包括茉莉酸甲酯（MeJA）、乙烯利、脱落酸和 6-苄基嘌呤（6-BA）等。Michiho 等[28]以 MeJA 加入白木香悬浮细胞得到 α-guaiene、α-humulene、δ-guaiene。马华明[29]将 MeJA 注入白木香树体的研究发现，48mg/kg 的 MeJA 浓度水平，最有益于白木香木材样品醇溶性提取物含量的提高。王之胤[30]的研究则表明，将 MeJA 和乙烯利混合或单独使用，涂抹于白木香树干，可诱导白木香木质部脂类物质的积累，混合试剂的效果较单一试剂效果更好，该法证明了 MeJA 和乙烯利可直接有效地诱导白木香形成树脂类物质（光学显微镜观察），但未分析其化合物成分，说明白木香结香可能不需要机械伤害。

（2）无机盐

无机盐试剂包括氯化钠、氯化亚铁、氯化铁、甲酸、乙酸、亚硫酸氢钠等均被证明可促进沉香属植物结香。Blanchette and Van Beek[31]将氯化钠、氯化亚铁、氯化铁等混合锯末放入伤口，有效防止活细胞再生，保持伤口开放，从而使得沉香树体结香。白木香悬浮细胞中加入氯化钠可得到 2-(2-苯乙基）色酮类化合物[32]。通过培养愈伤组织和细胞悬浮液，添加 75mmol/L、150mmol/L 和 300mmol/L NaCl 后获得了色酮类化合物，分离得到了 41 种 2-(2-苯乙基）色酮类化合物，其中 150mmol/L 浓度所得种类和含量最多，色酮类化合物的积累在 4 个星期之内呈增长的趋势[33]。

（3）酸性化合物

中山国林公司在沉香结香技术研究中，多采用甲酸或乙酸来充当结香促进剂，但是不同树体长势及树龄的白木香树适用的剂量不同，极容易造成树体死亡。Blanchette[31]的试验研究表明，弱酸性亚硫酸氢钠溶液注入白木香树体，可以缩短结香时间。王磊等[34]公开的专利，表明 pH 值在 1.5～3.0 的甲酸、乙酸能诱导白木香结香。

1.2.1.4 菌剂、化学试剂和植物激素混用法

在梅文莉等[35]公开的专利中，用输液法将诱导剂注入树干，诱导剂由植物激素、无机盐和苯乙醇组成，封住孔洞，间隔 1～2 个月滴加，共处理 3～24 个月诱导结香，植物激素为茉莉酸甲酯、乙烯利、6-BA，无机盐为氯化钠、氯化镁。由植物激素、无机盐和苯乙醇制备的微胶囊也可促进结香[36]。目前人工结香技术研究倾向于将多种类型的结香方法混合使用，即采用机械创伤、化学伤害、真菌诱导几种结合的方式。

本书在中山市五桂山沉香基地以一种阳离子化合物 A 试剂刺激诱导白木香，在国内外文献中均未见报道；在西双版纳沉香基地以已经报道的氯化钠和亚硫酸氢钠结香，对两类结香方法进行解剖和化学分析。

1.2.2 沉香特征性化学成分与质量评价研究

1.2.2.1 沉香的鉴定标准

沉香市场以假乱真现象严重，对沉香产业发展造成了严重的伤害。造假手段除了以其他木材或竹材冒充，还有将香精、塑化剂、沉香提取物浸注于沉香源植物或结香少、品质差的沉香里，或表面以毛笔描画出逼真的沉香花纹，因此仅凭树种识别并不能满足沉香鉴定要求，需要进行化学成分的鉴别。2017 年 12 月发布的行业标准 LY/T 2904—2017《沉香》[3]，其内容包括木材解剖和化学分析特征，迈出了沉香鉴别的重要一步。我国药典对沉香的鉴定方法也从性状鉴别到以化学分析为主，旧版的方法简便但灵敏度低、存在偏差、少量成分检出困难，无法断定造假等问题，2015 年版《中华人民共和国药典》（简称《药典》）规定了沉香性状、显微、薄层色谱、醇溶性提取物含量等指标外，增加 HPLC 特征图谱、沉香四醇含量指标。

1.2.2.2 沉香成分分析方法

沉香成分提取方法主要是乙醚超声、氯仿冷浸、乙醇热回流、水蒸气蒸馏等，分析方法主要是薄层色谱（TLC）、气相色谱-质谱（GC-MS）、高效液相色谱（HPLC）、高效液相色谱-质谱（HPLC-MS）、实时直接分析飞行时间质谱（DART-TOF-MS）、高效液相色谱-离子阱-飞行时间质谱（HPLC-IT-TOFMS）等。

在化学分析方法中，TLC 较快速简便，不需要大型仪器，成本低，但灵敏性、准确性还有待提高，且不能分析判断化合物的详细成分与含量。GC-MS 是最常用的方法，而连接顶空加热进样器（HS）和固相微萃取（SPME）的 GC-MS 进样更便捷，可固体进样，可分析沉香中的倍半萜类化合物、芳香族化合物和少数色酮类化合物。HPLC 可高效分离一些分子量较高、沸点较高、不便气化的物质如色酮类化合物，HPLC-MS 可以大大增加沉香化合物分离鉴定效果[37]。实时直接分析飞行时间质谱（DART-TOF-MS）对色酮类成分检测较为有效，具有十个或以上 2-(2-苯乙基）色酮类化合物成分的标准，固体样品可直接检测[38]。

1.2.2.3 沉香的特征性成分

沉香成分主要由倍半萜类、芳香族类、2-(2-苯乙基）色酮类、二萜类化合物组成，其特征性成分为倍半萜类化合物和 2-(2-苯乙基）色酮类化合物，目前已报道的在沉香中分离得到的倍半萜类超过 130 种，2-(2-苯乙基）色酮类近 200 种。倍半萜类主要分为沉香呋喃型、沉香螺旋烷型、桉烷型、艾里莫芬烷型、愈创木烷型，2-(2-苯乙基）色酮类主要分为 Fidersia 型 2-(2-苯乙基）色酮、5,6,7,8-四氢-2-(2-苯乙基）色酮、环氧-5,6,7,8-四氢-2-(2-苯乙基）色酮、2-(2-苯乙烯基）色酮、2-(2-苯乙基）色酮聚合物、2-(2-苯乙基）色酮糖苷、2-(2-苯乙基）色酮与倍半萜的聚合体[7]。药理研究表明芳香族的苄基丙酮，倍半萜类的沉香呋喃、沉香螺旋醇、苍术醇、γ-蛇床烯、白木香醛等具有多种药效；2-(2-苯乙基）色酮类也具有抗过敏等活性，迄今只从沉香、禾本科白茅、白羊草和葫芦科甜瓜中分离到，而 5,6,7,8-四氢-2-(2-苯乙基）色酮目前仅在沉香中检测到[39]。沉香化学成分组成因结香方式、树种、树龄、产地、时间等因素不同而不同。据报道，打钉法挥发油得率最高，凿洞法白木香醛含量高于刀砍法，并含沉香螺旋醇（GC-MS检测乙醚提取物）[40]；综合刺激（甲酸结合真菌感染）比单纯化学刺激成分更接近于天然沉香[41]；白木香树邻近部位人工砍伤和自然虫蛀 2 年的沉香化学成分相近，虫漏沉香的倍半萜和色酮类化合物的相对含量较高[42]。所报道的共有化合物一般包括苄基丙酮、对甲氧基苄基丙酮、α-檀香醇、沉香呋喃、白木香醛、沉香螺旋醇、沉香四醇、2-(2-苯乙基）色酮等，目前仅沉香四醇被作为药典要求的指标。

1.2.2.4　沉香的质量分级

鉴别沉香真伪的技术基本具备，沉香质量分级体系还在探索中。沉香的质量分级是行业内的难题与敏感话题，高品质的天然沉香价格甚至达每克万元，而结香量少的人工沉香每公斤仅百元左右，目前沉香质量分级依据包括特征性有效成分［两种 2-(2-苯乙基）色酮类化合物］含量、密度、表面分泌物、乙醇提取物含量[43,44]。但上述依据多为市场规则或地方标准，大部分依据还存在较多问题，主要原因是缺乏不同身份信息的沉香样品库，沉香的化学分析仍没有优化统一的标准方法[44]，虽然没有统一的特征性成分及含量作为客观的、科学的依据，但依据特征性化合物对沉香进行分级已经成为趋势。

一般认为天然沉香的等级高于人工结香，天然沉香指沉香源植物在没有人工干预的情况下经漫长时间形成，人工沉香则采用各种方法促使沉香源植物在较短时间内结香。解剖学观察可知天然沉香中几乎所有木质部组织（木纤维、导管、内含韧皮部、木射线、轴向薄壁细胞等）中均富含深棕色次生代谢产物，人工结香样品大部分在内含韧皮部和木射线及薄壁组织中富含棕色次生代谢产物。化学分析表明，天然沉香的倍半萜类不一定较色酮类含量高，因此通过比较倍半萜类和色酮类含量比例评价沉香质量不合理，而由于沉香化学成分复杂且因多种因素成分及含量差异大，分析方法多样，因此研究者们对于应以哪些特征性成分作为沉香的品质划分依据有不同的见解。

较多研究者认为以倍半萜类化合物为主要依据。张静斐等[45]以 SPME-GC-MS 分析对柬埔寨、东莞、海南、老挝 4 个不同产地的 12 批沉香进行分析，挥发性成分含量因产地不同而差别很大，10 种共同成分为苄基丙酮、柏木烷酮、对甲氧基苄基丙酮、柏木醇、沉香呋喃、γ-桉叶醇、沉香螺旋醇、苍术醇、γ-蛇床烯、白木香醛，作者选取了其中有药效报道的 6 种成分作为沉香特征性成分评价沉香的品质，得出老挝沉香的品质最好（特征成分总含量约为 20%），其次是柬埔寨沉香（17%），海南、东莞沉香相对较差的结论；并以此评价 3 种结香方法的沉香样品质量，生物结香法（16.6%），火钻法（13.6%），化学法最低，其中沉香螺旋醇含量最高为火钻法（相对含量约 5.5%）[46]。而广东药科大学陈晓颖团队[47,48]也提出以白木香酸（白木香醛的氧化物）、γ-桉叶油醇可作为沉香质量评价依据。

戴好富团队及中国林科院木材工业研究所团队倾向于根据色酮类成分含量对沉香进行评指评价。利用紫外-可见分光光度法测定色酮类成分含量并以此对 11 批沉香样品进行分级[49]；GC-MS 分析越南红土沉香和黄熟香的倍半萜类成分的相对含量较低（11.58%和 7.07%），色酮类的相对含量较高（71.27%和 68.16%），而吊口沉香正好相反[50]；以 GC-MS 分析 10 批沉香样品，发现野生沉香（3 个黄熟香样品）色酮类含量明显较高，而虫漏香和吊口香正好相反，板头香、皮油香、顶盖香色酮类和倍半萜类含量相当[51]；GC-MS 分析 3 批野生皮油沉香（靠近树皮处含木质部样品），表明文昌产皮油沉香的倍半萜类含量高于色酮类，而其他 2 批相反[52]；2 种野生（蚁沉和虫漏）沉香倍半萜类含量较高，而采用常规打孔和打孔火烙法得到的两类化合物含量相当[53]；GC-MS 检测一种购买自泰国的野生沉香的乙醚提取物倍半萜类成分达 56.72%，色酮类 0.35%[54]。整树结香法结香样品沉香层乙醚提取物 GC-MS 分析 2-(2-苯乙基）色酮类含量高达 60.08%，倍半萜类化合物含量 5.75%[55]。中国林科院木材工业研究所团队以 HPLC 分析色酮类化合物，建立了适用于野生沉香和人工沉香的鉴定分析方法，分析野生和人工沉香的 HPLC 图谱异同，匹配出 10 批次野生沉香 9 个共有峰，筛选出种类及含量具有显著差异的色酮类型，通过色酮类化合物的差异建立了野生沉香和人工沉香的鉴别模型[56-58]。日本 Sakura Takamatsure 等[59]认为沉香四醇是沉香形成的标志，可作为沉香质量评价的成分，沉香四醇是一种色酮类化合物，加热时可挥发出香气成分苄基丙酮，在沉香的热水抽出物中含量较高，药方中的沉香药材是用水煎制使用，且在愈伤组织死亡初期可被检测到[60]。

奇楠沉香被认为是沉香中的优等品。从奇楠沉香中分离到的倍半萜与色酮聚合而成的化合物，是其他沉香未见的[7]。奇楠沉香的乙醚提取物富含2-(2-苯乙基）色酮类化合物，含量远高于人工沉香和普通沉香，特别是化合物 2-(2-苯乙基）色酮与 2-[2-(4-甲氧基苯）乙基] 色酮[61,62]。

特征性化合物或有效化合物种类和含量可能是质量分级的最终依据，因为在药理学中沉香在多种疾病中的显著疗效与倍半萜类及色酮类等成分有密切关系。

从沉香产品的角度考虑，可根据最终用途进行分类和分级，如用于药材的沉香产品，需要考虑具有药理药效的成分含量达到标准且产品达到食品药品安全标准，而用于熏香的沉香产品，则需要具备香味物质成分，可不必达到食品药品安全标准。

沉香分级系统建立的基础是具备详细信息的沉香样品库及其解剖和化学特征数据库，野生沉香的总量少、身份信息往往难以确认，因此人工林沉香源植物资源研究、人工沉香的结香技术研究、沉香产品身份信息溯源、人工结香解剖及化学特征数据库的建立，都将是沉香产业发展的必经道路。我国传统中药沉香能否广泛应用、传统香道文化能否复兴都将依赖于此。

本书以不同结香方式诱导白木香结香，参考行业标准进行化学分析鉴定，并结合 GC-MS 对沉香抽提物进行化合物分析，将丰富人工结香技术和人工沉香解剖特征和化学特征数据库。

1.2.3 结香机理研究

诸多结香现象和结香技术研究表明，沉香形成的关键因素是白木香或其他沉香属植物受到各种伤害，导致沉香结香的伤害可分为机械创伤、化学刺激、昆虫蛀咬、真菌侵染。如果没有伤害，健康的白木香组织将不会产生沉香，因此，围绕各种伤害开发结香技术，并对其结香过程从解剖、化学组分、基因表达进行观察检测和分析，是多年来沉香科研工作的主要内容和核心内容。

1.2.3.1 真菌侵染结香假说

沉香属植物结香部位有多种真菌，如曲霉属（*Aspergillus* spp.）、可可毛色二孢（*Botryodiplodia theobromae*）、镰刀菌属（*Fusarium* spp.）、枝孢菌属（*Cladosporum* spp.）、毛霉属（*Mucor* spp.）、青霉属（*Penicillium* spp.）等，研究者提出沉香的形成是真菌侵染导致的[19]。根据这一假设理论，将真菌接种到活立木、细胞悬浮液和离体材料上，部分真菌的接种可促进沉香的形成，如将黄绿墨耳菌（*Menanotus flavolives*）的提取液加入白木香悬浮培养细胞可获得2-(2-苯乙基)色酮类化合物[63]，可可毛色二孢菌（*Botryodiplodia theobromae*）和腐皮镰刀菌（*Fusarium solani*）的液态培养物接种到白木香树干上可诱导沉香形成[64,65]，拟层孔菌（*Fomitopsis* spp.）菌液输到白木香上，6个月后能在木质部检测到沉香特征性化合物的形成[66]，等等。

白木香树打孔结香过程中的真菌类群是变化的[67]，马来西亚马六甲散盖乌当（Sungai Udang）森林保护区的马来西亚沉香（*A. malaccensis*）的受伤树干真菌鉴定表明形成沉香的部位和未形成沉香的部位都有真菌生存，但类群和数量略有区别[68]。张争等[69]提出采用火烙法和脉冲高压电击法可以诱导白木香结香，因此无菌条件也可结香，说明真菌不是结香的必要条件。

1.2.3.2 物理化学伤害结香

物理伤害和化学伤害可以促使结香。Blanchette在钻孔中加入化学试剂诱导结香，筛选出氯化钠、亚硫酸氢钠等化学试剂可以扩大结香范围，而不只在钻孔周围形成沉香[31]。机械创伤和化学试剂的输入都是对树体的伤害。

1.2.3.3 激发子诱导结香和防御反应结香

植物次生代谢研究表明，激发子可以激活植物信号传递，调节植物次生代谢途径。张争等[69]认为，在沉香结香过程中激发子可以是指真菌、真菌代谢物、机械伤害、化学伤害、伤害信号分子茉莉酸甲酯等，根据激发子均可诱导白木香结香，结香过程中侵填体集中在伤口部位，而沉香的特征性化合物又是参与植物防御相关的化合物如倍半萜类和色酮类，由此提出“白木香防御反应结香假说”。

1.2.3.4　结香是一种心材形成的理论

心材形成过程中，经历薄壁细胞的程序性死亡、代谢速率和酶活性的降低、淀粉消耗、木质部颜色变深、提取物的积累和解剖上的变化，如纹孔的闭塞与侵填体的形成及水分含量的变化。而在白木香创伤诱导变色的过程中，经历的变化也是薄壁细胞的程序性死亡、淀粉消耗、木质部颜色变深、提取物的积累和解剖上的变化，还包括纹孔的闭塞与侵填体的形成及水分含量的变化。中国林业科学研究院徐大平教授团队认为沉香是一种心材[70]，在木本植物生长过程中，创伤诱导的变色也称为心材、假心材、病态心材、创伤心材和黑心病。但树木生理学研究者 Stephen G. Pallardy[71] 认为，与树龄相关的内部刺激形成的心材与由创伤诱导形成的变色的边材不同，因为 Hart[72] 的研究表明桑橙树［*Maclura pomifera*（Raf.）Schneid.］和刺槐树（*Robinia pseudoacacia* L.）的创伤变色木质部与正常心材的颜色、含水量、水抽出物和 1%NaOH 抽出物、灰分等均有差异。

1.2.3.5　失水结香机理的提出

本研究提出，正常和非正常的心材形成，可能都与水分有关，失水是形成心材的关键因素。

失水造成的水分胁迫可能是导致薄壁细胞程序性死亡的诱因之一，也是大多数心材形成后的现象。前期研究表明，白木香木质部的含水率约为 100%，而阔叶树中散孔材的木质部含水率一般均低于 100%，环孔材一般低于 75%[71]，白木香木质部的含水率较一般阔叶树高，而形成沉香后细胞中被次生代谢产物填充细胞腔，细胞中的水分含量下降，水分含量降低是沉香形成后的现象，而水分胁迫或细胞失水能否诱导沉香形成尚未可知。

造成植物细胞失水有多种方式。比如机械创伤后，创口成为内部细胞失水的开口，内部未受机械创伤的细胞（尤其是饱含细胞液的薄壁细胞）的自由水在毛细管作用、水蒸气压差的作用下，经由细胞腔、细胞壁纹孔从创口向空气散失。比如，一些化学试剂在注入树干后，试剂的成分、浓度与正常活细胞不同，在一定条件下，由于细胞内外渗透压差变化，正常活细胞中的水分可能会向外渗出，造成细胞失水，同时高浓度化学试剂也可能渗入细胞中，对细胞的正常生理功能产生影响。比如，如果以盐水浇灌白木香树，可对白木香树造成双重胁迫，首先是干旱胁迫，即失水的威胁，其次是盐离子伤害。

本书通过机械创伤、真菌菌剂注入树干、化学试剂注入树干、盐水胁迫等可能引起白木香失水的方式对白木香进行结香诱导。

1.3 研究内容与目的

1.3.1 主要研究内容

可能造成植物细胞失水的方式有多种。本书通过机械创伤、真菌菌剂注入树干、化学试剂注入树干、盐水胁迫等可能引起白木香失水的方式，意在迫使白木香失水结香。研究中机械创伤方式包括剥皮法和开香门法，其创口或成为内部细胞失水的开口，水分可经由细胞腔、细胞壁纹孔从创口向空气散失，若以薄膜包裹，则减缓、阻止水分的散失，因此本研究试图通过包裹薄膜和裸露创口的方式诱导结香。研究中化学试剂包括无机盐试剂和试剂A，并以不同浓度试剂注入树干，试剂的成分、浓度与正常活细胞不同，以此或可诱导白木香结香。研究以盐水浇灌白木香树，可对白木香树造成干旱胁迫、盐离子伤害胁迫，或可诱导白木香结香。研究以白木香木段在干燥环境下失水，验证失水状态下白木香是否结香。

通过在广东省中山市五桂山沉香基地、西双版纳傣族自治州勐宋乡沉香基地和西南林业大学苗圃开展机械创伤诱导结香、真菌培养液诱导结香、化学试剂诱导结香、失水结香验证等人工结香试验，比较分析不同结香方式解剖构造变化。参照沉香行业标准进行化学分析测定，并以 HPLC 和 GC-MS 比较分析不同结香方式间化合物成分，优选结香技术方案，探索沉香人工林综合利用方式，分析白木香结香过程中的水分和结香的关系，结合白木香结香的构造变化和化学特征阐释白木香结香机理。

1.3.1.1 机械创伤诱导结香

① 剥皮结香法。设置3种不同程度环剥，分别为不伤及形成层的剥除部分韧皮部及外侧组织，伤及形成层的剥除部分形成层及外侧组织，伤及木质部的剥除表层木质部及外侧组织。设置裸露创口及包裹薄膜两种水分控制方式。观察结香后白木香解剖构造及化学成分特征。

② 开香门结香法。观察结香后白木香解剖构造特征。

1.3.1.2 真菌培养液诱导结香

以两种已知可诱导结香的真菌的培养液注入白木香树干，观察结香后白木香解剖构造及化学成分特征。

1.3.1.3 化学试剂诱导结香

以两种无机盐（氯化钠和亚硫酸氢钠）及其混合物溶液注入白木香树干，观察结香后白木香解剖构造及化学成分特征。

以一种阳离子化合物A试剂溶液注入白木香树干，观察结香后白木香解剖构造及化学成分特征。

1.3.1.4 盐水胁迫结香

以盐水溶液浇灌白木香树，观察盐水胁迫下白木香树结香解剖构造及化学成分特征。

1.3.1.5 水分胁迫结香

将白木香5～10年生苗木种植在温室陶盆中，设置包含适宜降水量的供水梯度，换算为每周每盆施加水量，观察土壤含水率变化，持续12个月，最终观察不同施水条件下白木香树干的解剖构造和化学成分特征。

1.3.1.6 失水结香验证

将白木香木段置于干燥环境下，使白木香木段处于失水状况下，观察失水条件下的解剖构造及化学成分特征。

1.3.2 拟解决的科学问题

① 沉香形成过程中环境含水率的变化对沉香形成有何影响，失水是否能导致白木香薄壁细胞程序性死亡并结香是一个值得研究的科学问题。

② 白木香树皮环剥能不能诱导白木香形成沉香，环剥中创伤到何种程度能导致白木香形成沉香。

1.4 研究技术路线

研究思路如图 1-1 所示。

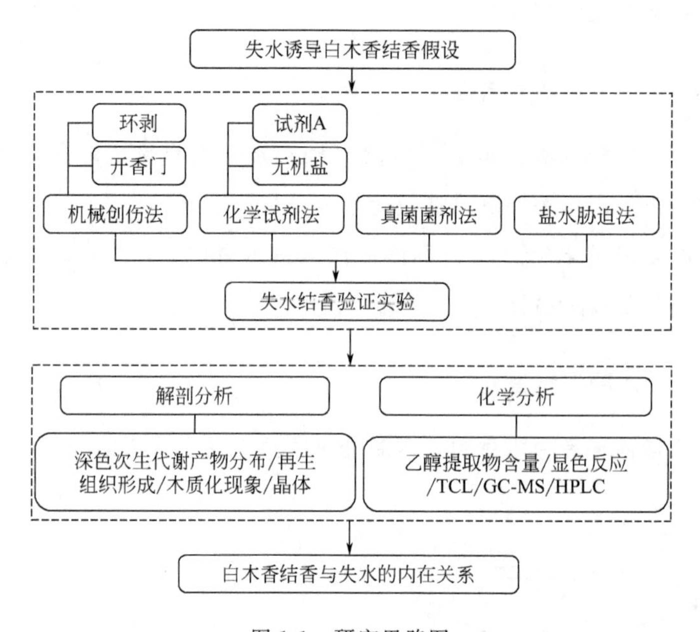

图 1-1 研究思路图

参考文献

[1] 梅全喜. 香药——沉香［M］. 北京：中国中医药出版社，2016.

[2] 国家药典委员会. 中华人民共和国药典：一部［M］. 北京：中国医药科技出版社. 2015：185-6.

[3] 国家林业局．沉香：2904—2017 [S]．北京：中国标准出版社，2017.

[4] 戴好富，梅文莉．世界沉香产业 [M]．北京：中国农业出版社，2017.

[5] 郑科，陈鹏，郭永清．印度尼西亚结香植物种质资源及沉香人工结香技术与借鉴 [J]．世界林业研究，2016，29 (1)：86-90.

[6] 缪应国，杨南．西双版纳州沉香产业发展现状及建议 [J]．林业调查规划，2016，41 (2)：133-137.

[7] 戴好富．沉香的现代研究 [M]．北京：科学出版社，2017.

[8] 梅文莉，左文健，杨德兰，等．沉香结香机理、人工结香及其化学成分研究进展 [J]．热带作物学报，2013，34 (12)：2513-2520.

[9] 张庆瑞，付国赞，彭兴隆．皮用杜仲树剥皮及树皮再生技术 [J]．农业科技通讯，2014 (6)：311-312.

[10] 王庆，丁朝华，林刚，等．杜仲剥皮促皮再生的新探索 [J]．中国中药杂志，2003，28 (11)：1079-1080.

[11] 梁红，蔡业统．肉桂环状剥皮与新皮的再生 [J]．植物资源与环境，1997，6 (3)：2-8.

[12] Chen J J，Zhang J，He X Q. Tissue regeneration after bark girdling：an ideal research tool to investigate plant vascular development and regeneration [J]. Physiologia Plantarum，2014，151 (2)：147-155.

[13] Zhang J，Gao G，Chen J J，et al. Molecular features of secondary vascular tissue regeneration after bark girdling in Populus [J]. New Phytologist，2011，192 (4)：869-884.

[14] 林焕泽，李红念，梅全喜．沉香叶与沉香药材抗炎作用的对比研究 [J]．中华中医药学刊，2013，31 (3)：548-549.

[15] 林芳花，彭永宏，柯菲菲，等．沉香叶鞣质含量测定及抗氧化、延缓衰老作用的研究 [J]．广东药学院学报，2012，28 (3)：259-262.

[16] 黄朝铭，梁凤标．一种复方沉香叶速溶茶的制作方法：201610523009. X [P/OL]. 2016.

[17] 陈丽，陈跃华，李海燕．一种含沉香叶的袋泡茶及其制备方法：201511015145. X [P/OL]. 2015.

[18] Subehan，Uedaj Y，Fujino H，et al. A field survey of agarwood in Indonesia [J]. Journal of Traditional Medicines，2005，22 (4)：244-251.

[19] Bose S R. The nature of agar formation [J]. Sci Cult，1934，4 (2)：89-91.

[20] Las G. The role of fungi in the origin of oleoresin deposits (Agar) in the wood of *Aquilaria agalocha* (Roxb.) [J]. Bano Biggyn Patrika，1977，6 (1)：16-26.

[21] 谭小明，孙雪萍，周雅琴，等．内生真菌诱导沉香形成的研究进展 [J]．黑龙江农业科学，2018 (10)：177-182.

[22] 何梦玲，戚树源，胡兰娟．白木香离体侧根中色酮类化合物的诱导形成 [J]．中草药杂志，2010，41 (2)：281-4.

[23] 何梦玲，何芳，孟京兰，等. 3种诱导子对白木香根悬浮培养细胞中2-（2-苯乙基）色酮化合物形成的影响［J］. 中成药，2013，35（7）：1367-71.

[24] 陶美华，王磊，高晓霞，等. *Botryosphaeria rhodina* A13对离体白木香形成沉香组分的作用研究［J］. 天然产物研究与开发，2012，24（12）：1719-1723.

[25] 刘培卫，张玉秀，杨云，等. 沉香结香液在白木香树体内输导规律的研究［J］. 现代农村科技，2017（5）：72-73.

[26] IMAI T. Chemistry of heartwood formation［J］. Mokuzai Gakkaishi，2012，58（6）：11-22.

[27] ZIEGLER H. Biological aspects of heartwood formation［J］. Holz Als Roh-Und Werkstoff，1968，26（2）：61-68.

[28] ITO M，OKIMOTO K，YAGURA T. Induction of ses-quiterpenoid production by methyl jasmonate in *Aquilaria sinensis* cell suspension culture ［J］. Essent Oil Res，2005，17（2）：175-80.

[29] 马华明. 土沉香（Aquilaria sinensis（Lour.）Gilg）结香机制的研究［D］. 北京：中国林业科学研究，2013.

[30] 王之胤. 白木香树木中脂类物质形成的激素诱导研究［D］. 南京：南京林业大学，2013.

[31] Blanchette R，Van B. Cultivated agarwood，US10912017 ［P/OL］. 2004.

[32] ZHANG Z X，WANG X H，YANG W Q，et al. Five 2-（2-phenylethyl）chromones from sodium chloride-elicited *Aquilaria sinensis* cell suspension cultures［J］. Molecules，2016，21（5）：1-7.

[33] WANG X，GAO B，LIU X，et al. Salinity stress induces the production of 2-（2-phenylethyl）chromones and regulates novel classes of responsive genes involved in signal transduction in *Aquilaria sinensis* calli［J］. BMC Plant Biology，2016，16（1）：119.

[34] 王磊，章卫民，高晓霞，等. 一种人工诱导白木香产生沉香的方法：201110184345. 3 ［P/OL］. 2011.

[35] 梅文莉，戴好富，王辉，等. 一种生产沉香的方法：201310150138. 5 ［P/OL］. 2013.

[36] 戴好富，梅文莉，王辉，等. 一种促进沉香树或白木香树生产沉香的微胶囊及其制备方法和应用：201510084842. 4 ［P/OL］. 2015.

[37] Li J，Chen D，Jiang Y，et al. Identification and quantification of 5，6，7，8-tetrahydro-2-（2-phenylethyl）chromones in Chinese eaglewood by HPLC with diode array detection and MS［J］. Journal of Separation Science，2013，36（23）：3733-3740.

[38] Lancaster C，Espinoza E. Evaluating agarwood products for 2-（2-phenylethyl）chromones using direct analysis in real time time-of-flight mass spectrometry［J］. Rapid Communications in Mass Spectrometry，2012，26（23）：2649-2656.

[39] Naef R. The volatile and semi-volatile constituents of agarwood，the infected heartwood of *Aquilaria* species：a review ［J］. Flavour and Fragrance Journal，2011，26（2）：73-89.

[40] 林峰，梅文莉，吴娇，等. 人工结香法所产沉香挥发性成分的GC-MS分析［J］. 中药材，2010，33（2）：222-225.

[41] Gao X X, Xie M R, Liu S, et al. Chromatographic fingerprint analysis of metabolites in natural and artificial agarwood using gas chromatography-mass spectrometry combined with chemometric methods [J]. Journal of Chromatography B, 2014, 967: 264-273.

[42] 王宇光，王军，杨锦玲，等．白木香天然虫漏和人工砍伤所产沉香的 GC-MS 分析 [J]．热带生物学报，2017，8 (4)：459-465.

[43] 海南省质量技术监督局．沉香质量等级 [M]．海南省质量技术监督局．2017.

[44] 尚丽丽，陈媛，晏婷婷，等．沉香的化学成分和品质评价研究进展 [J]．木材工业，2018，32 (3)：29-33.

[45] 张静斐，吴惠勤，黄晓兰，等．固相微萃取/气相色谱-质谱研究沉香的特征成分 [J]．分析测试学报，2017，36 (7)：841-848.

[46] 张静斐，吴惠勤，黄晓兰，等．3 种人工结香方法所得沉香挥发性成分的 SPME/GC-MS 分析 [J]．分析测试学报，2018，37 (1)：10-16.

[47] 黄欣佩，樊云飞，陈晓东，等．天然沉香香气成分的 SHS-GC-MS 指纹图谱研究 [J]．广东药学院学报，2015，31 (6)：737-744.

[48] 钟兆健，樊云飞，雷智东，等．天然沉香中白木香酸含量的高效液相色谱法测定 [J]．时珍国医国药，2016，27 (1)：21-24.

[49] 杨锦玲，梅文莉，余海谦，等．紫外-可见分光光度法测定沉香中色酮成分的含量 [J]．热带生物学报，2014，5 (4)：400-404.

[50] 杨锦玲，梅文莉，董文化，等．3 种越南产沉香的 GC-MS 分析 [J]．热带作物学报，2015，8)：1498-1504.

[51] 杨锦玲，梅文莉，董文化，等．沉香 GC-MS 指纹图谱分析 [J]．中成药，2016，38 (8)：1765-1770.

[52] 杨锦玲，董文化，梅文莉，等．海南皮油沉香挥发性成分分析 [J]．热带生物学报，2016，7 (1)：104-110.

[53] 向盼，梅文莉，杨锦玲，等．不同打洞结香法所产沉香挥发性成分的 GC-MS 分析 [J]．热带作物学报，2016，37 (7)：1413-1418.

[54] 杨艺玲，李薇，梅文莉，等．一种国外野生沉香的生物活性和化学成分研究 [J]．热带作物学报，2018，39 (12)：2473-2478.

[55] 廖格，赵美丽，宋希强，等．整树结香法所产沉香的 GC-MS 分析 [J]．热带作物学报，2016，37 (2)：411-417.

[56] 尚丽丽，陈媛，晏婷婷，等．沉香高效液相特征图谱 [J]．林业科学，2018，54 (7)：104-111.

[57] 陈媛，尚丽丽，杨锦玲，等．野生沉香的鉴别方法 [J]．林业科学，2017，53 (9)：90-96.

[58] 尚丽丽，陈媛，晏婷婷，等．HPLC 结合多变量统计建立野生与人工沉香的识别模型 [J]．林产化学与工业，2018，38 (6)：33-41.

[59] Takamatsure S, Ito M. Agarotetrol in agarwood: its use in evaluation of agarwood quality [J]. Journal of Natural Medicines, 2020, 74 (1): 98-105.

[60] Okudera Y, Ito M. Production of agarwood fragrant constituents in aquilaria calli and cell suspension cultures [J]. Plant Biotechnology, 2009, 26 (3): 307-315.

[61] 杨德兰．绿奇楠致香成分研究和沉香品质价 [D]，海口：海南大学 2014.

[62] 梅文莉，杨德兰，左文健，等．奇楠沉香中 2-（2-苯乙基）色酮的 GC-MS 分析鉴定 [J]．热带作物学报，2013，34 (9)：1819-1824.

[63] 何梦玲，戚树源，胡兰娟．白木香悬浮培养细胞中 2-（2-苯乙基）色酮化合物的诱导形成 [J]．广西植物，2007，27 (4)：627-632，657.

[64] Chen X Y, Sui C, Liu Y Y, et al. Agarwood formation induced by fermentation liquid of *Lasiodiplodia theobromae*, the Dominating Fungus in Wounded Wood of *Aquilaria sinensis* [J]. Current Microbiology, 2017, 74 (4): 460-468.

[65] 郑科，谷丽萍，肖支叶，等．腐皮镰孢菌和可可毛色二孢菌对白木香结香木质部化学成分的影响研究 [J]．林业调查规划，2019，44 (1)：27-32.

[66] 陈旭玉，杨云，刘洋洋，等．拟层孔菌（*Fomitopsis* sp.）促进沉香的形成及其生物学特性 [J]．中国现代中药，2017，19 (8)：1097-101.

[67] 马华明，梁坤南，周再知，等．国药沉香结香真菌的分离鉴定及分析 [J]．中南林业科技大学学报，2012，32 (7)：72-75.

[68] MOHAMED R, JONG P L, ZALI M S. Fungal diversity in wounded stems of *Aquilaria malaccensis* [J]. Fungal Diversity, 2010, 43 (1): 67-74.

[69] 张争，杨云，魏建和，等．白木香结香机制研究进展及其防御反应诱导结香假说 [J]．中草药，2010，41 (1)：156-159.

[70] 王东光．白木香结香促进技术研究 [D]，北京：中国林业科学研究院，2016.

[71] 帕拉帝．木本植物生理学：3 版 [M]．尹伟伦，郑彩霞，李凤兰，等译．北京：科学出版社，2011.

[72] Hart J H. Morphological and chemical differences between sapwood, discolored sapwood and heartwood in back locust and osage orange [J]. Forest Science, 1968, 14 (3): 334-338.

第二章
白木香机械创伤结香法

2.1 机械创伤结香方法与观察方法

2.1.1 环剥结香法

仪器与试剂：木工凿、木工铁锤、美工刀、保鲜膜、螺口样品瓶、甲醛（福尔马林）溶液、水循环式真空泵等。

环剥结香法包括环剥后裸露创口和环剥后以薄膜包裹创口 2 种处理创口方式，处理的树木包括 2 种情况，环剥处理方案如表 2-1 所示，共进行 9 种情况的环剥处理，由于林地中台风倒木较少，处理为 1 棵树，其余处理均重复 3 棵树。一般机械创伤方式在冬季创伤结香，结香时间至少在 1 年以上才收获，因此进行环剥结香处理 12 个月后取样观察[1]。

表 2-1 环剥处理方案

环剥等级	环剥创伤情况	创口处理	树木情况	处理时间	采样时间
Ⅰ级	不伤及形成层	裸露创口	正常活立木＋台风倒木	2017.12.11	2018.12.7
		包裹薄膜	正常活立木		
Ⅱ级	从形成层处分开	裸露创口	正常活立木＋台风倒木	2017.12.11	2018.12.7
		包裹薄膜	正常活立木		
Ⅲ级	伤及木质部	裸露创口	正常活立木＋台风倒木	2017.12.11	2018.12.7
		包裹薄膜	正常活立木		

在中山市五桂山沉香基地选取 6～7 年生白木香树，在同一棵树树干上分上中下三个部位进行不同程度环剥［图 2-1(a)］。为避免同一棵树 3 种环剥创伤互相影响，环剥位置间隔至少 30cm，避开树枝，环剥宽度 10cm。

Ⅰ级环剥，以美工刀削去树皮表面的绿色部分，露出白色部分树皮，不伤及形成层；Ⅱ级环剥，以美工刀横割一圈，距离10cm再横割一圈，两圈之间纵割一刀，割断韧皮部为宜，然后挑开树皮，沿刀口撕下树皮；Ⅲ级环剥，以美工刀横割一圈，距离10cm再横割一圈，深达木质部，刀从上面的圈向下面的圈削下，两圈之间树干均削除1～2mm厚的木质部及外侧组织[2,3]。环剥后树干表面如图2-1(c)和图2-1(d)所示。在Ⅰ级、Ⅱ级环剥后的树干上以美工刀和凿子取样[图2-1(b)、图2-1(c)]，收集Ⅲ级环剥时剥下的木样，立即以福尔马林溶液浸泡固定，带回实验室进行解剖观察，目的是为了观察不同等级环剥处理下组织创伤情况。

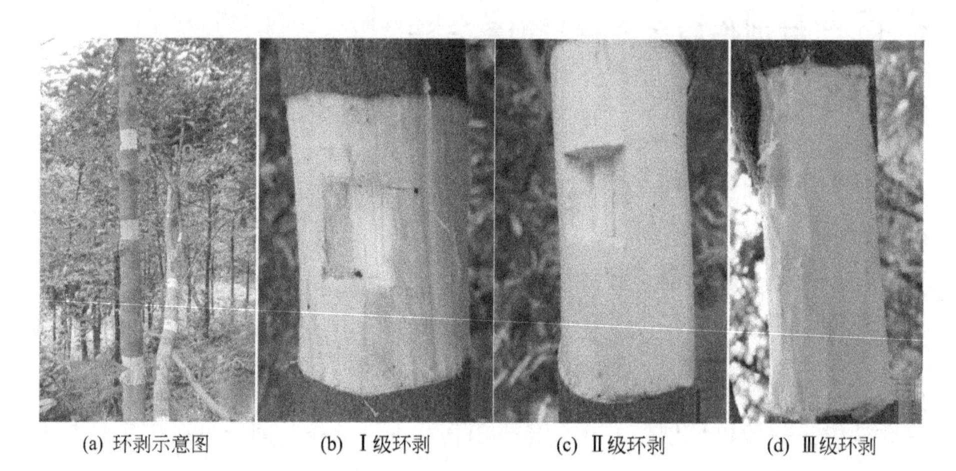

(a) 环剥示意图　(b) Ⅰ级环剥　(c) Ⅱ级环剥　(d) Ⅲ级环剥

图2-1　不同程度环剥示意图

取样方法：以美工刀在新形成的树皮上划约2cm×2cm的框，框外约0.5mm再划一个框，取下两个框之间松动的树皮，用锋利的木工凿子沿外侧方框的边缘凿入木质部约1cm，撬动木块，取出，即可得到保留了新形成树皮的木块，随即将取下的木块放入装了福尔马林溶液的样品瓶，1～2天后带回实验室，以水循环式真空泵抽真空至样品沉底[4]。

2.1.2　开香门结香法

2017年12月11日，在中山市五桂山沉香基地，选取白木香树3棵，在高1.3～1.5m处，以木工凿子和铁锤凿出深约1cm，边长约3cm的方形开口，12个月后（2018年12月7日）取样观察。

2.1.3 解剖构造观察方法

2.1.3.1 仪器与试剂

滑走切片机 Leica SM2000R（Leica Microsystems）。

生物数码显微镜 Leica DM2000（Leica Microsystems）。尼康 80i 生物数码显微镜（尼康仪器有限公司）。水循环式真空泵 SHBⅢ（郑州长城科工贸有限公司）。数码恒温恒湿箱 HH-4（国华电器有限公司）。数码鼓风干燥箱 GZX-9240 MBE（上海博迅实业有限公司医疗设备厂）。超声波清洗器 SK5200H（上海科导超声仪器有限公司）。立式压力蒸汽灭菌器 BXM-30R（上海博迅实业有限公司医疗设备厂）。电子天平 DDT-A＋200（福州华志科学仪器有限公司）。超声波清洗器 SK5200H（上海科导超声仪器有限公司），53kHz。滑走切片机 Leica SM2000R。恒温电热板 DB-1A（常州峥嵘仪器有限公司）。美的 MRU1583A-50G 型双出水净水机（佛山市美的清湖净水设备有限公司）。过滤水：经美的净水机 5 级过滤功能过滤得到的过滤水，滤出水符合《生活饮用水水质处理器卫生安全与功能评价规范——一般水质处理器（2001)》的要求。超声波清洗器 SK5200H（上海科导超声仪器有限公司）。气相色谱-质谱联用仪（GC-MS）TRACE DSQ（美国 Finnigan 质谱公司）。

聚乙二醇（PEG）1500、无水乙醇、甘油、苯胺蓝、蔗糖、磷酸二氢钾、蒸馏水等，所述试剂均为分析纯试剂。

所采集样品均进行切片及观察，对不同处理的特征性构造进行拍照记录，对重复样品的重复特征不进行拍照记录。

2.1.3.2 观察分析方法

对样品的切片制作及染色、观察方法描述如下。

样品包埋。将试样修成边长约 1cm 的小方块，浸泡于水中，以水循环式真空泵抽真空饱水至木块沉底，以自来水冲洗 1 次，浸泡于水中 30min 后再洗涤，反复浸泡洗涤 3 次，于 PEG（分子量 1500）的水溶液中逐级脱水包埋，PEG 浓度（体积比）分级为 30％，50％，70％，100％，包埋的时间为每级浓度24～30h，包埋温度为60℃，PEG浓度顺序为30%一次，50%一次，70%一次，100%一次，100%两次。PEG溶液体积至少为木块体积的3倍，并浸没木块样品。

切片。包埋后的木块样品放在木质底座上冷却固定[1]，以Leica SM2000R滑走式切片机切18～25μm切片，切片以过滤水洗净PEG。

苯胺蓝染色。以苯胺蓝染液在黑暗条件下染色30min以上。苯胺蓝染液配置方法：0.005%苯胺蓝，1/15mol/L钾-磷酸缓冲液（pH=10），加入0.2mol/L蔗糖。

用生物显微镜观察。用尼康80i生物数码显微镜和Leica SM2000 LEDR的光镜观察组织、细胞形态、内含物等构造。尼康80i生物数码显微镜配置荧光波长为330～380μm，可观察细胞壁木质化情况[2]及胼胝质分布，偏光可观察纤维素降解及晶体分布。Leica DM2000 LED的光镜摄像较尼康80i生物数码显微镜更清晰，因此部分光镜照片以Leica DM2000 LED拍摄。

数据分析。解剖定量分析包括对内含韧皮部和导管的形态和组织比量的测量分析。对剥皮法的再生组织进行测量和比较分析，分别选取台风倒木裸露创口、活立木裸露创口、活立木包裹薄膜的同一棵树的3种环剥处理进行测量，共测量3棵树的切片样品。内含韧皮部形态和导管直径测量，每组测量30个数据。内含韧皮部测量弦向直径和径向宽度，再生内含韧皮部的形态较为弯曲时，仍测量其两端直线距离。内含韧皮部和导管的组织比量测量，内含韧皮部则选取测量包含4～6个内含韧皮部的区域面积，计算内含韧皮部面积所占比例，共在不同部位选取3个区域进行测量计算；导管则选取测量包含7～10个管孔的区域面积，在不同部位选取3个区域测量计算。以SPSS Statistics 17.0软件的独立样本T检验分析判断再生组织与原组织间差异显著性，$\alpha=0.05$。

2.1.4 化学成分分析方法

参考行业标准LY/T 2904—2017《沉香》对结香样品进行分析，包括乙醇提取物含量测定、显色反应、薄层色谱、HPLC，并以GC-MS对样品进行挥发性成分分析。重复处理的结香样品，将重复样品混合后，进行进一步干燥分析。

2.1.4.1 仪器及试剂

数码恒温恒湿箱 HH-4（国华电器有限公司）。数码鼓风干燥箱 GZX-9240 MBE（上海博迅实业有限公司医疗设备厂）。超声波清洗器 SK5200H（上海科导超声仪器有限公司）。立式压力蒸汽灭菌器 BXM-30R（上海博迅实业有限公司医疗设备厂）。电子天平 DDT-A＋200（福州华志科学仪器有限公司）。超声波清洗器 SK5200H（上海科导超声仪器有限公司），53kHz。滑走切片机 Leica SM2000R（Leica）。恒温电热板 DB-1A（常州峥嵘仪器有限公司）。美的 MRU1583A-50G 型双出水净水机（佛山市美的清湖净水设备有限公司）。过滤水：经美的净水机 5 级过滤功能过滤得到的过滤水，滤出水符合《生活饮用水水质处理器卫生安全与功能评价规范——一般水质处理器（2001）》的要求。超声波清洗器 SK5200H（上海科导超声仪器有限公司）。气相色谱-质谱联用仪（GC-MS）TRACE DSQ（美国 Finnigan 质谱公司）。

实验中使用的试剂为 95％乙醇、三氯甲烷（分析纯）、100％甲醇（色谱纯）和乙醚（分析纯）。

2.1.4.2 样品粉碎及干燥

以刀具去除样品白木部分，区别黑色和黄色部分，并劈成火柴棍大小，放入鼓风干燥箱（60±2)℃条件下烘干 2h，放入粉碎机粉碎，以 40 目和 60 目过筛，以封口袋分别封装。

将称量瓶恒重，过筛后 40～60 目的样品放入恒重的称量瓶中称重，记为 m_1，将称量瓶和粉末一并放入数码鼓风干燥箱中，并打开称量瓶的盖子，在（60±2)℃条件下持续烘干 48h，盖上称量瓶盖子，取出称量瓶和粉末，放入装有硅胶干燥剂的玻璃干燥室中冷却后称重，重复该过程直到两次称量的误差小于 0.05g，干燥后的恒重记为 m_2。同一样品同时分为两组进行测定，两次测定值间的绝对误差不超过 0.3％，取算术平均值并保留至小数点后第三位。样品含水率 W（％）按下式计算。

$$W(\%)=\frac{m_1-m_2}{m_s}\times 100\%$$

式中 m_1——干燥前样品和称量瓶的质量，g；

m_2——干燥后样品和称量瓶的质量，g；

m_s——干燥前样品的质量，g。

2.1.4.3 乙醇提取物含量测定方法

将2.1.4.2中干燥后的置于玻璃干燥室的样品，称取2g（精确至0.001g），置于250mL干燥的磨口三角瓶中，加入95%乙醇100mL，以磨口瓶塞封口称重（精确至0.001g），静置1h后，连接回流冷凝管，放在水浴锅上加热至沸腾，并保持微沸1h后，待三角瓶冷却，取下三角瓶，以磨口瓶塞封口，擦干三角瓶，再称重（精确至0.001g），用95%乙醇补足损失的重量，摇匀；用定性滤纸（中速）放于漏斗上过滤样品抽提液。对已干燥后冷却至恒重的蒸发皿称重，记为 m_2，将25mL过滤液，置于已干燥后冷却至恒重的蒸发皿中，在水浴锅上蒸干后，再放入(103±2)℃条件下的烘箱中干燥3h，置于装有硅胶干燥剂的玻璃干燥室中冷却后迅速称重，记为 m_1。同一样品同时分为两组进行测定，两次测定值间的绝对误差不超过0.3%，取其算术平均值并保留至小数点后第三位。乙醇提取物含量 X（%）按下式计算。

$$X(\%)=\frac{m_1-m_2}{m_s\times(1-W)}\times 400$$

式中 m_1——乙醇提取物和蒸发皿的质量，g；

m_2——蒸发皿的质量，g；

m_s——样品的质量，g；

W——样品中的含水率，%。

2.1.4.4 显色反应方法

取上述乙醇提取物滤液25mL，加入表面皿中，将表面皿放于水浴锅上，待溶剂挥发至表面皿上有油状物出现，取下表面皿，向油状物中加1滴浓盐酸与0.05g香草醛，再滴加95%乙醇1～2滴，观察颜色变化。

2.1.4.5 薄层色谱分析方法

将上述干燥后的置于玻璃干燥室的样品，称取0.2g（精确至0.001g），放入 40mL 螺口玻璃瓶中，加 30mL 乙醚，盖紧玻璃螺口瓶盖子，在水浴中超声处理 60min，取出螺口玻璃瓶，打开瓶盖，置于通风橱中挥干乙醚，向样品残渣中加 1mL 三氯甲烷使其溶解，盖紧瓶盖。硅胶 G 薄层板经烘箱 110℃活化 0.5h，并用铅笔在距离薄层板一端 1.5～2.0cm 处画横线，距离至少 1.5cm 画点样点，并标记样品编号，在距离点样点 15cm 处标记记号。用玻璃毛细管放入装有样品的螺口玻璃瓶中，吸取三氯甲烷溶解的样品溶液约 4μL，将样品溶液按照编号顺序点在硅胶 G 薄层板的点样点上。

三氯甲烷 10mL 和乙醚 1mL（10∶1）作为展开剂分别加入层析缸。将点样后的硅胶 G 薄层板点样的一端放入层析缸中，层析缸中的展开剂液面应低于硅胶 G 薄层板点样处 5mm 左右，盖上层析缸玻璃板，并以遮光布遮光。待展开剂前沿在硅胶 G 薄层板上展开达到规定展距 15cm，取出薄层板，在通风橱晾干。将晾干后的硅胶 G 薄层板置于暗箱紫外分析仪中，在波长为 365nm 的光下检视，拍照。

2.1.4.6　HPLC 分析方法

高效液相（HPLC）分析参考我国现行林业行业标准 LY/T 2094—2017《沉香》。样品中沉香四醇的含量测定方法采用《中华人民共和国药典》中的高效液相色谱法（通则 0512）。

HPLC 制样。取沉香样品粉末约 0.2g，置于样品管中，加入 95%乙醇 10mL，密封，称量，静置 30min，超声处理 60min（功率 250W，频率 20kHz），放冷 30min，再称量，用 95%乙醇补足减少的质量，摇匀静置，上清液用 0.45μm 有机微孔过滤膜滤过，取滤液备用。

HPLC 色谱条件。色谱柱为 Diamonsil C_{18}（250mm×4.6mm×5μm），十八烷基硅烷键合硅胶为填充剂；乙腈为流动相 A，0.1%甲酸溶液为流动相 B，进样量 10μL，柱温 32℃，流速 0.7mL/min，检测波长 252nm。梯度洗脱程序为：0～10min，15%～20%A；10～19min，20%～23%A；19～21min，23%～33%A；21～39min，33% A；39～40min，33%～35%A；40～50min，35%A；50～60min，95%A。

实验选取乙醇提取物含量大于 10%的 12 个人工结香样品进行 HPLC 分析。所得谱图采用《中药色谱指纹图谱相似度评价系统》（2012 版），在生成对照状态下进行数据处理。

2.1.4.7 GC-MS分析方法

采取3种抽提方式，分别为水蒸气蒸馏法、乙醇超声抽提法、索氏抽提法。

① 水蒸气蒸馏法。称取20g（精确至0.001g）粉碎后（小于40目）的沉香对照样，置于3L的圆底烧瓶中，加入1.5L蒸馏水，圆底烧瓶上接精油提取装置，用调温电热套加热并保持微沸，蒸馏8h，可见提取装置的收集管中出现油水分离现象，缓慢放出下层水溶液，用无水乙醇涮洗附着在收集管内壁的油状液体，置于玻璃瓶中备用。

② 乙醇超声抽提法。取0.5g（精确至0.001g）粉碎后（40～60目）的沉香样品，加入15mL无水乙醇，超声水浴处理2h，加入60℃水继续超声水浴处理1h，放冷，用电动离心机离心20min，取上层清液浓缩至2mL备用。

③ 索氏抽提法。取2g（精确至0.001g）粉碎后（40～60目）的沉香样品，用滤纸包好，放入索氏抽提器中，用无水乙醇抽提3h，取所得液体浓缩备用。

气相色谱实验条件：色谱柱为型号为DB-17（30m × 0.25mm × 0.25μm）的弹性石英毛细管柱，载气为高纯氦气，氦气流速为1.0mL/min，进样量为2μL，不分流进样，进样口温度为230℃。升温程序：起始60℃，保持5min，以20℃/min的速度升温到170℃，保持5min，以5℃/min的速度升温到210℃，保持5min，以20℃/min的速度升温到290℃，保持15min。质谱条件：离子源为EI离子源，离子源温度为200℃，电离能为70eV。

2.2 机械创伤结香解剖构造分析

2.2.1 机械创伤结香法对照样观察

环剥结香及开香门结香方法对象均为中山五桂山沉香基地6～7年生白木香树，且处理时间和采样时间一致，因此均以开香门法开香门时取下的木块为对照样品，为包含树皮的方块。

树皮部分由周皮（periderm）、皮层（cortex）和韧皮部（phloem）构成。周皮起源方式为常见的皮层外方式（outer cortex layers），周皮中的栓皮层（phellem）约3～5个细胞径向排列，为方形、长方形。皮层细胞多为椭圆形，少数细胞含深色次生代谢产物。韧皮部中韧皮射线（phloem ray）宽度由形成层方向至皮层方向由窄变宽；韧皮纤维（phloem fiber）壁厚，径向上呈火焰状排列；韧皮薄壁细胞（phloem parenchyma）分布于韧皮纤维间，大部分弦向排列。

木质部中，导管单管孔、径列复管孔（2～5个）及管孔团，椭圆形，直径29～143μm；单穿孔，穿孔板倾斜；管间纹孔式互列；薄壁细胞量少，零星分布；纤维壁薄，径向排列，弦壁及径壁上有具缘纹孔；木射线单列或双列，富含淀粉颗粒；内含韧皮部（interxylary phloem）岛屿状，弦向长280～1575μm，径向宽98～279μm，在木质部均匀分散分布，内含韧皮部中存在韧皮纤维、韧皮射线、韧皮薄壁细胞、筛管及伴胞，胼胝质零星分布，晶体柱状和细长状（styloids and elongated crystals）零星分布，见图2-2。

2.2.2　环剥结香样品解剖构造观察

2.2.2.1　剥除的组织类型及生长情况

通过显微观察环剥剥除的组织可以判断3种程度环剥剥除的组织类型。其中Ⅰ级环剥包括周皮、皮层和部分次生韧皮部[图2-3(a)]，Ⅱ级环剥包括周皮、皮层、次生韧皮部和大部分形成层[图2-3(b)]，Ⅲ级环剥包括周皮、皮层、次生韧皮部、形成层和含有1～3层内含韧皮部的木质部[图2-3(c)]。

中山市沉香基地白木香树在环剥处理后，3种不同程度的剥皮创口均可长出新的组织，完全愈合，树木生长仍然继续，直径增加，没有明显树势衰退的迹象（图2-4）。

裸露创口时，Ⅱ级环剥处理和Ⅲ级环剥处理可使白木香在树干表面形成棕褐色的沉香层，Ⅰ级环剥处理未形成沉香层。3种程度的环剥处理均使白木香形成了新的树皮，且Ⅰ级环剥处理后的树干直径没有降低，Ⅱ级环剥处

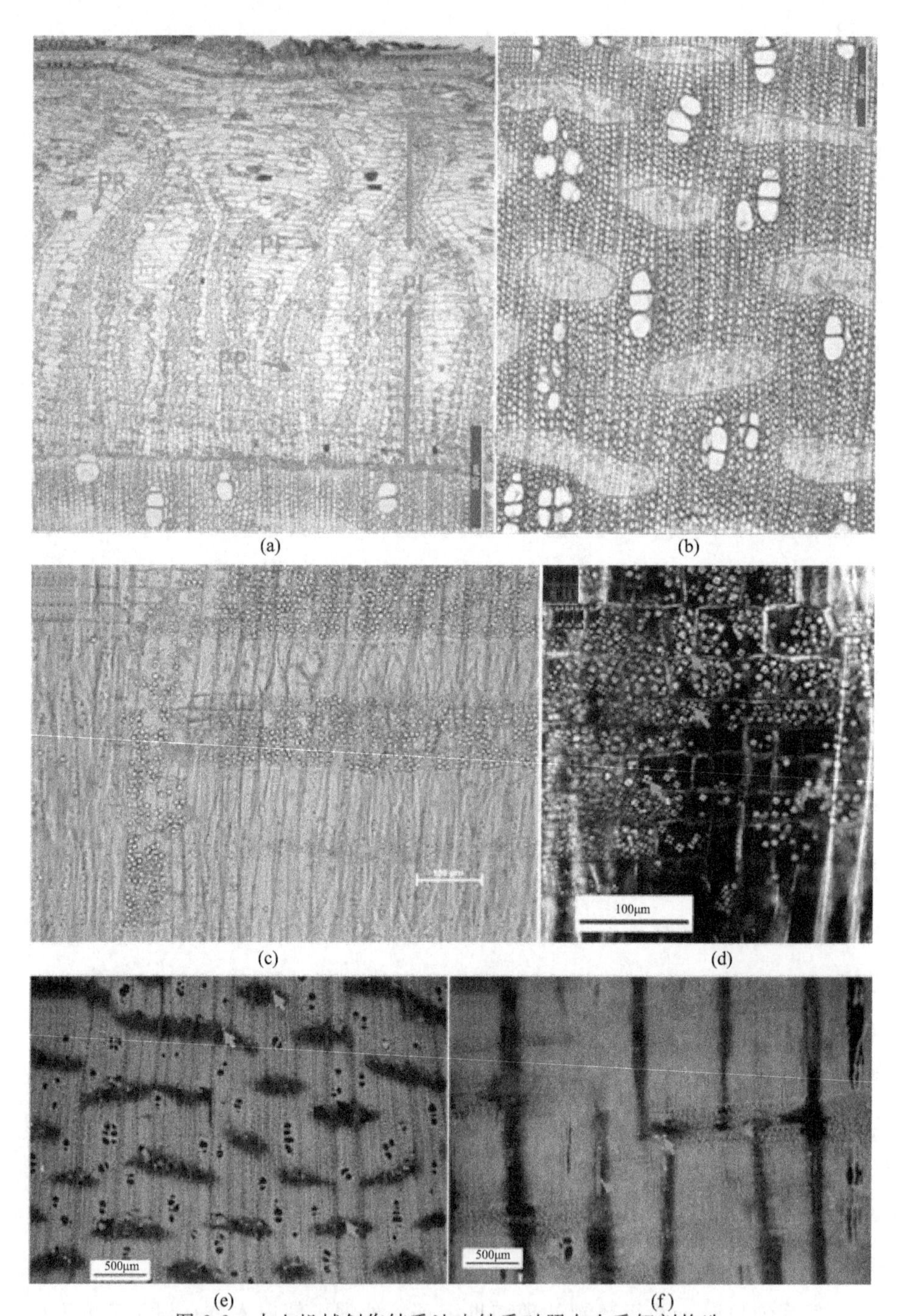

图2-2 中山机械创伤结香法未结香对照白木香解剖构造

图2-2中，图（a）为树皮部分横切面，含栓皮层（PM）、皮层（Ct）、韧皮部（Pl）、韧皮薄壁细胞（PP）、韧皮射线（PR）；图（b）为木质部横切面，存在内含韧皮部（虚线圈）；图（c）为木质部径切面，内含韧皮部和木射线中淀粉颗粒（箭头）丰富；图（d）为偏光径切面，淀粉颗粒（箭头）在偏光下可呈中间十字形分隔的四瓣光斑；图（e）为荧光横切面；图（f）为荧光径切面，可见胼胝质（箭头）在内含韧皮部中零星分布

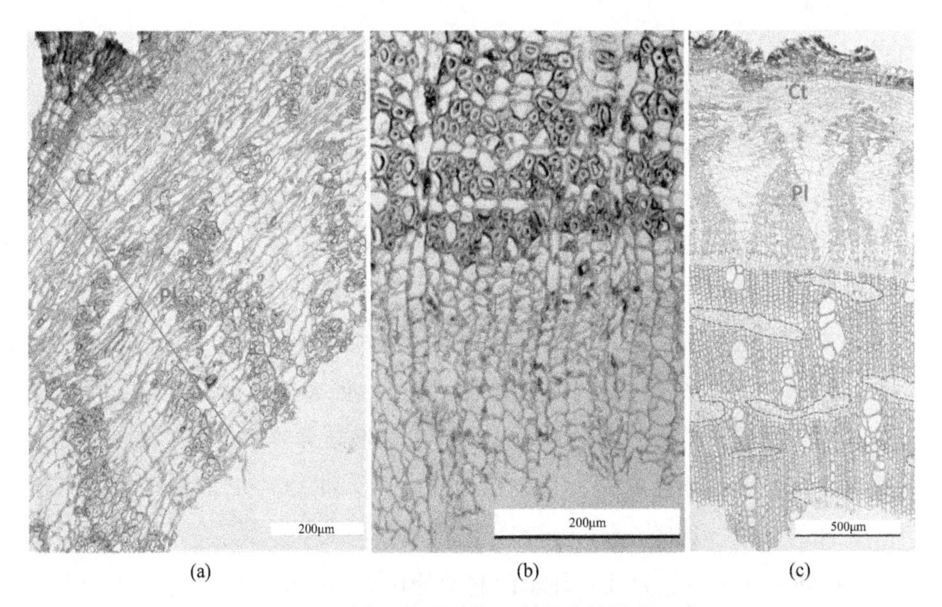

(a)　(b)　(c)

图 2-3　不同程度环剥处理白木香的微观观察

在图 2-3 中，图（a）为Ⅰ级环剥剥除部分；图（b）为Ⅱ级环剥剥除部分，包括部分形成层（箭头）及外侧组织；图（c）为Ⅲ级环剥剥除部分，包括含有 1～3 层内含韧皮部（虚线圈）的木质部及外侧组织

(a) 裸露创口处理6个月的白木香树　(b) 包裹薄膜处理6个月的白木香树

图 2-4　白木香树环剥处理 6 个月生长情况

理和Ⅲ级环剥处理的部位树干略膨胀，说明环剥处理的部位形成了再生组织，且生长速度更快。

裸露创口的情况下，Ⅰ级环剥处理1个月后，树皮表面组织变浅褐色，组织变干燥，6个月后树皮表面被绿色的藻类附生，树皮变为绿色，12个月后树皮表面变为褐色。Ⅱ级环剥处理1个月后，新的树皮尚未形成，可见处理处有霉菌长出，未被霉菌染色的部位显浅黄色，6个月后新的树皮已经形成，树皮表面还有一层深褐色的裂开的木质层，木质层表面被绿色的藻类附生，变为绿色，12个月后树皮表面变为褐色。Ⅲ级环剥处理1个月后，新的树皮尚未形成，对于裸露的木质部，肉眼可清晰分辨出内含韧皮部，内含韧皮部颜色较纤维颜色略深，呈黄褐色，6个月和12个月后的形貌与Ⅱ级环剥处理的类似，见图2-5。

3种环剥处理时，刀片在环剥的起始处切割创伤至木质部时，12个月后该部位隆起，如图2-5(g)、(h)、(i)所示，但在6个月时还尚未隆起，可能与白木香树冬季储藏营养到木质部中有关。

以薄膜包裹的情况下，揭开薄膜后，创口表面湿润，无干燥开裂现象，Ⅰ级环剥和Ⅱ级环剥均未膨大，Ⅲ级环剥明显膨大（图2-6）。

2.2.2.2 Ⅰ级环剥处理样品解剖构造观察

在进行活立木Ⅰ级环剥裸露创口、活立木Ⅰ级环剥薄膜包裹、台风倒木Ⅰ级环剥裸露创口处理下，白木香解剖构造变化类似，在再生组织、深色次生代谢产物、胼胝质分布、晶体分布等方面没有明显区别[5]。

受创韧皮部组织死亡后变为落皮层，厚约100μm，深色次生代谢产物丰富，可见韧皮纤维；受创韧皮部内侧再生了薄壁组织层及周皮；维管形成层和木质部未见明显异常，见图2-7。

在木质部中可见再生组织和原组织的界线，可见活立木Ⅰ级环剥裸露创口的再生组织厚度达5mm，而活立木Ⅰ级环剥薄膜包裹、台风倒木Ⅰ级环剥裸露创口处理的再生组织厚度为500～1000μm。

测量并以独立样本T检验（$\alpha=0.05$水平）分析导管腔径、导管比量、内含韧皮部弦向长度、内含韧皮部径向宽度、内含韧皮部比量，结果见表2-2。结果表明3种情况的再生导管的腔径较原导管显著降低（Sig.＜0.05），

图 2-5　不同程度环剥白木香树的表面随时间变化

在图 2-5 中，图（a）～图（c）为环剥 1 个月，图（d）～图（f）为环剥 6 个月，图（g）～图（i）为环剥 12 个月。图（a）、图（d）、图（g）为Ⅰ级环剥，图（b）、图（e）、图（h）为Ⅱ级环剥，图（c）、图（f）、图（i）为Ⅲ级环剥

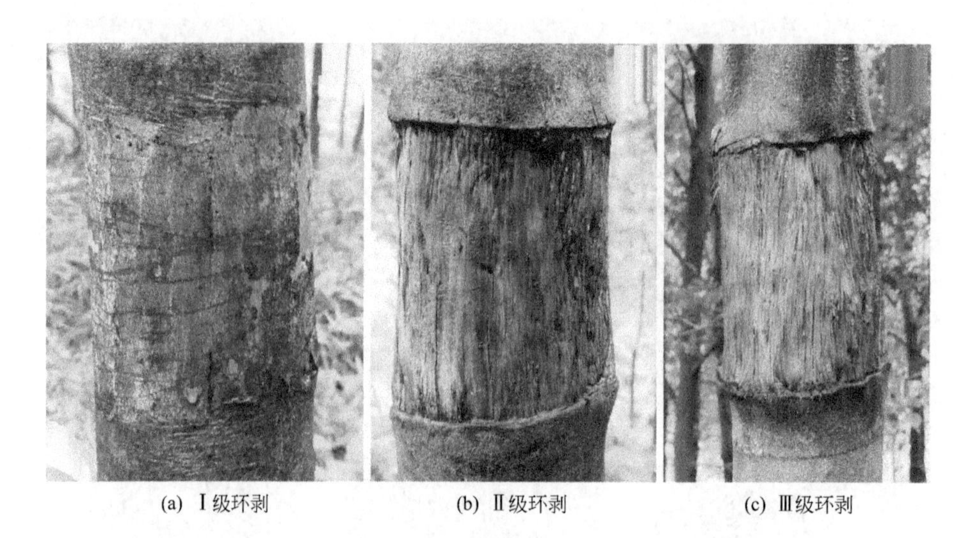

(a) Ⅰ级环剥　　(b) Ⅱ级环剥　　(c) Ⅲ级环剥

图 2-6　不同程度环剥并包裹薄膜 12 个月的白木香树的表面

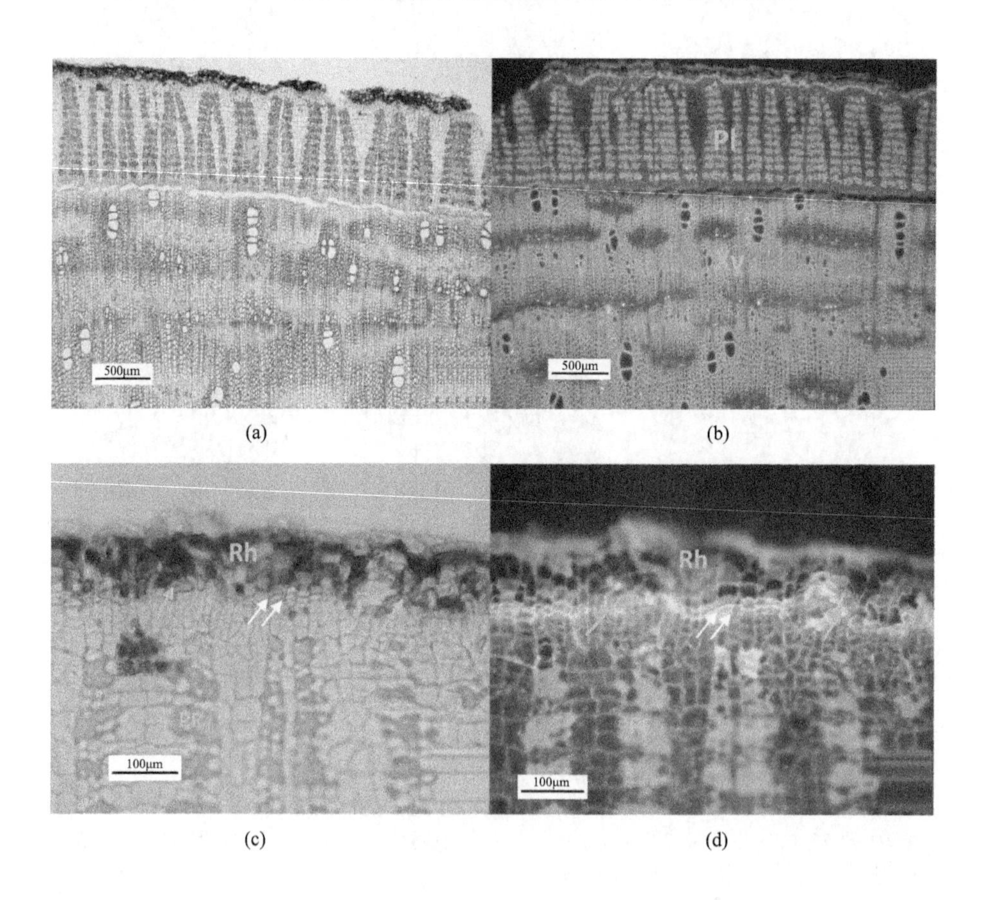

(a)　　(b)

(c)　　(d)

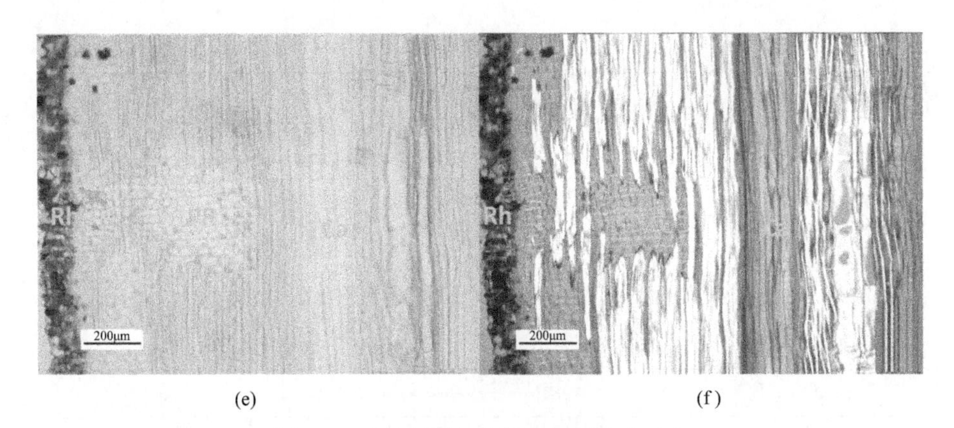

(e)　(f)

图 2-7　Ⅰ级环剥包裹处理解剖构造观察

在图 2-7 中，图（a）为横切面正常光，可见木质部基本构造与对照样类似；图（b）为横切面荧光，可见胼胝质零星分布，与对照样类似；图（c）为横切面正常光，可见落皮层（Rh）中富含深色次生代谢产物，内含原组织韧皮纤维（细单箭头）细胞，再生薄壁组织层细胞 3～4 层；图（d）为横切面荧光，可见木栓层细胞（双箭头）隔开落皮层和次生韧皮部；图（e）为径切面正常光；图（f）为径切面偏光，可见再生薄壁组织层柱状晶体（粗单箭头）零星分布。图中，Pl 标示次生韧皮部，Xy 标示木质部，PR 标示韧皮射线，Ca 标示形成层

台风倒木的再生导管比量较原组织显著增加（Sig. =0.002），而再生组织内含韧皮部的弦向长度较原组织显著短（Sig. =0.000），裸露创口再生组织的内含韧皮部径向宽度较原组织显著降低（Sig. =0.001），其余变量差异不显著。

表 2-2　Ⅰ级环剥再生组织和原组织测量

统计	倒木-再生组织	倒木-原组织	立木-裸露-再生组织	立木-裸露-原组织	立木-包裹-再生组织	立木-包裹-原组织
导管平均腔径/μm	54.85	74.74	62.75	77.11	55.09	100.01
导管最大腔径/μm	100.81	128.76	110.07	102.05	112.25	142.99
导管最小腔径/μm	18.99	27.43	29.54	33.36	25.22	68.06
标准方差	24.40	21.22	21.36	15.78	23.72	19.30
T 检验 Sig. 值	0.001		0.004		0.000	
导管组织比量均值/%	13.42	7.03	5.47	7.53	8.72	6.96
导管组织比量最大值/%	14.68	7.67	6.93	8.99	9.30	7.78
导管组织比量最小值/%	12.63	6.20	3.49	6.51	7.71	5.82
标准方差	1.10	0.76	1.78	1.30	0.88	1.02
T 检验 Sig. 值	0.002		0.180		0.193	

续表

统计	倒木-再生组织	倒木-原组织	立木-裸露-再生组织	立木-裸露-原组织	立木-包裹-再生组织	立木-包裹-原组织
IP 平均径向宽度/μm	182.63	194.61	226.00	262.93	169.32	180.25
IP 最大径向宽度/μm	252.06	277.41	299.09	352.03	265.27	225.09
IP 最小径向宽度/μm	104.66	125.71	152.58	183.24	57.29	136.17
标准方差	33.56	37.53	37.90	40.15	47.31	24.79
T 检验 Sig. 值	0.198		0.001		0.268	
IP 平均弦向长度/μm	330.10	563.05	552.10	614.80	579.54	655.52
IP 最大弦向长度/μm	838.28	1190.90	1221.02	1202.40	1575.98	1440.04
IP 最小弦向长度/μm	125.76	242.68	276.30	353.85	120.87	325.28
标准方差	179.54	226.74	224.87	232.38	403.09	309.60
T 检验 Sig. 值	0.000		0.293		0.416	
IP 组织比量均值/%	22.59	18.49	21.95	27.35	16.73	14.96
IP 组织比量最大值/%	23.79	23.83	25.10	28.91	17.99	16.08
IP 组织比量最小值/%	21.40	13.82	19.06	25.10	15.69	12.75
标准方差	1.19	5.04	3.03	1.99	1.16	1.91
T 检验 Sig. 值	0.242		0.062		0.241	

注：IP 标示内含韧皮部。

2.2.2.3 Ⅱ级环剥处理样品解剖构造观察

活立木Ⅱ级环剥裸露创口、台风倒木Ⅱ级环剥裸露创口、活立木Ⅱ级环剥包裹薄膜 3 种处理情况的解剖构造均显著不同。

(1) 正常活立木Ⅱ级环剥裸露创口处理

活立木剥除部分形成层并裸露创口后，白木香树由外向内形成了腐朽层、沉香层、再生韧皮部、再生木质部。腐朽层厚约 500μm，含 1 层内含韧皮部，沉香层厚 500～1000μm，含 2～3 层内含韧皮部，再生韧皮部厚约 1mm，再生木质部厚 2～3mm，偏光显示其木纤维中的纤维含量较原组织低，再生木质部嵌有不含内含韧皮部的原组织木质部，其导管含深色次生代谢产物，见图 2-8。

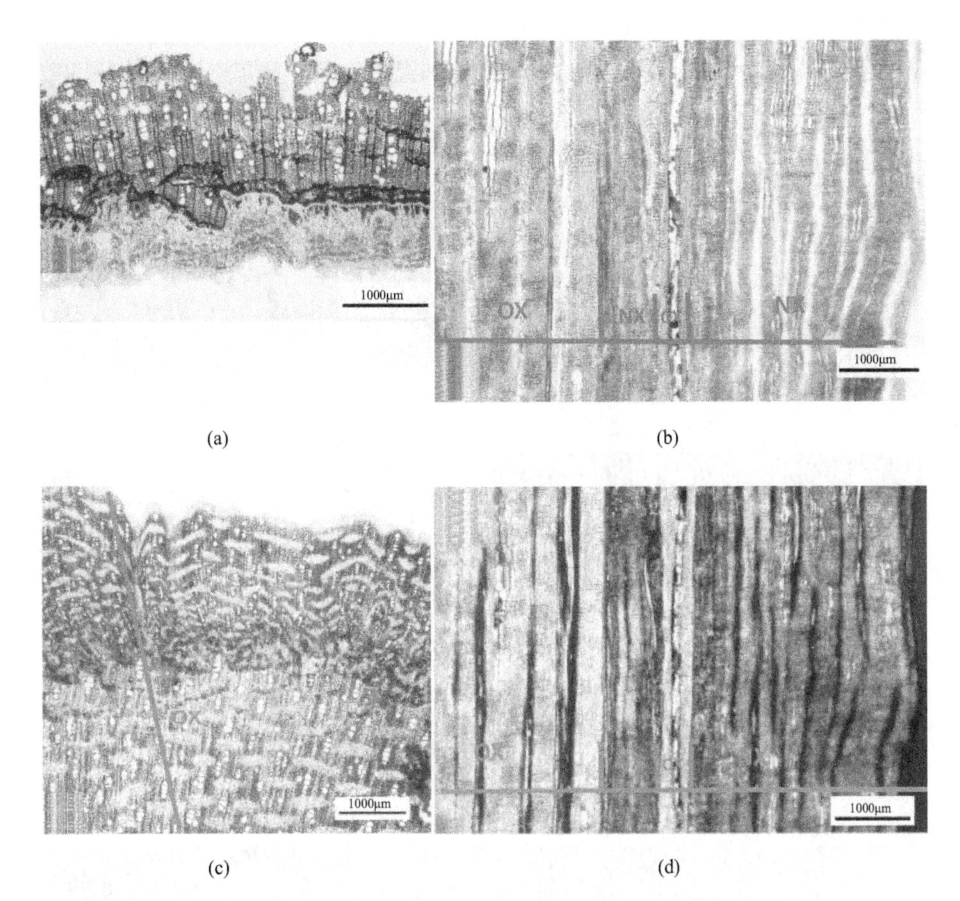

(a)　(b)

(c)　(d)

图 2-8　正常活立木Ⅱ级环剥裸露创口处理形成的再生组织和沉香层

在图 2-8 中，图（a）为树皮部分横切面正常光，可见腐朽层（D）、沉香层（A）、韧皮部（Pl）；图（c）为木质部横切面正常光，可见再生木质部厚度为 2～3mm，木质部组织排列异常；图（b）为木质部径切面正常光，可见再生木质部（NX）中嵌着原组织（OX），原组织中的导管含深色次生代谢产物；图（d）为木质部偏光，可见再生木质部（NX）偏光亮度较原组织（OX）低

腐朽层中，内含韧皮部组织几乎全部降解，木纤维的荧光和偏光反应都较其他层暗，说明木质素和纤维素有显著的降解，腐朽的木质部中有真菌的子座，在导管和木射线中可见菌丝（图 2-9）。

沉香层内侧内含韧皮部在外侧脱分化形成木质化短细胞群，在内侧富集大量晶体，深色次生代谢产物分布于木射线细胞、内含韧皮部和部分皮层细胞、少部分导管中，皮层中富含晶体，见图 2-10。

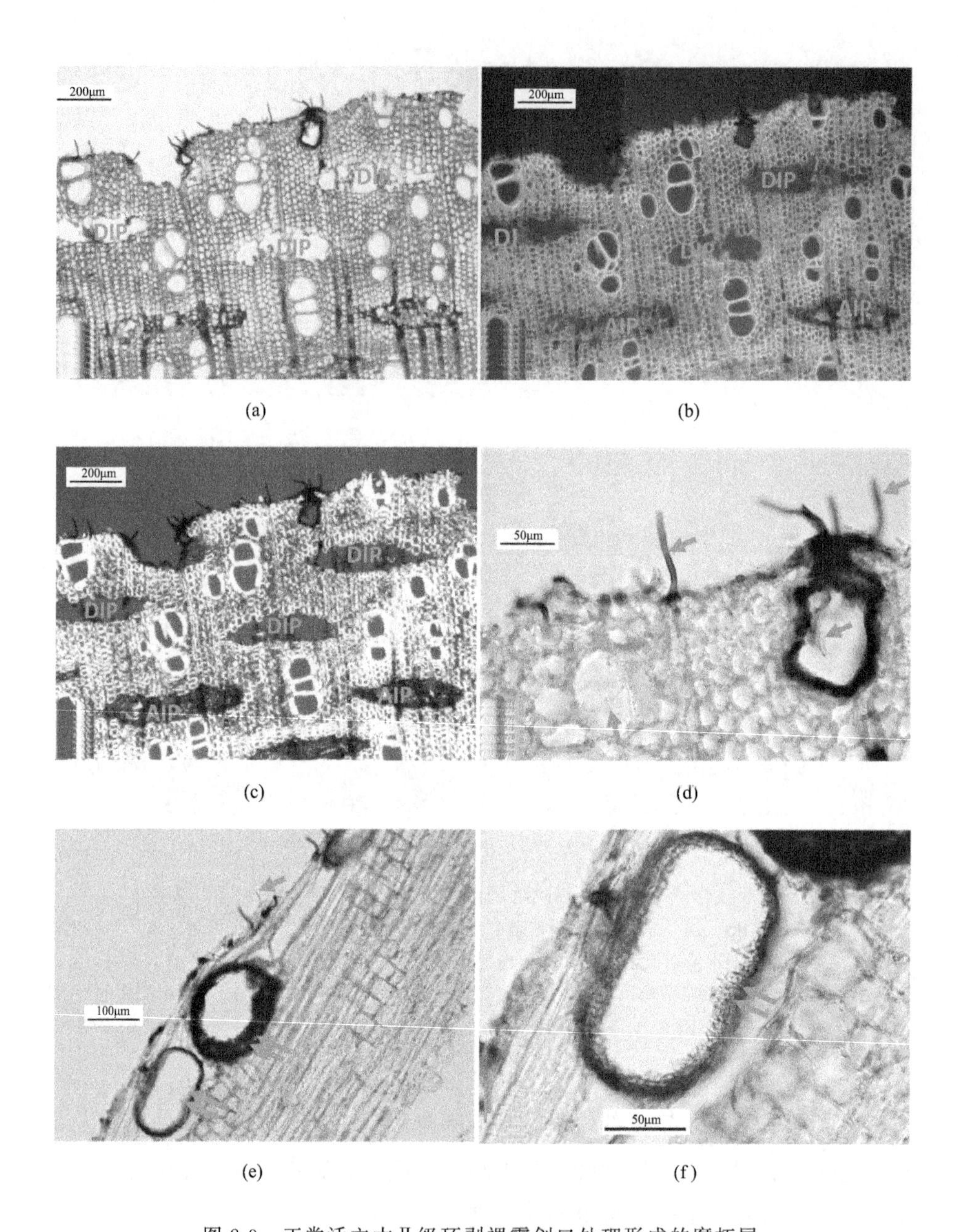

图 2-9　正常活立木Ⅱ级环剥裸露创口处理形成的腐朽层

在图 2-9 中，图（a）、图（d）为横切面正常光，图（b）为横切面荧光，图（c）为横切面偏光，图（e）、图（f）为正常光径切面。图中，DIP 标示腐朽层的内含韧皮部，AIP 标示沉香层的内含韧皮部，粗的单箭头标示菌丝，双箭头标示真菌子座

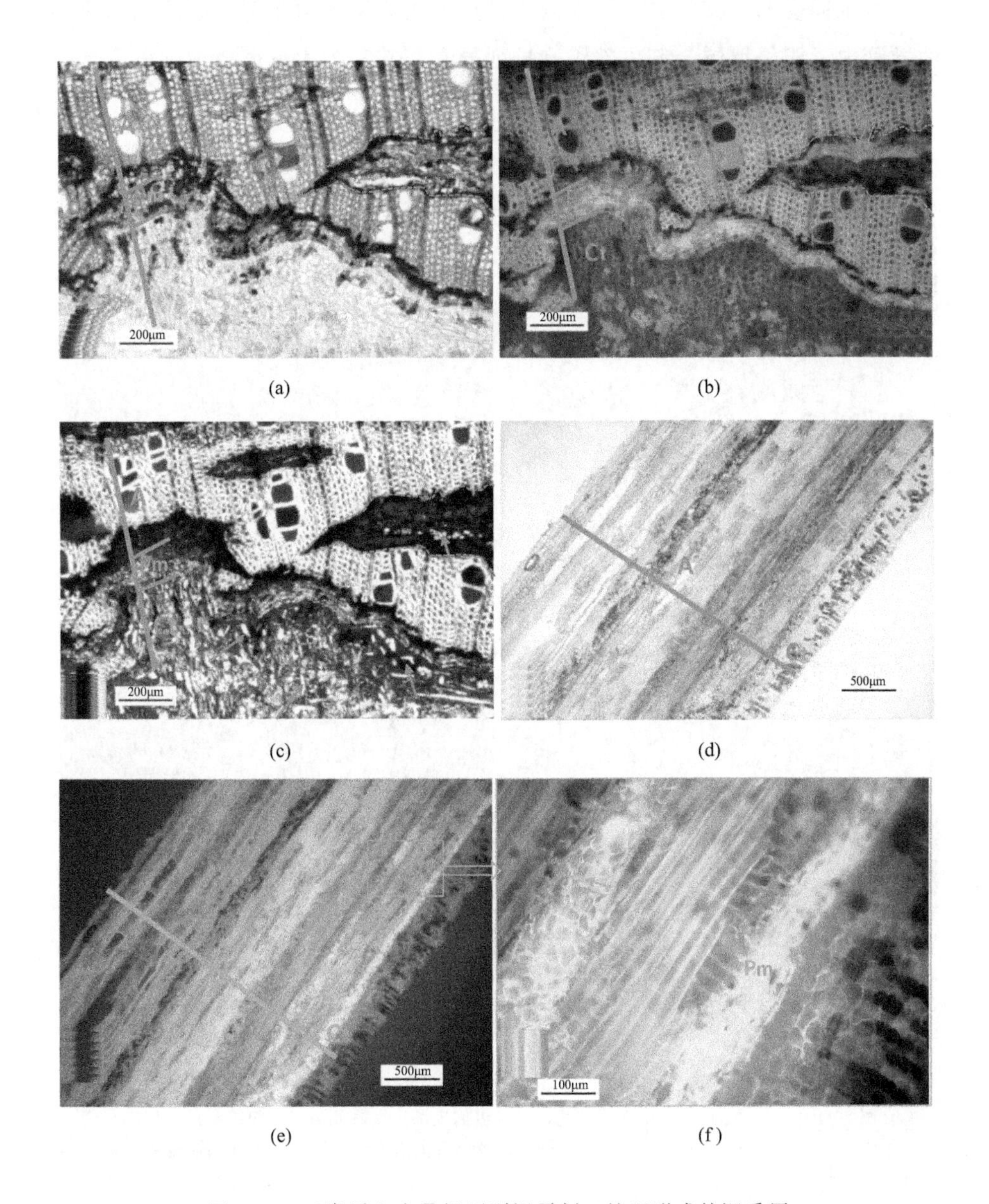

(a) (b) (c) (d) (e) (f)

图 2-10　正常活立木Ⅱ级环剥裸露创口处理形成的沉香层

在图 2-10 中，图（a）为横切面正常光，可见沉香层（A）内含韧皮部（虚线框）、木射线和部分导管中含深色次生代谢产物；图（b）为横切面荧光，可见沉香层中部分内含韧皮部再生木质化细胞（双箭头）和再生周皮（Pm）；图（c）为横切面偏光，可见沉香层中部分内含韧皮部和皮层（Ct）中富含晶体（单箭头）；图（d）为径切面正常光，可见深色次生代谢产物富集；图（e）、图（f）为径切面荧光，可见沉香层中内含韧皮部再生木质化细胞为不规则形细胞（双箭头）

再生韧皮部，其间嵌着不含内含韧皮部的原组织木质部，原组织木质部的导管中形成侵填体，韧皮部细胞排列异常，其间含大量薄壁细胞群，且晶体丰富，见图 2-11。

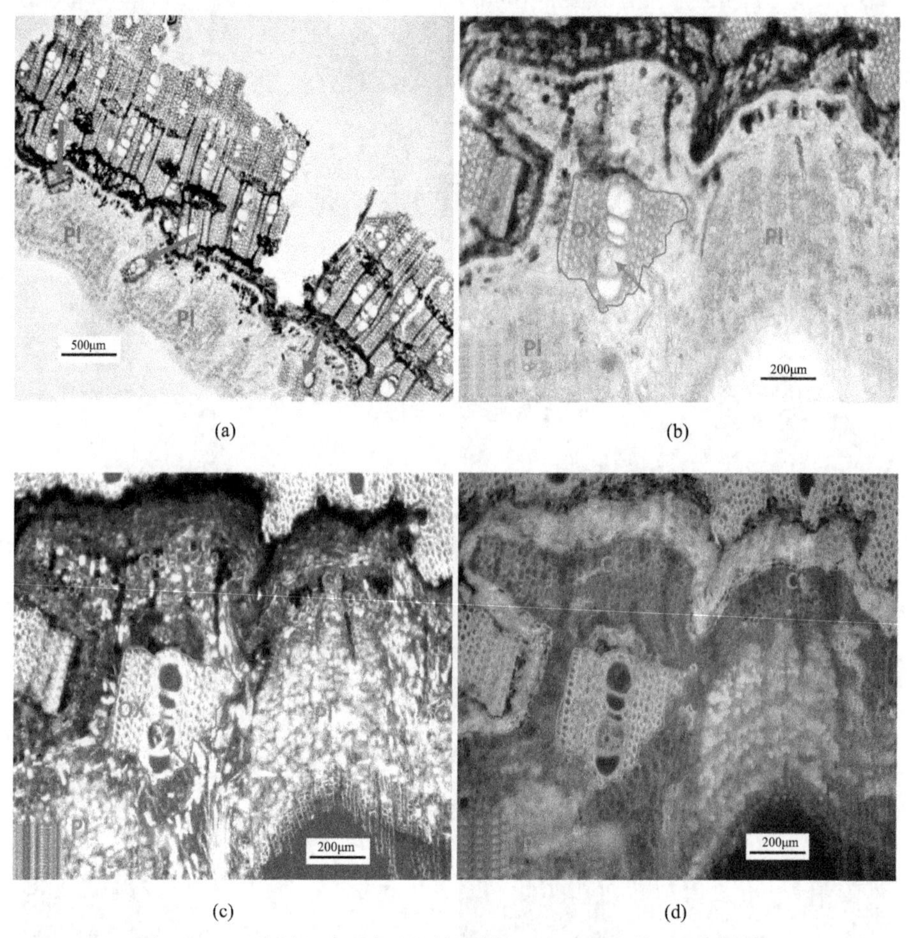

图 2-11　正常活立木Ⅱ级环剥裸露刨口处理形成的再生韧皮部

在图 2-11 中，图（a）为横切面正常光，可见再韧皮部中嵌着原组织（粗箭头）；图（b）为横切面正常光，可见原组织（红色框 OX）导管含侵填体（细箭头）；图（c）为横切面偏光，可见韧皮部晶体丰富；图（d）为横切面荧光，可见栓皮层与沉香层之间有一层富含深色次生代谢产物的薄壁细胞层（双箭头）。Pl 标示再生韧皮部

再生木质部组织排列异常，内含韧皮部和导管细胞大小明显比原组织小，再生木质部起始部位木质素含量较高，薄壁细胞中富含晶体，再生组织中嵌着原组织，邻近再生木质部的原组织内含韧皮部中脱分化和再分化出木质化细胞群和小导管，见图 2-12。

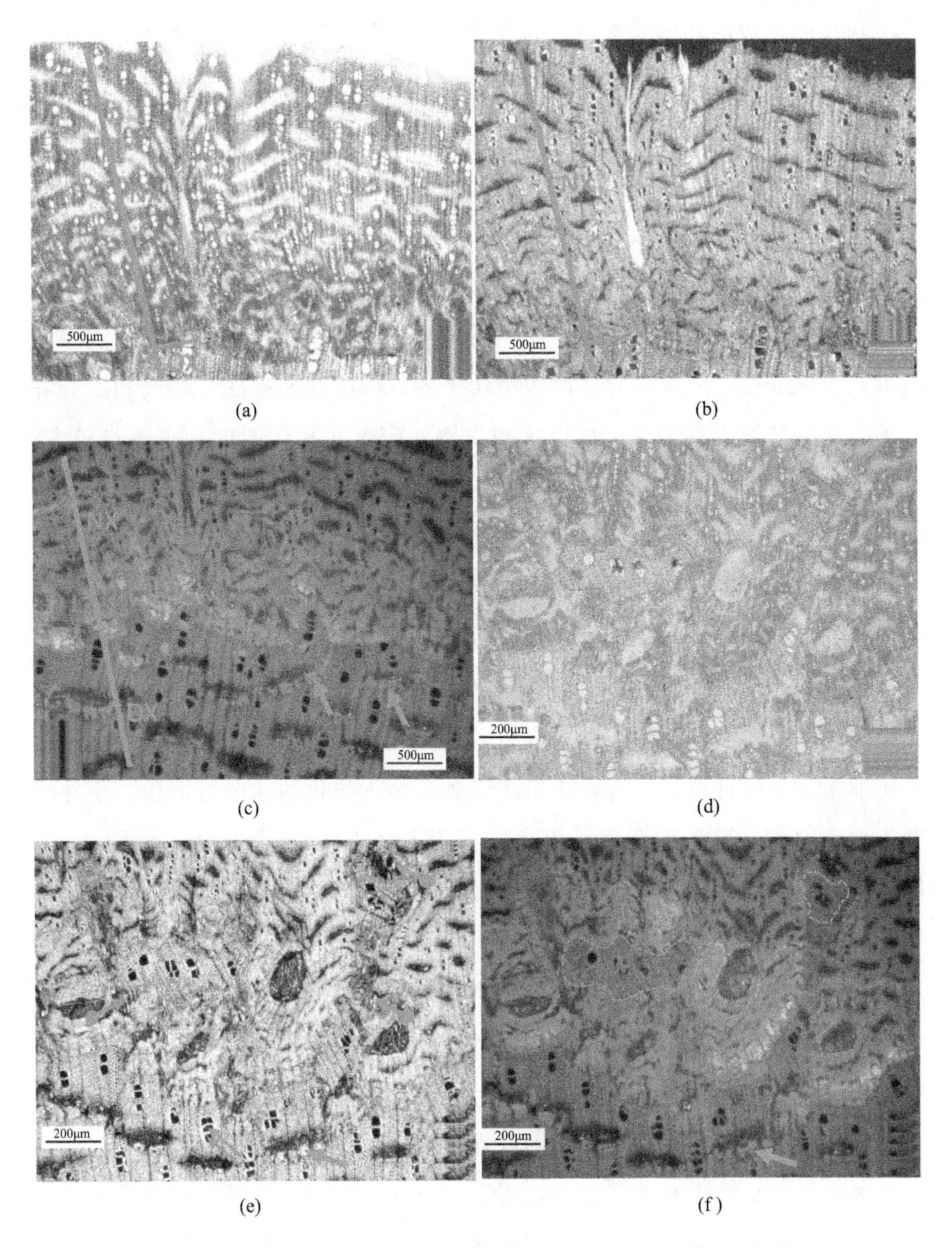

(a) (b) (c) (d) (e) (f)

图 2-12　正常活立木Ⅱ级环剥裸露创口处理形成的再生木质部

图 2-12 中所有分图均为横切面。其中图（a）为正常光；图（b）为偏光；图（c）为荧光，可见再生木质部（NX）排列异常，薄壁细胞群偏光亮度偏高，邻近再生木质部的原组织（OX）的 2～3 个内含韧皮部中分化出木质化细胞及小导管（粗箭头）；图（d）为正常光；图（e）为偏光；图（f）为荧光，可见导管（细箭头）较原组织导管（双箭头）小，再生起始处晶体（带圆点箭头）丰富且荧光亮度高，再生组织中嵌着原组织（虚线圈）

再生的韧皮部和木质部中，常见不含内含韧皮部的原组织木质部，由此推测，再生分化过程中，原组织内含韧皮部再生分化出木质部和韧皮部，再生木质部和韧皮部将由未分化的原组织木纤维、木射线和导管组成的组织包围在内，构成不含内含韧皮部的木质部在再生木质部和再生韧皮部中镶嵌的现象。

（2）正常活立木Ⅱ级环剥包裹薄膜处理

形成沉香层和再生组织层，腐朽层未见，再生组织层不连续，沉香层厚度为0.1～1mm；沉香层的外侧边缘较平齐，除内含韧皮部、射线和部分导管外，部分纤维中富含深色次生代谢产物，深色次生代谢产物富集量较大；再生组织中胼胝质零星分布，再生组织中细长的纤维形态弯曲，厚壁细胞较原组织纤维素含量低而木质素含量较高，见图2-13。

再生组织由径向排列的木质化细胞群、薄壁细胞群、导管、木射线、筛管、热韧皮纤维构成，未形成再生韧皮部及周皮，再生组织中的薄壁细胞群大部分细胞富含深色次生代谢产物及晶体，见图2-14。

邻近再生组织的原组织内含韧皮部位于远离再生组织的一侧，分化出木质化细胞为小导管群，靠近再生组织一侧为略木质化的原薄壁细胞，小导管群为叠生构造，管间纹孔式为互列，原薄壁细胞中富含晶体，见图2-15。邻近分化起始处的内含韧皮部内侧小导管的形成可能是由于再生组织形成初期需要起到加强水分疏导的作用；而另一侧的薄壁细胞的轻微木质化，可能是由于这一侧靠近创口，为防止疏导系统中水分的散失，因此薄壁细胞木质化，木质化可以使细胞不易透水，为水分、矿物质、有机物在植物中的长距离运输提供了保障。

（3）台风倒木Ⅱ级环剥裸露创口处理

台风倒木Ⅱ级环剥裸露创口处理后，白木香树形成了沉香层和再生组织层，再生组织层连续，再生木质部在横向和纵向上均不连续，荧光亮度较原组织更亮，木质素含量较原组织高，再生皮层、再生韧皮部、再生组织起始处的薄壁细胞群中晶体丰富，邻近再生组织的内含韧皮部分化出木质化细胞及小导管，见图2-16。

沉香层厚度约300～700μm，内含韧皮部、木射线和少部分导管中均含

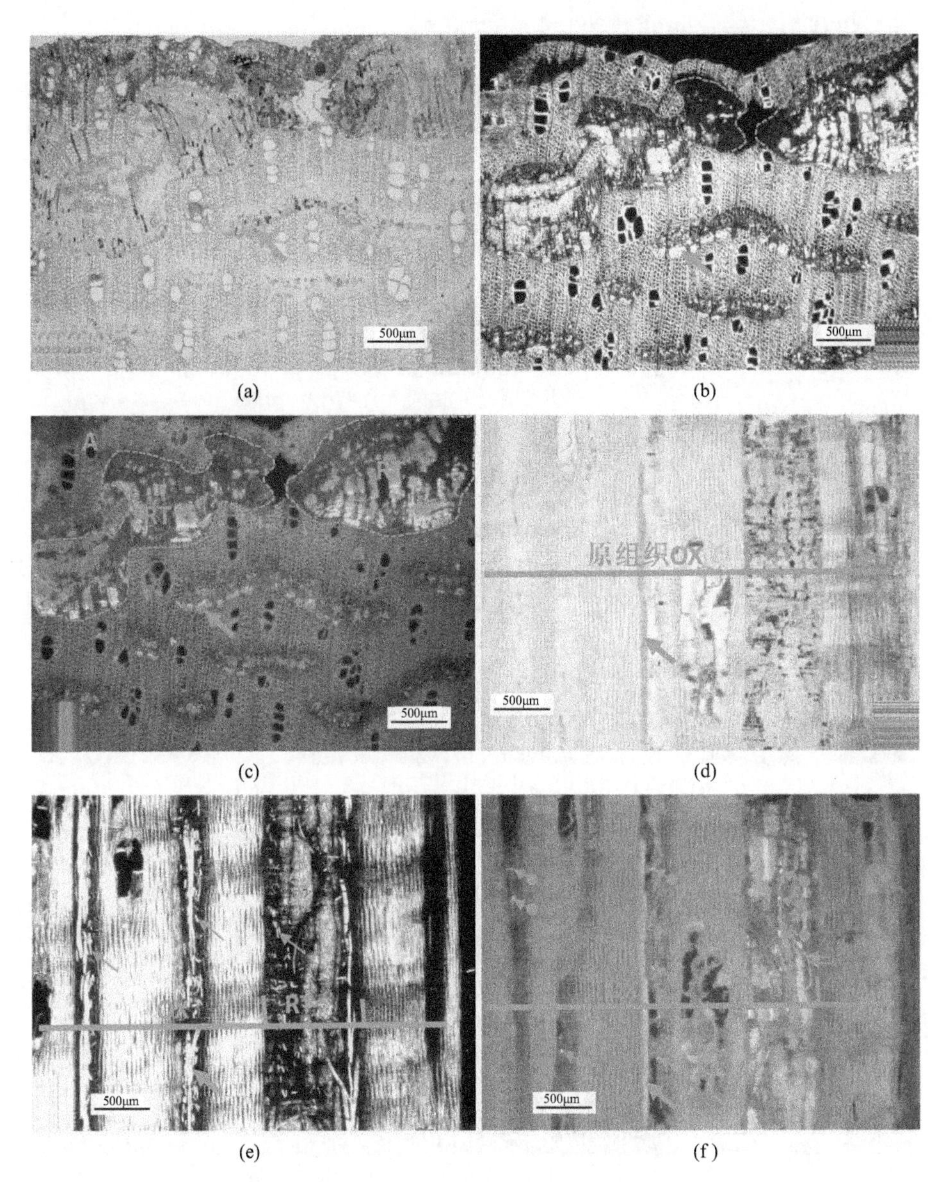

图 2-13 正常活立木Ⅱ级环剥包裹薄膜处理形成的沉香层和再生组织

在图 2-13 中，图（a）为横切面正常光，可见再生组织（虚线圈 RT）断续，与再生组织邻近的原组织内含韧皮部形成新组织（粗箭头）；图（b）为横切面偏光，可见再生组织中薄壁细胞富含晶体（细箭头）；图（c）为荧光，可见邻近再生木质部的原组织（OX）的 2～3 个内含韧皮部中分化出木质化的细胞（箭头）；图（d）为径切面，可见沉香层（A）内含韧皮部、部分导管和纤维及再生组织（RT）部分木射线和薄壁细胞群中富含深色次生代谢产物；图（e）为偏光，可见越靠近再生组织的原组织内含韧皮部晶体（细箭头）富含量越大，再生组织厚壁细胞偏光亮度较原组织低；图（f）为荧光，可见胼胝质（带圆点的小箭头）在再生组织中零星分布，再生组织中的纤维（双箭头）形态弯曲，再生组织厚壁细胞荧光亮度较原组织高

图 2-14　正常活立木Ⅱ级环剥包裹薄膜处理形成的沉香层

在图 2-14 中，图（a）为横切面正常光，可见再生组织（虚线框）木质化短细胞群径向排列；图（b）为横切面偏光，可见再生组织（虚线框）薄壁细胞富含晶体（细箭头）；图（c）为荧光，可见再生组织由木质化细胞群（RT）、导管（箭头）、木射线和薄壁细胞群构成，再生导管（粗箭头）明显比原组织导管小（V），无独立的韧皮部及周皮；图（d）为径切面正常光，可见薄壁细胞（圆点虚线框 PC）和木质化短细胞群（实线框 LCs）多为方形；图（e）为偏光，可见晶体为柱形；图（f）为荧光，可见薄壁细胞群中具有少量单个木质化短细胞（带菱形的细箭头）。图（d）、图（e）、图（f）中均可见原组织内含韧皮部中形成木质化细胞群（双箭头）

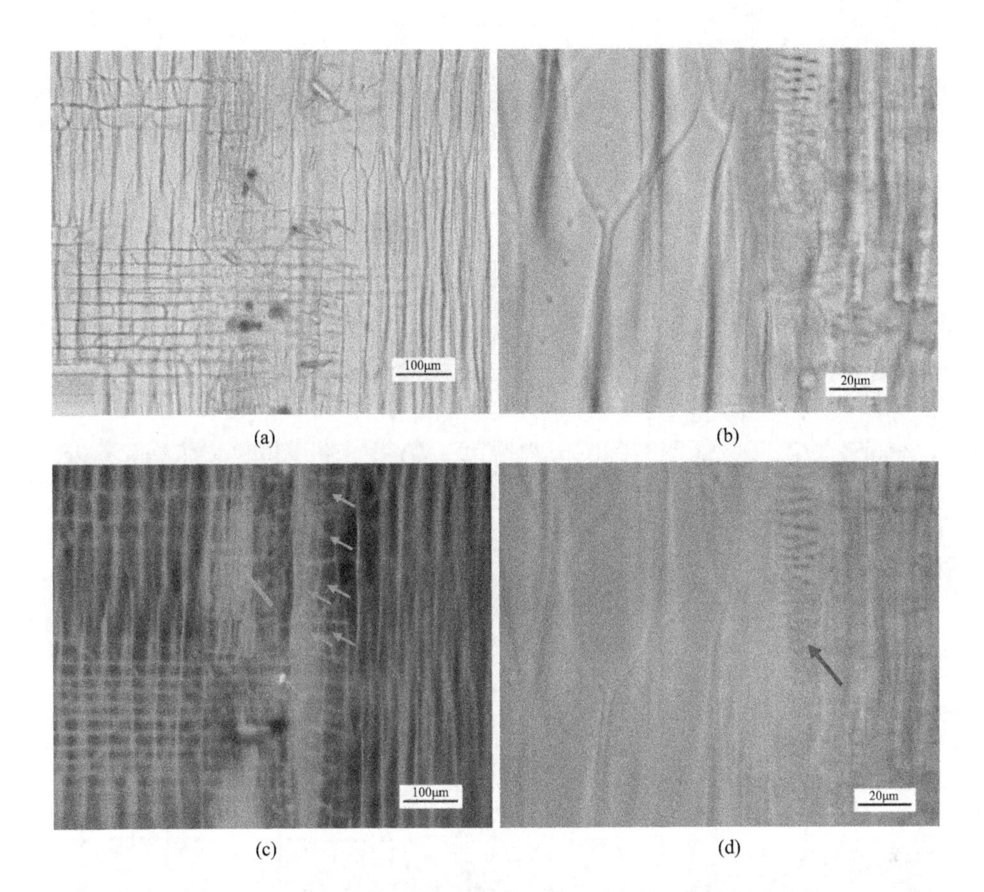

(a) (b) (c) (d)

图 2-15　正常活立木Ⅱ级环剥包裹薄膜处理下原组织中的小导管

图 2-15 中所有图片均为径切面。图（a）为正常光，可见内含韧皮部一侧分化出叠生小导管（粗箭头），另一侧为略木质化的原薄壁细胞（细箭头）；图（b）为正常光，可见小导管上管孔类型为互列；图（c）为荧光，可见筛管及胼胝质（带圆点小箭头）；图（d）为荧光和正常光图片，表示小导管上的互列纹孔（粗箭头）

深色次生代谢产物；再生组织层中可分为周皮、皮层、韧皮部、再生木质部及嵌入的少量原组织；栓皮层与沉香层间有一层富含深色次生代谢产物的薄壁细胞，见图 2-17。

测量并以独立样本 T 检验（$\alpha=0.05$ 水平）分析Ⅱ级环剥处理时导管腔径、导管比量、内含韧皮部弦向长度、内含韧皮部径向宽度、内含韧皮部比量，结果见表 2-3。结果表明 3 种情况的再生导管的腔径、内含韧皮部径向宽度、内含韧皮部弦向长度较原组织显著降低（Sig. ＜0.05），包裹薄膜时再生导管比量显著增加（Sig. ＝0.035），其余变量差异不显著。

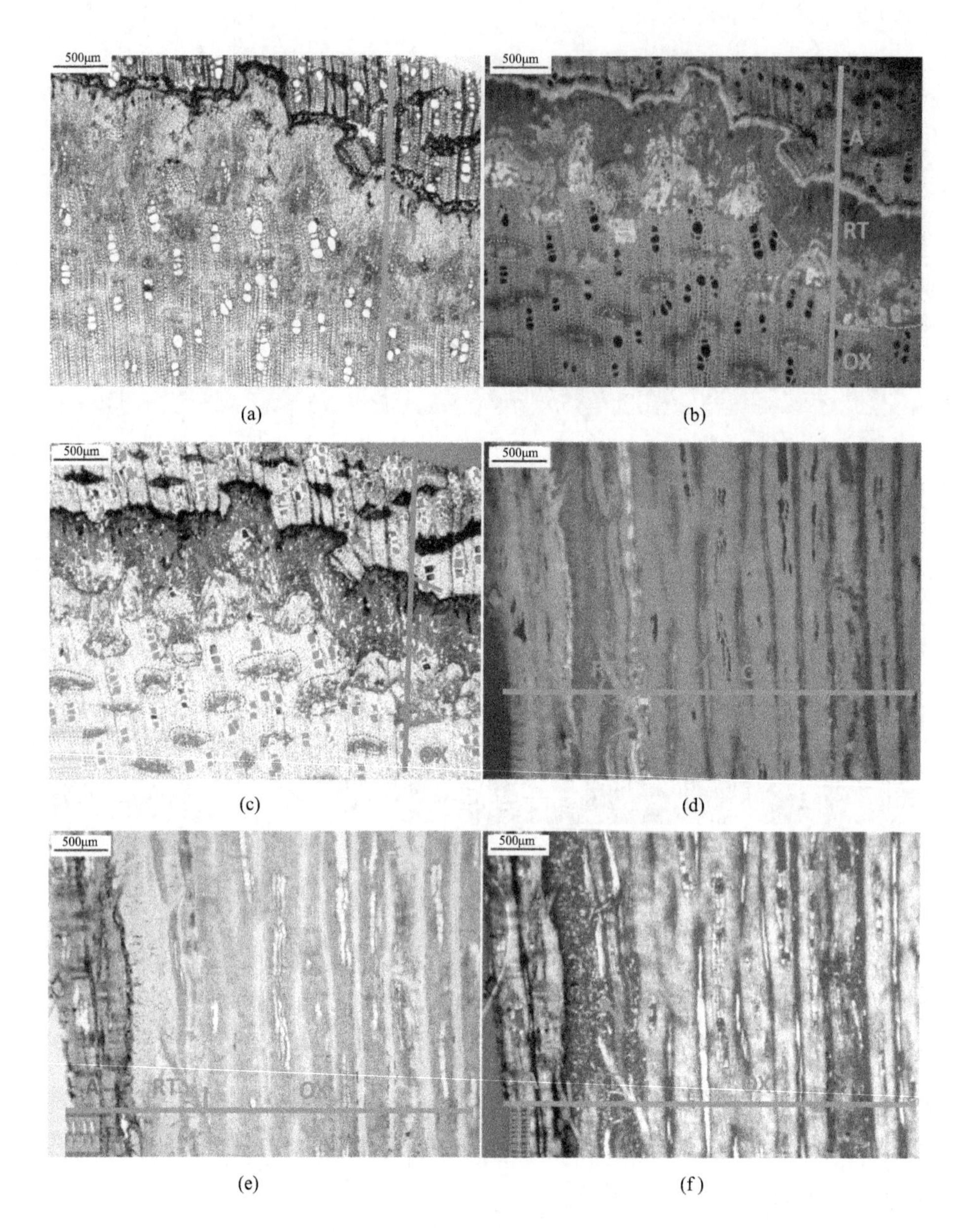

(a) (b)

(c) (d)

(e) (f)

图 2-16 台风倒木Ⅱ级环剥裸露创口处理形成的再生组织和沉香层

在图 2-16 中，图（a）为横切面正常光，可见沉香层（A）、再生组织层（RT）连续，方点虚线为再生组织和原组织的分界线，邻近再生组织的内含韧皮部分化出木质化细胞及小导管（圆点虚线圈）；图（b）为横切面荧光，可见再生组织中木质部不连续，荧光亮度较原组织高；图（c）为横切面偏光，可见再生韧皮部和皮层晶体丰富；图（d）为径切面荧光；图（e）为径切面正常光；图（f）为径切面偏光，可见再生组织木质部在纵向上也不连续

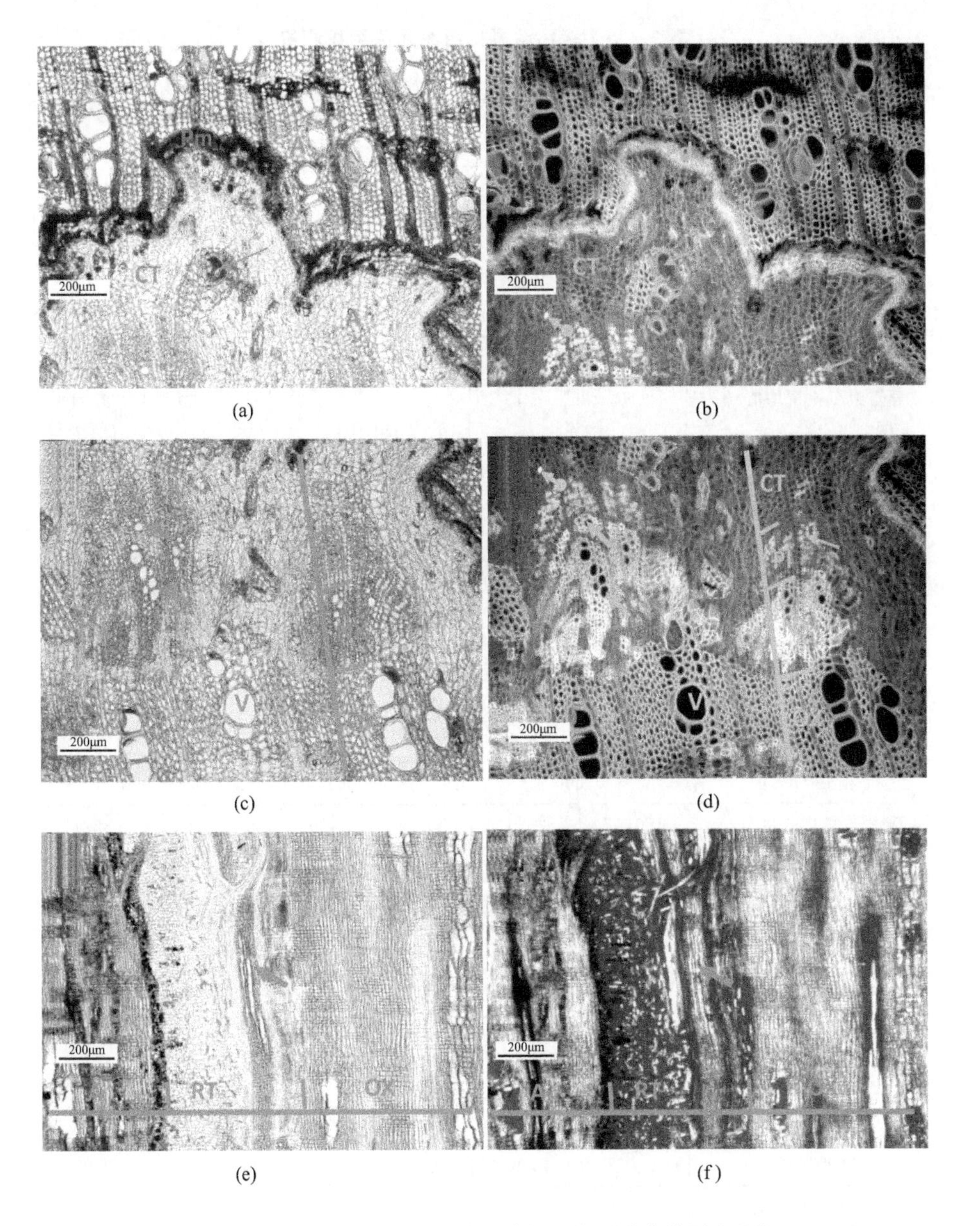

(a) (b) (c) (d) (e) (f)

图 2-17 台风倒木Ⅱ级环剥裸露创口处理形成的再生组织

在图 2-17 中，图（a）为横切面正常光，可见沉香层（A）、周皮（Pm）和原组织片段（虚线圈）；图（b）为横切面荧光，可见再生韧皮部中含胼胝质，栓皮层与沉香层之间有一层富含深色次生代谢产物的薄壁细胞层；图（c）为横切面正常光；图（d）为横切面荧光，可见再生组织包括皮层（Ct）、韧皮部（Pl）、再生木质部（NX），再生木质部导管（箭头）明显较原组织导管（V）小；图（e）为径切面正常光；图（f）为径切面偏光，可见再生木质部纤维荧光较原组织暗

表 2-3 Ⅱ级环剥再生组织和原组织测量

统计	倒木-再生组织	倒木-原组织	立木-裸露-再生组织	立木-裸露-原组织	立木-包裹-再生组织	立木-包裹-原组织
导管平均腔径/μm	22.38	74.74	39.07	72.63	24.14	105.17
导管最大腔径/μm	44.80	107.12	56.93	106.99	40.00	146.91
导管最小腔径/μm	12.73	40.46	24.21	33.76	13.72	42.40
标准方差	6.66	17.63	8.36	20.23	7.11	27.53
T 检验 Sig. 值	0.000		0.000		0.000	
导管组织比量均值/%	4.54	7.15	6.96	8.57	1.86	8.54
导管组织比量最大值/%	6.89	7.52	9.39	8.74	2.09	10.09
导管组织比量最小值/%	3.05	6.93	3.95	8.38	1.51	5.89
标准方差	2.06	0.32	2.76	0.18	0.31	2.30
T 检验 Sig. 值	0.104		0.318		0.035	
IP 平均径向宽度/μm	35.23	176.94	88.38	123.47	40.70	140.85
IP 最大径向宽度/μm	62.79	236.51	152.58	172.92	94.71	237.30
IP 最小径向宽度/μm	18.95	113.39	52.59	76.2	17.00	84.35
标准方差	11.44	31.81	19.72	28.13	18.38	126.53
T 检验 Sig. 值	0.000		0.000		0.000	
IP 平均弦向长度/μm	160.03	525.11	383.63	459.66	182.68	555.17
IP 最大弦向长度/μm	422.50	1183.81	756.54	707.50	528.22	1043.15
IP 最小弦向长度/μm	78.43	296.88	133.47	282.92	74.36	243.13
标准方差	74.67	230.06	144.24	126.89	98.71	210.75
T 检验 Sig. 值	0.000		0.034		0.000	
IP 组织比量均值/%	18.23	19.96	14.47	17.31	8.92	15.78
IP 组织比量最大值/%	20.30	21.68	15.65	19.52	17.11	17.20
IP 组织比量最小值/%	16.17	17.11	12.90	15.31	4.66	14.20
标准方差	0.02	0.02	0.01	0.02	0.07	0.02
T 检验 Sig. 值	0.408		0.126		0.066	

2.2.2.4 Ⅲ级环剥处理样品解剖构造观察

正常活立木Ⅲ级环剥裸露创口、台风倒木Ⅲ级环剥裸露创口、正常活立木Ⅲ级环剥包裹薄膜 3 种处理后的解剖构造均存在显著不同。

（1）正常活立木Ⅲ级环剥裸露创口处理

形成了沉香层、再生树皮层、再生形成层、再生木质部层及原组织，沉香层厚度为0～1mm，再生树皮厚约1mm，再生木质部厚度超过1cm，切片样品中均为再生组织，未见原组织，见图2-18。

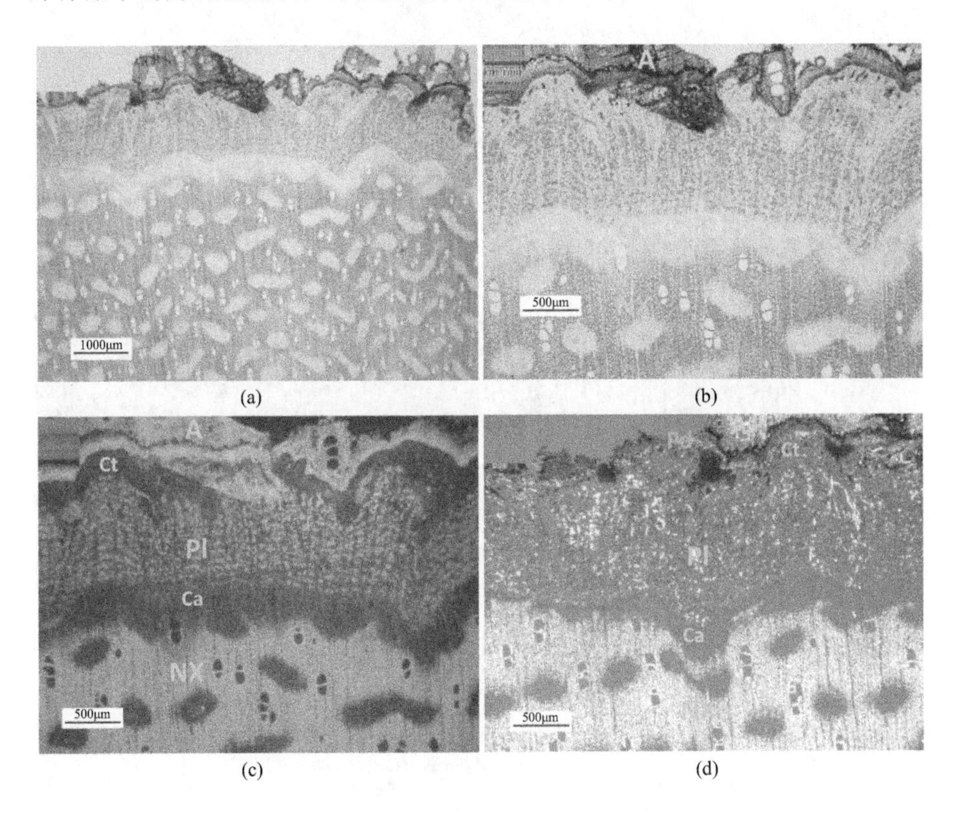

图2-18　正常活立木Ⅲ级环剥裸露创口处理形成的再生组织和沉香层

在图2-18中，图（a）、图（b）为横切面正常光，图（c）为横切面荧光，图（d）为横切面偏光，可见沉香层（A）、周皮（Pm）、皮层（Ct）、韧皮部（Pl）、再生木质部（NX）

沉香层深色次生代谢产物主要沉积于内含韧皮部和木射线中；再生树皮层由周皮、皮层、韧皮部构成；栓皮层与沉香层间有一层富含深色次生代谢产物的薄壁细胞；再生皮层部分细胞含深色次生代谢产物，含丰富晶体；再生韧皮部连续，由韧皮纤维、韧皮薄壁细胞、筛管和韧皮射线构成，见图2-19。

（2）台风倒木Ⅲ级环剥裸露创口处理

台风倒木Ⅲ级环剥裸露创口处理后，形成再生组织层、沉香层。再生组

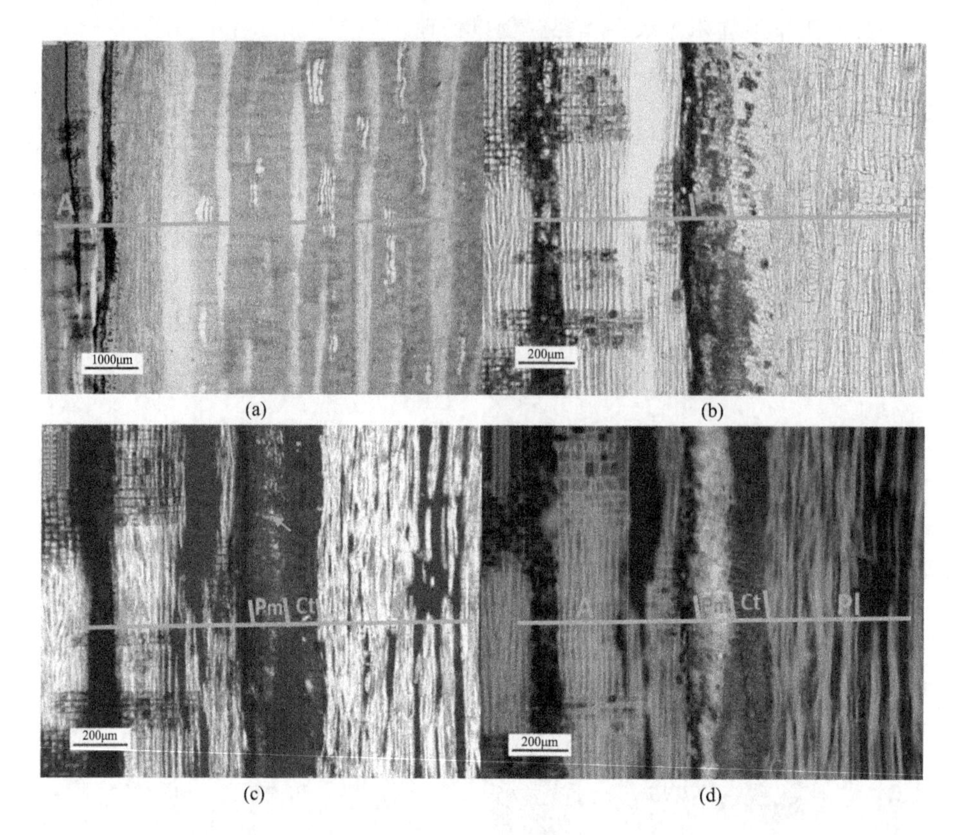

(a) (b) (c) (d)

图 2-19　正常活立木Ⅲ级环剥裸露创口处理形成的沉香层

在图 2-19 中，图（a）、图（b）为径切面正常光，可见内含韧皮部和木射线富含深色次生代谢产物；图（c）为径切面偏光，可见皮层中富含晶体；图（d）为径切面荧光，可见周皮（Pm）将皮层（Ct）和沉香层（A）隔开。图中，Pl 标示韧皮部，NX 标示再生木质部

织包括周皮、皮层、韧皮部、木质部以及径向排列的薄壁细胞群，再生组织层厚约 1.5mm；沉香层中木射线和皮层中部分细胞含深色次生代谢产物。皮层和径向排列的薄壁细胞群中富含晶体；再生木质部中部分细胞木质素含量较原组织高；邻近再生组织的内含韧皮部分化出木质化细胞及小导管，见图 2-20。

再生木质部和韧皮部中镶嵌着原组织木质部，栓皮层的形成被原组织间隔，栓皮层与沉香层间有一层富含深色次生代谢产物的薄壁细胞，少数再生组织可见明显的分化中心，再生内含韧皮部弯曲细长，胼胝质零星分布，皮层和薄壁细胞群中晶体丰富，由再生起始处至周皮之间形成的径向排列的薄壁细胞群、皮层和薄壁细胞群中晶体（箭头）丰富，见图 2-21。

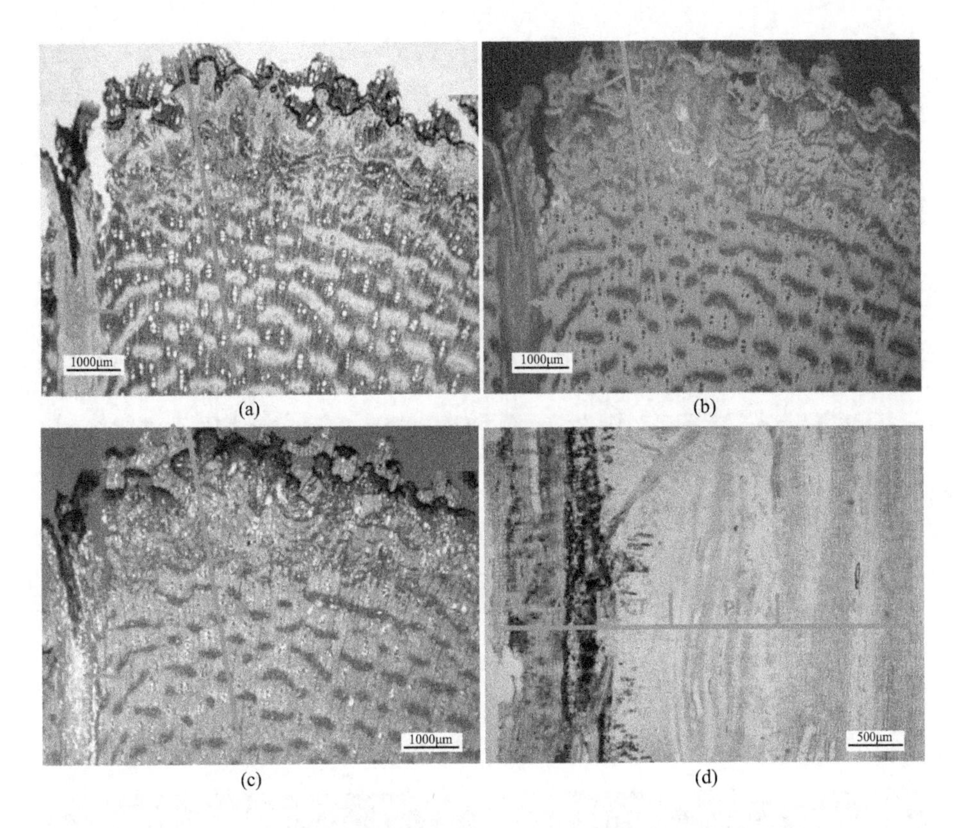

图 2-20　台风倒木Ⅲ级环剥裸露创口处理形成的再生组织和沉香层

在图 2-20 中，图（a）为横切面正常光，可见沉香层（A）、韧皮部（Pl）、再生木质部（NX）及径向排列的薄壁细胞群（箭头）；图（b）为横切面荧光，可见部分再生木质部荧光亮度更强；图（c）为横切面偏光，可见径向排列的薄壁细胞群（箭头）和皮层中富含晶体；图（d）为径切面正常光，可见沉香层中木射线和皮层中部分细胞含深色次生代谢产物

（3）正常活立木Ⅲ级环剥包裹薄膜处理

形成沉香层和再生组织层，沉香层厚 0.2～0.5mm，再生组织包括周皮、皮层、韧皮部、形成层、木质部。再生组织呈扇形，扇形再生组织之间再生周皮断开，皮层厚度变薄，木质部厚 1～1.5mm，再生内含韧皮部的形态与原组织相比变细变窄，分化的第一个内含韧皮部排列方向为弦向，后续的内含韧皮部沿着扇形的弧度排列，见图 2-22。由此可知，再生组织由最邻近创口的内含韧皮部分化而来，内含韧皮部先分化出薄壁细胞群，在薄壁细胞群中分化出形成层，形成层向内分化出再生木质部，向外分化出韧皮部、皮层等组织。

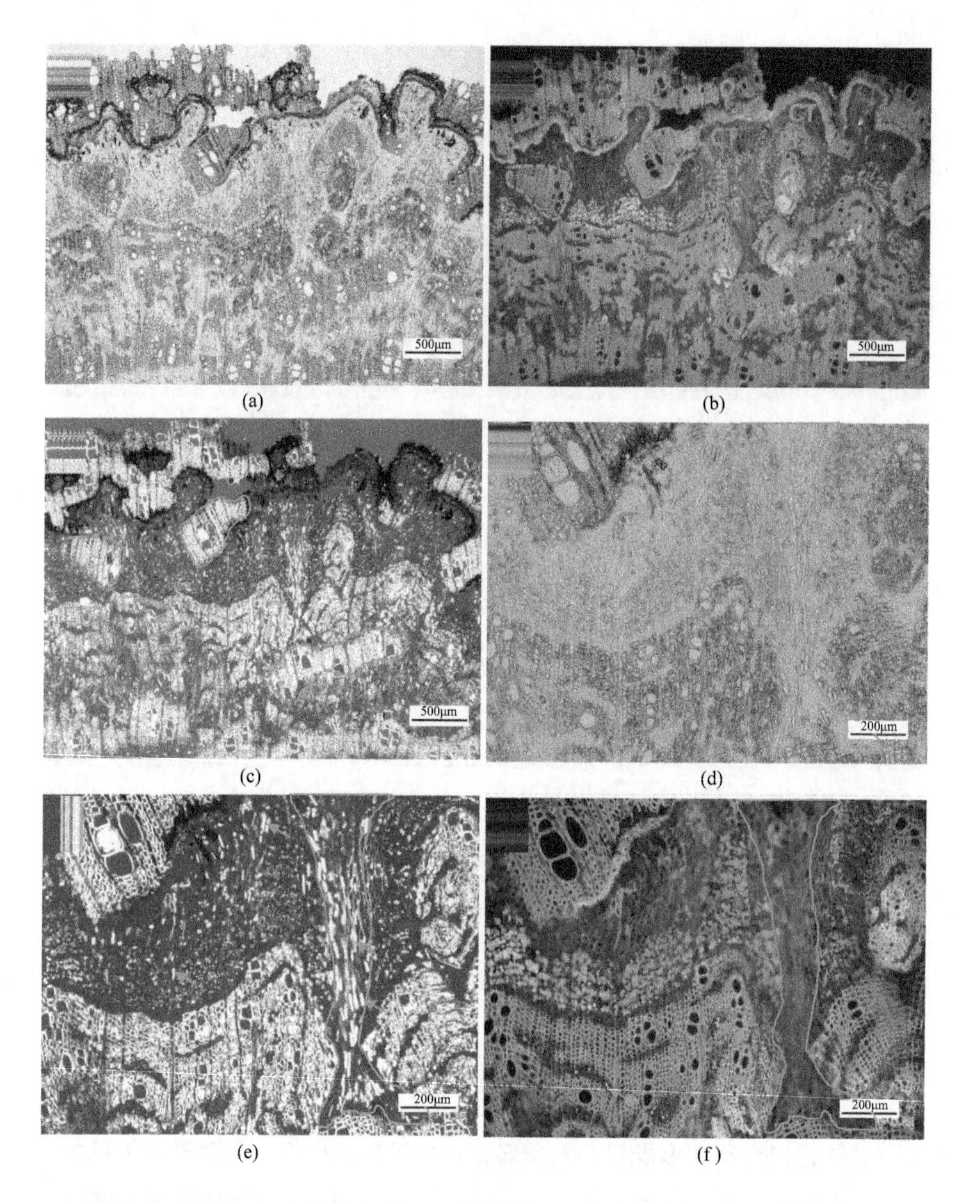

(a) (b) (c) (d) (e) (f)

图 2-21　台风倒木Ⅲ级环剥裸露创口处理形成的再生组织

在图 2-21 中，图（a）为横切面正常光，可见再生木质部和韧皮部中镶嵌着原组织木质部（方点虚线圈）；图（b）为横切面荧光，可见栓皮层的形成被原组织间隔（实线圈），有的再生组织可见明显的分化中心（原点线圈），再生内含韧皮部弯曲细长；图（c）为横切面偏光，可见皮层和薄壁细胞群中晶体丰富；图（d）为横切面正常光，可见由再生起始处至周皮之间形成的径向排列的薄壁细胞群；图（e）为横切面偏光，皮层和薄壁细胞群中晶体（箭头）丰富；图（f）为横切面荧光，可见再生韧皮部中laborious

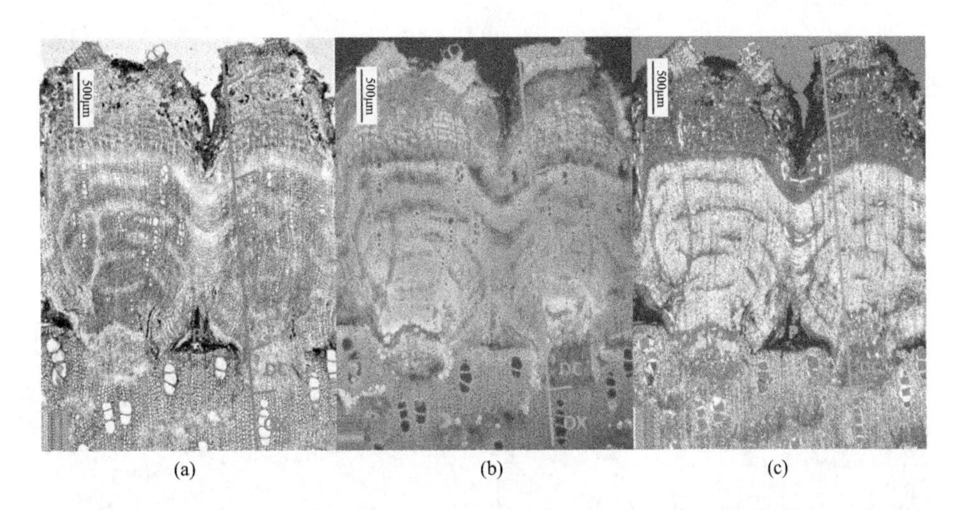

图 2-22　正常活立木Ⅲ级环剥包裹薄膜处理形成的再生组织横切面

在图 2-22 中，图（a）为横切面正常光，图（b）为横切面荧光，图（c）为横切面偏光，可见再生组织呈扇形，包含周皮（Pm）、皮层（Ct）、韧皮部（Pl）、木质部（NX），起源于原组织内含韧皮部（DC），两个分化中心之间的空隙形成富含深色次生代谢产物的薄壁组织群（P），邻近再生木质部的原组织内含韧皮部中分化出木质化细胞（燕尾形箭头）

再生组织的内含韧皮部和导管纵向上为弯曲状，尺寸均较原组织内含韧皮部和导管小；再生组织分化起始处形成了木质化方形细胞群及薄壁细胞群，薄壁细胞群内晶体丰富，为柱状或细长状；邻近再生组织的原组织木质部内含韧皮部中分化的木质化细胞为不规则短细胞形，再生组织木质部木质素含量较原组织（OX）高，纤维素较原组织低，见图 2-23。

沉香层中不含内含韧皮部，部分木纤维和导管中富含深色次生代谢产物；皮层中部分细胞富含深色次生代谢产物，富含晶体，皮层细胞壁的荧光反应为淡绿色；栓皮层与沉香层间没有富含深色次生代谢产物的薄壁细胞，见图 2-24。

测量并以独立样本 T 检验（α＝0.05 水平）分析Ⅲ级环剥处理时导管腔径、导管比量、内含韧皮部弦向长度、内含韧皮部径向宽度、内含韧皮部比量，结果见表 2-4。结果表明台风倒木和活立木包裹薄膜时的再生导管的腔径、内含韧皮部径向宽度、内含韧皮部弦向长度较原组织显著降低（Sig.＜0.05），而内含韧皮部比量增加，包裹薄膜时再生导管比量显著增加（Sig.＝0.035），其余变量差异不显著。

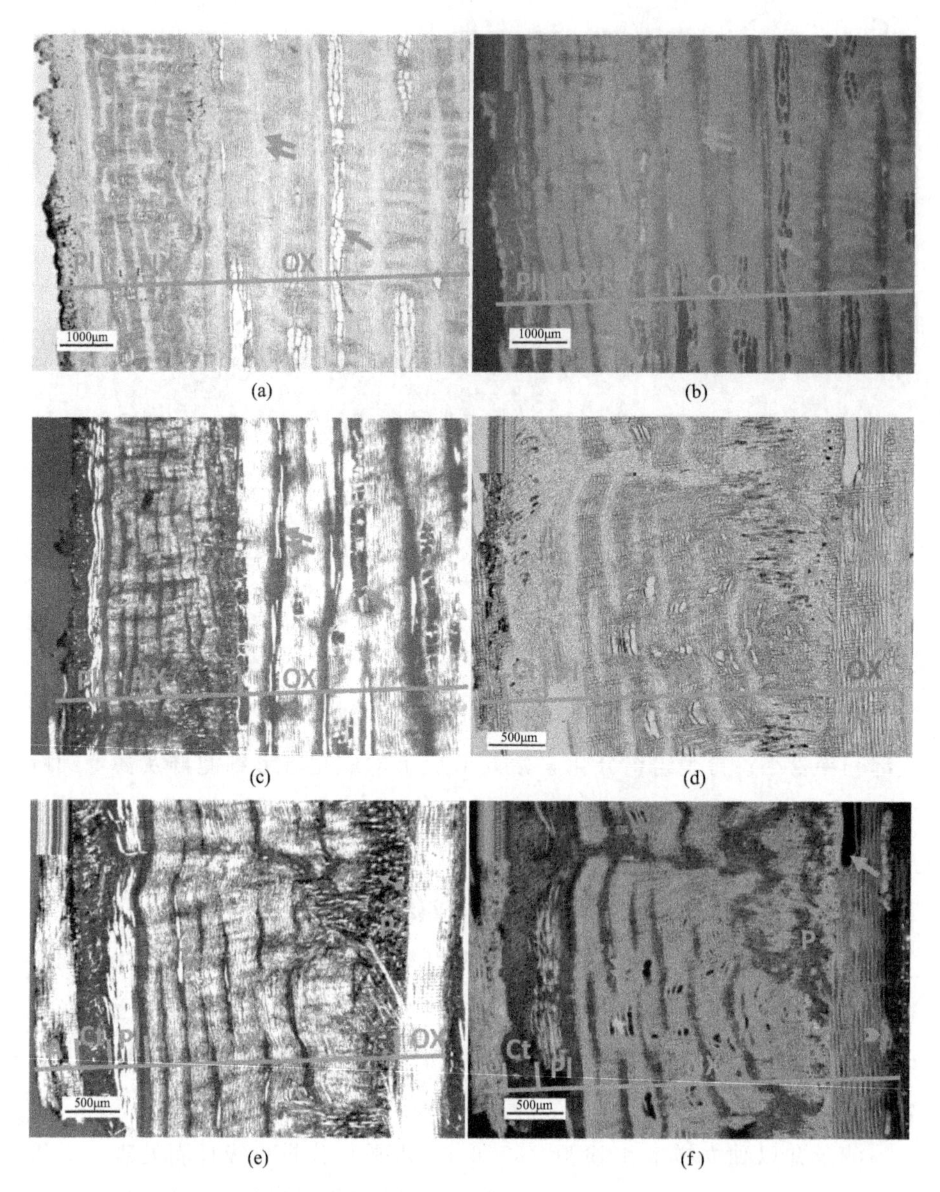

图 2-23 正常活立木Ⅲ级环剥包裹薄膜处理形成的再生组织径切面

在图 2-23 中，图（a）、图（d）为径切面正常光，图（b）、图（f）为径切面荧光，图（c）、图（e）为径切面偏光，可见再生组织中的内含韧皮部（细双箭头）和导管（单细箭头）纵向上为弯曲状，尺寸均较原组织内含韧皮部（粗双箭头）和导管（粗箭头）小。再生组织分化起始处形成了木质化方形细胞群及薄壁细胞群，薄壁细胞群中柱状或细长状晶体丰富，邻近再生组织的原组织木质部内含韧皮部中分化的木质化细胞为不规则短细胞形（燕尾形箭头）。再生组织木质部（NX）纤维荧光亮度较原组织（OX）高，偏光亮度较原组织低。图 2-23 中的字母标示与图 2-22 同

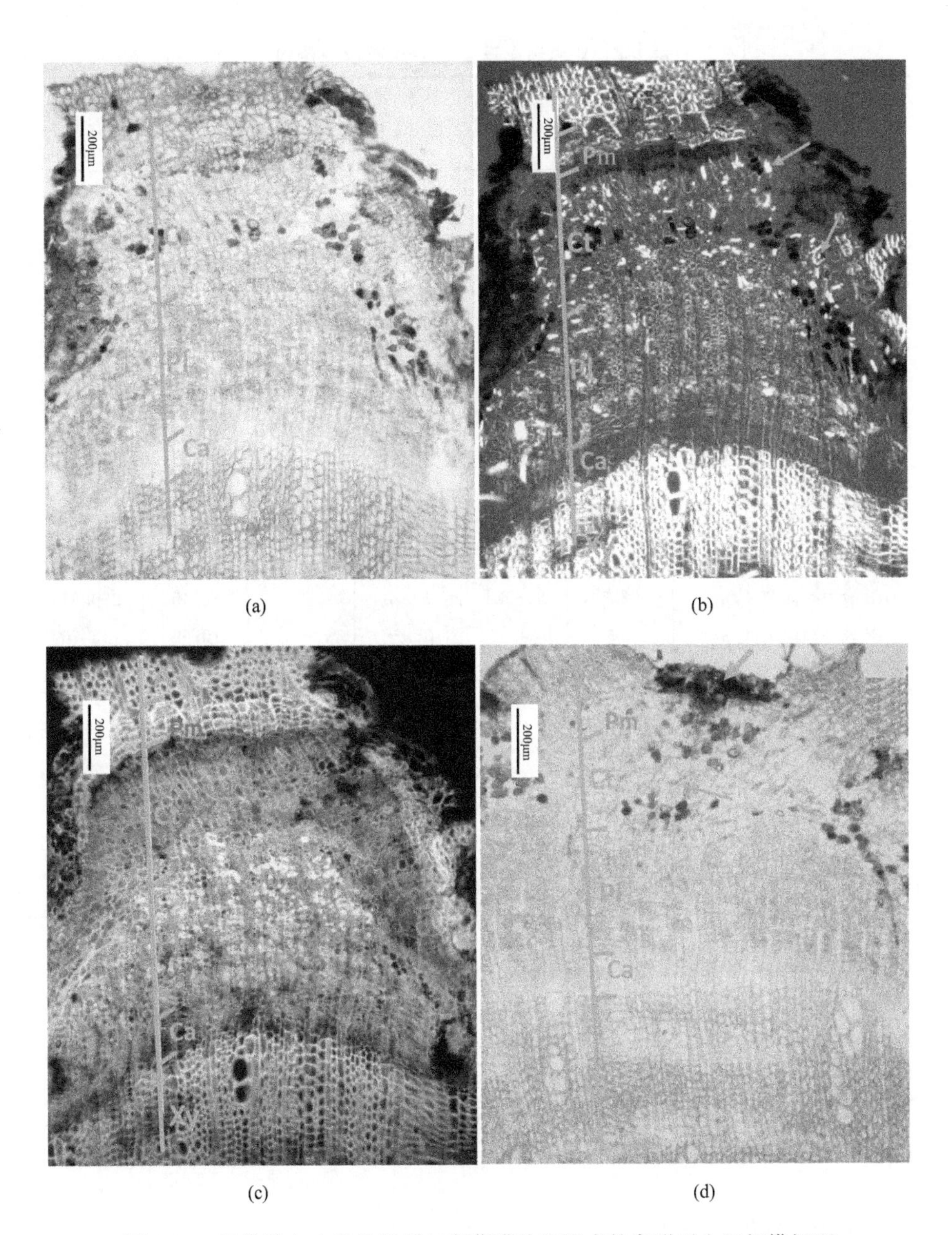

图 2-24　正常活立木Ⅲ级环剥包裹薄膜处理形成的扇形再生组织横切面

在图 2-24 中，图（a）为横切面正常光，可见沉香层（A）中不含内含韧皮部，部分木纤维和导管中富含深色次生代谢产物，皮层（Ct）中部分细胞富含深色次生代谢产物；图（b）为横切面偏光，可见皮层富含晶体（细箭头）；图（c）为横切面荧光，可见周皮（Pm）细胞排列整齐，皮层（Ct）细胞的荧光为淡绿色；图（d）为荧光与正常光，可见由于再生组织生长沉香层组织被分开（粗箭头）

表 2-4 Ⅲ级环剥再生组织和原组织测量

统计	倒木-再生组织	倒木-原组织	立木-裸露-再生组织	立木-裸露-原组织	立木-包裹-再生组织	立木-包裹-原组织
导管平均腔径/μm	29.35	53.86	56.84	—	32.40	57.51
导管最大腔径/μm	48.84	75.89	91.14	—	56.00	90.72
导管最小腔径/μm	14.36	35.52	34.12	—	12.41	28.82
标准方差	10.12	10.43	11.39	—	11.95	17.80
T 检验 Sig. 值	0.000		—		0.000	
导管组织比量均值/%	9.78	9.17	6.22	—	4.14	7.34
导管组织比量最大值/%	12.06	10.58	6.96	—	4.79	7.81
导管组织比量最小值/%	6.97	8.05	4.77	—	3.60	7.02
标准方差	2.59	1.29	1.26	—	0.60	0.41
T 检验 Sig. 值	0.732		—		0.002	
IP 平均径向宽度/μm	74.44	132.03	61.61	—	36.55	184.27
IP 最大径向宽度/μm	162.59	175.24	79.80	—	66.48	250.01
IP 最小径向宽度/μm	41.32	83.95	38.28	—	19.62	112.70
标准方差	24.12	22.66	11.27	—	12.83	35.94
T 检验 Sig. 值	0.000		—		0.000	
IP 平均弦向长度/μm	225.55	553.38	359.94	—	249.92	517.21
IP 最大弦向长度/μm	581.02	456.90	70.19	—	383.93	1145.15
IP 最小弦向长度/μm	58.93	350.44	149.80	—	106.60	210.47
标准方差	121.57	169.91	150.86	—	74.85	229.71
T 检验 Sig. 值	0.000		—		0.000	
IP 组织比量均值/%	14.08	21.18	24.39	—	12.46	23.74
IP 组织比量最大值/%	14.79	23.61	26.74	—	14.29	25.01
IP 组织比量最小值/%	13.04	19.71	22.70	—	10.88	21.33
标准方差	0.92	2.12	2.10	—	1.72	2.09
T 检验 Sig. 值	0.006		—		0.002	

注："—"标示值未能测量，由于立木环剥至木质部裸露创口处理形成的再生组织厚度超过1cm，取样时因未能取到原组织而未能测量。

2.2.2.5 分析与小结

环剥处理白木香构造变化的共同特征是均形成了再生组织。

伤及形成层和木质部的环剥处理均形成了沉香层，未伤及形成层的环剥处理均未形成沉香层，对形成沉香层的白木香解剖构造变化特征进行比较分析（表 2-5）如下。

表 2-5　不同剥皮程度结香白木香解剖构造比较

处理	构造	厚度/μm	深色次生代谢产物	再生组织	胼胝质	晶体	纤维偏光	纤维荧光
Ⅱ裸露	腐朽层	300～500	IP 周缘,量少	无	无	少	偏暗	偏暗
	沉香层	1000～1500	IP,R,少数 V	LCs	无	无	偏黄	明亮
	再生树皮层	500～700	无	周皮、皮层、韧皮部	零星	丰富	明亮	明亮
	再生木质部层	2000～3000	无	IP、V、R、F	零星	零星	明亮	明亮
	原组织		无	LCs 和小 V	零星	丰富	明亮	明亮
Ⅱ包裹	沉香层	200～500	IP、R,部分 V、F	无	无	无	偏黄	明亮
	再生组织层	0～1000		LCs、PCs、韧皮纤维、筛管、小 V	零星	丰富	明亮	明亮
	原组织		无	LCs 和小 V	零星	丰富	明亮	明亮
Ⅱ倒木	沉香层	300～700	IP,R,少数 V	无	无	无	偏黄	明亮
	再生组织层	500～1500	部分薄壁细胞	周皮、皮层、韧皮部、木质部	零星	丰富	明亮	明亮
	原组织		无	LCs 和小 V	零星	丰富	明亮	明亮
Ⅲ裸露	沉香层	200～1500	IP,R,少数 V	无	无	无	偏黄	明亮
	再生树皮层	1000～2000	无	周皮、皮层、韧皮部	零星	丰富	明亮	明亮
	再生木质部层	＞10000	无	IP、V、R、F	零星	零星	明亮	明亮
	原组织		无	LCs 和小 V	零星	丰富	明亮	明亮
Ⅲ包裹	沉香层	200～500	IP,R,少数 V	无	无	无	偏黄	明亮
	再生树皮层	0～700	无	周皮、皮层、韧皮部	零星	丰富	明亮	明亮
	再生木质部层	1100～1500	无	IP、V、R、F	零星	零星	明亮	明亮
	原组织		无	LCs	零星	丰富	明亮	明亮
Ⅲ倒木	沉香层	200～500	IP,R,少数 V	无	无	无	偏黄	明亮
	再生树皮层	0～400	部分 PCs	周皮、皮层、韧皮部	零星	丰富	明亮	明亮
	再生木质部层	0～600	原组织 V	IP、V、R、F	零星	零星	明亮	明亮
	原组织		无	LCs 和小 V	零星	丰富	明亮	明亮

注：IP 为内含韧皮部，R 为木射线，V 为导管，F 为纤维，LCs 为木质化细胞群，PCs 为薄壁细胞群。

环剥至形成层或木质部，白木香解剖构造变化具有共同的特征，对此进行分析如下。

① 邻近再生组织的原组织部分导管富含深色次生代谢产物，内含韧皮部中分化出木质化细胞群且晶体丰富，分化部位均在内含韧皮部内侧，部分原组织导管中形成侵填体，说明内含韧皮部具有脱分化和再分化的功能；邻近分化起始处的内含韧皮部内侧小导管的形成可能是由于再生组织形成初期需要较多水分供给，为加强水分疏导的功能而在邻近的组织中分化出小导管；而另一侧薄壁细胞的轻微木质化，可能是由于这一侧靠近创口，为防止疏导系统中的水分散失，因此薄壁细胞木质化，细胞木质化可以使细胞不易透水，为水分、矿物质、有机物在植物中的长距离运输提供了保障。晶体在邻近再生组织的内含韧皮部、再生组织起始处、再生韧皮部、再生皮层的薄壁细胞中富集，可能的原因是，创伤后，植物内部水分从创口向外蒸发，而当创口逐渐愈合时，向外蒸发的水分大量积聚在创口及愈合的组织内，其中的矿物质沉积而形成晶体。

② 再生组织起始处的细胞木质化，薄壁细胞富含晶体，原组织和再生组织中高度木质化细胞的形成，应该是在植物创伤愈合的早期，细胞壁应对细胞失水胁迫的应答。因为木质素具有不可溶的特性，细胞壁的木质化可使得植物细胞壁具有疏水的特点，从而使植物内的水分与相关水溶矿物质能够顺利借助维管系统进行远距离的输送。细胞壁-质膜相间是一个负责感知影响植物发育和胁迫响应的物理作用力变化的部位，因此白木香创伤愈合过程中的细胞壁的木质化很可能也是对失水胁迫的响应之一。

③ 再生木质部的组织形态异常，再生导管形态弯曲，腔径较原组织导管显著降低，再生内含韧皮部的径向宽度和弦向长度较原组织显著降低。环剥至木质部包裹薄膜时内含韧皮部比量增加，其原因可能是，再生组织由再生形成的维管形成层分化而成，再生形成的维管形成层尚不成熟，所分化出的组织形态与幼龄的组织形态较接近。

④ 沉香层位于再生组织外侧，其内含韧皮部、木射线和部分导管富含深色次生代谢产物，创伤后次生代谢产物形成并累积于伤口表层的细胞中。据报道，沉香的多种特征性化合物具有抵抗微生物侵染的作用。

形成沉香层的 6 种环剥处理白木香解剖构造变化的差异明显，对此进行比较分析如下。

① 活立木剥除部分形成层及外侧组织，包裹薄膜和裸露创口处理的结香和再生情况明显不同。说明创口的环境湿度对白木香组织死亡、再生修复乃至形成沉香都有显著影响。可从死亡组织、深色次生代谢产物和再生组织三个角度进行分析。

a. 从两种处理最终死亡的组织量分析。在创口裸露的情况下，创口表面水分散失，邻近的组织因失水而最终死亡，最终厚1～1.5mm、含3～4层内含韧皮部的木质部死亡，形成沉香层和腐朽层；而在创口包裹薄膜的情况下，创口表面细胞水分散失到空气中，增加了创口环境湿度，最终厚0.1～1mm、含0～1层内含韧皮部的木质部死亡，形成沉香层。创伤后细胞失水较严重的环剥裸露创口处理导致更多木质部组织死亡，而环剥包裹薄膜处理导致极少的木质部组织死亡，说明失水是白木香细胞死亡的诱因之一。

b. 从沉香层富集的深色次生代谢产物量分析。在创口裸露的情况下，沉香层外侧的组织被真菌侵染而降解形成腐朽层，是由于创口水分向空气蒸发，外侧组织（厚度约0.5mm，含1层内含韧皮部）中细胞腔的自由水因毛细血管作用和水蒸气压差由木射线、纤维上的纹孔横向移动至失水的创口，由于急剧的失水，细胞死亡，构成腐朽层；而内侧组织在外侧组织失水时，细胞腔中的自由水也通过木射线和纤维纹孔向失水的外侧组织输送，但失水比外侧组织缓和，组织中的内含韧皮部和木射线细胞在较为缓慢失水的条件下形成了沉香。在创口包裹薄膜的情况下，沉香层外侧无腐朽层，沉香层中甚至部分木纤维也充满深色次生代谢产物，富集量较多，因此可推测，包裹了薄膜的创口，表层组织（厚度约0.1～1mm，含0～1层内含韧皮部）水分向薄膜和创口间的空隙蒸发，并凝结在薄膜上，空隙水分饱和后，表层失水的组织不再向外蒸发水分，内侧的组织未受到失水胁迫。由于薄膜的保水作用，表层组织失水较为缓和，不会造成急剧失水死亡，使细胞更长时间处于濒死状态，因此得以转化营养物质，积累丰富的次生代谢产物而形成沉香层，而内侧组织脱分化和再分化出少量再生组织。

c. 从再生组织进行分析。在创口裸露的情况下，木质部再生出完整连续的木质部、韧皮部和周皮；而在包裹薄膜的情况下，木质部再生出木质化细胞群、薄壁细胞群、射线、导管、筛管和少数韧皮纤维，未形成周皮和完整独立的韧皮部。可见较低的湿度可刺激白木香创口内侧木质部组织栓化和再生，而在较高湿度条件下，白木香的木质部未受失水胁迫，未形成可防止水分散失的栓皮层，再生组织少且尚未形成完整连续的维管组织层。创口湿度较低的表层细胞失水较快，其创伤刺激信号与创口高湿度条件下的信号不同，因而导致白木香的愈合方式不同。

② 剥除部分形成层及外侧组织裸露创口处理，台风倒木与活立木再生现象的区别一是台风倒木不形成腐朽层、再生木质部组织量较少而未相连闭合成圈。台风倒木环剥后的再生木质部组织量少，可能与倒木的树势衰弱生理活动较弱有关，表面死亡组织未见腐朽层，可能与台风倒木环剥创口比较贴近地面，空气湿度比较大，表层组织失水较慢，形成了深色次生代谢产物沉积于表层组织，抵抗了真菌的侵染有关。区别二是活立木形成的沉香层内含韧皮部有脱分化和再分化形成木质化细胞和晶体富集现象，沉香层内含韧皮部外侧形成木质化细胞，木质素的增加可以形成物理屏障，阻止病原真菌侵入；在台风倒木上未形成，可能是由于台风倒木的树势衰弱，树木生理活动不如活立木，因此内含韧皮部的分化活动不如活立木的活跃。如对台风倒木未结香者进行解剖分析，其可能与正常活立木有区别。

③ 活立木剥除表层木质部及外侧组织，包裹薄膜和裸露创口的再生情况明显不同，前者沉香层中无内含韧皮部而后者有，前者再生组织层厚 1～2.5mm（其中木质部厚 1～1.5mm 且不连续），而后者大于 1cm，说明裸露创口致邻近的内含韧皮部失水死亡，而包裹薄膜的情况使创口水分含量高，邻近的内含韧皮部未死亡且分化出完整的次生维管组织系统。这个现象说明，内含韧皮部和木质部其他细胞失水是导致细胞死亡的诱因；前者再生组织少且不连续而后者发达且连续，说明含水率低刺激内侧木质部的分化，而含水率高不利于再生组织形成。

④ 剥除表层木质部及外侧组织，活立木和台风倒木的再生情况相比，二者均可形成完整的次生维管组织系统，二者区别是前者再生组织超过 1cm，后者厚约 1.5mm，后者再生组织中镶嵌着原组织，木栓层被原组织间隔，少数再生组织可见明显的分化中心，而前者无。前者再生组织中未镶嵌原组织，说明创伤内侧快速形成连续的再生形成层，继而分化出完整的维

管组织，而后者在内侧分化出较多再生组织以致隔开原组织后，再生组织才相连而形成连续的再生形成层，构成原组织在再生组织中镶嵌的现象，而再生组织中的原组织不含内含韧皮部，说明再生组织可能是由内含韧皮部分化而来。再生组织分化速度的差异可能与台风倒木的生理活动较活立木弱，再生分化功能迟缓有关。

⑤ 在创口裸露的情况下，剥除至部分形成层与剥除至表层木质部相比，二者均可形成完整的次生维管系统组织，二者区别是前者的死亡组织较厚（沉香层及腐朽层共 1.5～2mm），后者较薄（<1.5mm），前者再生组织较薄（2～3mm），后者较厚（超过 1cm），前者再生组织中常见原组织镶嵌而后者无，这个差异与台风倒木、活立木剥除表层木质部的区别类似。在创口裸露情况下剥除至部分形成层与剥除至表层木质部白木香的构造差异表明，创伤至木质部所引起的创伤刺激所致再生组织分化速度比创伤至形成层快，形成的再生组织更多。

⑥ 在包裹薄膜的情况下，剥除至部分形成层与剥除至部分木质部白木香解剖构造变化明显不同，前者未形成独立完整的次生维管组织系统（由木质化细胞群、薄壁细胞群、导管、木射线等构成，未形成韧皮部及周皮），后者形成完整的次生维管组织系统（由最邻近创口的内含韧皮部分化出薄壁细胞群、形成层、再生木质部、韧皮部、皮层和周皮），可见木质部中的内含韧皮部具有分化出完整次生维管组织系统的功能。前者未形成韧皮部、皮层和周皮可能是由于创伤至形成层的创伤刺激信号与创伤至木质部的刺激信号不同，因而导致白木香的愈合方式不同。

⑦ 在形成沉香层的处理中，所有裸露创口的处理，其再生栓皮层与沉香层间有一层富含深色次生代谢产物的薄壁细胞，可能是在创伤愈合早期形成的愈伤组织层。

⑧ 环剥至部分形成层并包裹薄膜 12 个月后，创伤处并未形成韧皮部和周皮，树木仍然保持活立木生存状态，说明没有韧皮部，树木的营养可以向下输送，这说明内含韧皮部具有向下输送营养的功能。

杜仲的剥皮再生研究表明，杜仲剥皮在形成层附近剥落时，土壤湿度和降雨量是影响剥皮再生的重要条件，剥皮后形成层和未成熟木质部细胞直接暴露于干燥空气中就会干枯而死，而剥皮无论包裹薄膜还是暴露在潮湿空气中，均由未成熟木质部产生维管形成层[3-5]。本研究中白木香的环剥剥除至部分形成层或剥除至表层木质部，均可再生不致树木死亡，其与木质部中的内含韧皮部可分化出完整的次生维管组织系统且具有向下输送营养的功能有关。

2.2.3 开香门法结香解剖构造观察

白木香树开香门处理1年后，树干上的伤口未被再生组织完全覆盖，从刨伤的上下方和左右侧取样。可见：白木香树 4cm×4cm×(1～2)cm 的刨口从两侧形成明显愈伤组织，呈包围伤口的趋势，未出现腐朽层及沉香层；而上下方内侧的组织在靠近伤口处出现了腐朽层，腐朽层和白木之间形成了深色的沉香层，腐朽层的厚度一般为 0.3～0.8mm 不等，沉香层厚约 0.1～0.2cm；上下方外侧形成了呈包围伤口趋势的愈伤组织，见图 2-25。

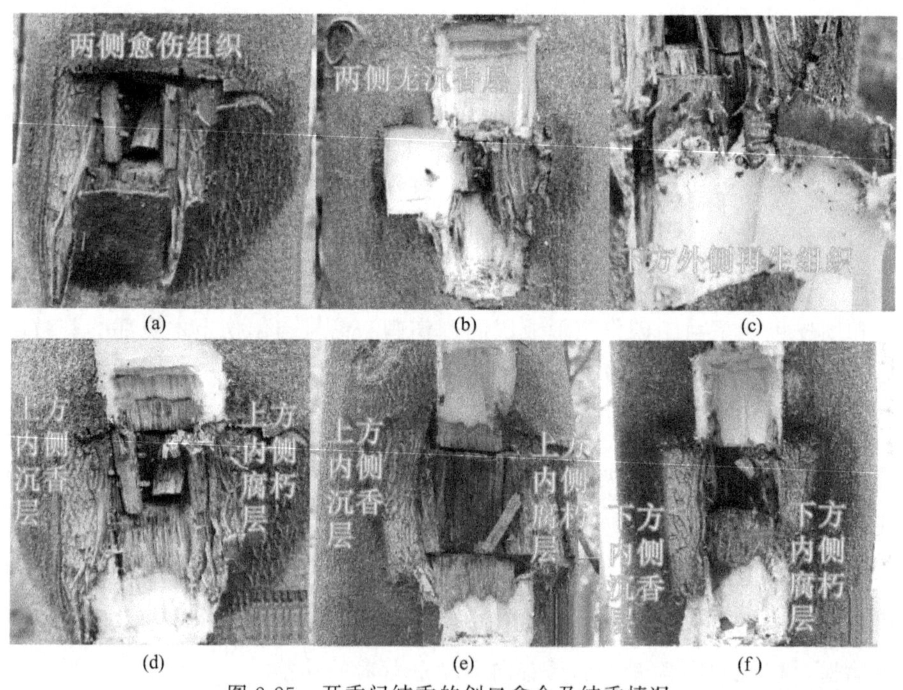

图 2-25　开香门结香的刨口愈合及结香情况

在图 2-25 中，图（a）可见刨口左右两侧形成愈伤组织，图（b）可见刨口左右两侧无沉香层及腐朽层，图（c）可见刨口下方外侧长出包围刨口的愈伤组织，图（d）可见刨口上下方均形成沉香层和腐朽层，图（e）可见刨口上下方腐朽层厚度不均匀，图（f）可见刨口上方内侧的腐朽层减少白木香受开香门创伤处理 12 个月后，创口下方外侧形成了愈伤组织层、再生木质部、薄壁细胞层、韧皮部、皮层、栓皮层。再生组织呈包围创口原组织的趋势，沉香层裸露在再生组织外，再生组织包括愈伤组织、木质部、薄壁细胞群、韧皮部、皮层。薄壁细胞群中晶体丰富，愈伤组织荧光亮度更高，邻近的原组织内含韧皮部中有木质化细胞形成，再生木质部组织异常。具体见图 2-26。

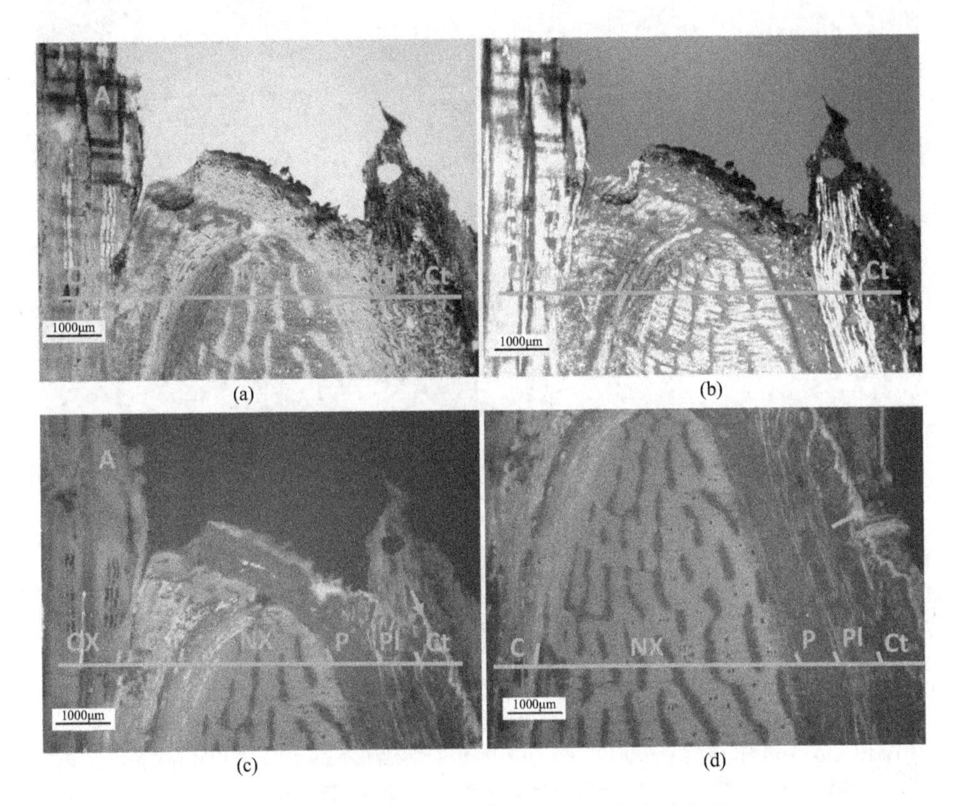

图 2-26　开香门创口下方形成的再生组织径切面

在图 2-26 中，图（a）为正常光，可见再生组织呈包围创口原组织（OX）的趋势，沉香层（A）裸露在再生组织外，再生组织包括愈伤组织（C）、木质部（NX）、薄壁细胞群（P）、韧皮部（Pl）、皮层（Ct）；图（b）为偏光，可见薄壁细胞群（P）中晶体丰富；图（c）为荧光，可见愈伤组织（C）荧光亮度更高，邻近的原组织（OX）内含韧皮部中有木质化细胞形成；图（d）也为荧光，可见再生木质部（NX）组织异常

沉香层和再生木质部之间形成愈伤组织，愈伤组织由薄壁细胞和木质化细胞构成，其中嵌有原组织，愈伤组织与原组织、再生木质部之间的细胞荧光亮度更高，邻近愈伤组织的沉香层导管中含侵填体，内含韧皮部周缘木质

化，部分细胞木质化，见图 2-27。

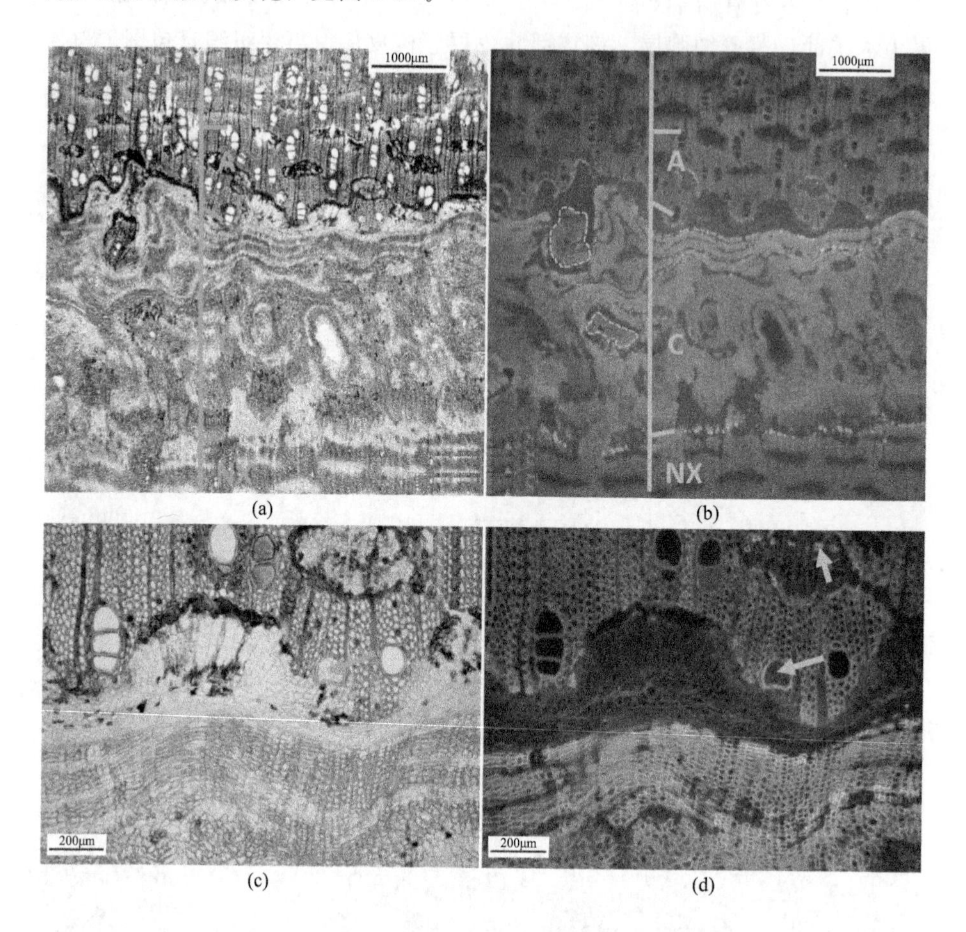

(a) (b) (c) (d)

图 2-27 开香门创口下方形成的再生组织横切面

在图 2-27 中，图（a）为正常光，可见沉香层（A）和再生木质部（NX）之间形成愈伤组织（C）；图（b）为荧光，可见愈伤组织（C）由薄壁细胞和木质化细胞构成，其中嵌有原组织（虚线圈），愈伤组织与原组织、再生木质部之间的细胞荧光亮度更高；图（c）为正常光；图（d）也为荧光，可见邻近愈伤组织的沉香层导管中含侵填体，内含韧皮部周缘木质化，部分细胞木质化

创口下方内侧样品，自创伤向髓心方向可分为腐朽层、沉香层、阻隔层，横切面上沉香层厚度约为 1mm，阻隔层及过渡层的总厚度约 3mm；创伤下侧样品，形成腐朽层、沉香层，径切面上沉香层厚度约 2mm，见图 2-28。

腐朽层中，深色次生代谢产物分布极少，仅在内含韧皮部外缘中分布，未见再生组织，内含韧皮部组织细胞变形溃陷，腐朽较严重者韧皮部组织几

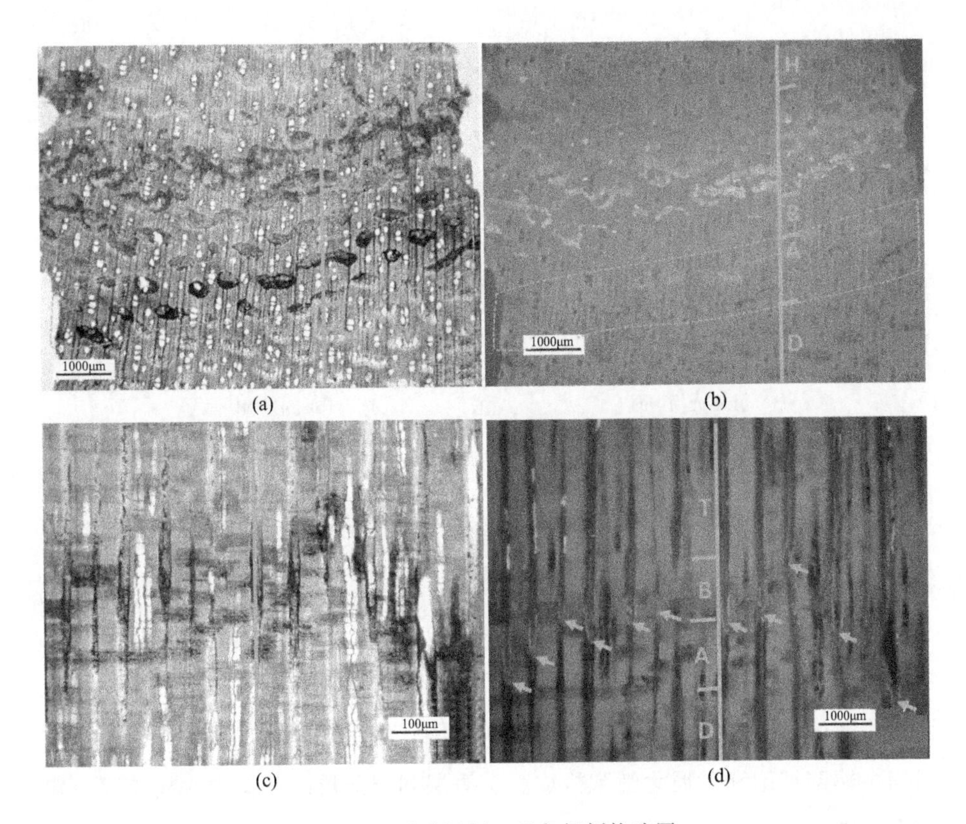

图 2-28　开香门创口下方解剖构造图

在图 2-28 中，图（a）为正常光横切面，图（b）为荧光横切面，图（c）为正常光径切面，图（d）为荧光径切面。图中，H 标示白木层，B 标示阻隔层，D 标示腐朽层，箭头标示阻隔层木质化细胞

乎为空，木纤维的木质素、纤维素明显被降解，但腐朽层中未见菌丝，见图 2-29。

沉香层内含韧皮部、木射线、部分导管富含深色次生代谢产物，未见再生组织及胼胝质。沉香层和阻隔层之间的内含韧皮部一端为深色次生代谢产物，一端为分化出方形细胞的阻隔层，两者之间细胞木质化，晶体丰富，形成了沉香层和阻隔层的界线，见图 2-30。

阻隔层内含韧皮部分化出木质化细胞群，其木质素含量高于原组织。沉香层和阻隔层之间内含韧皮部、木射线和部分木纤维中富含深色次生代谢产物，形成木质化细胞，构成二者间的界线，见图 2-31。

白木香受开香门创伤处理 12 个月后，创口两侧形成了新的木质部、次

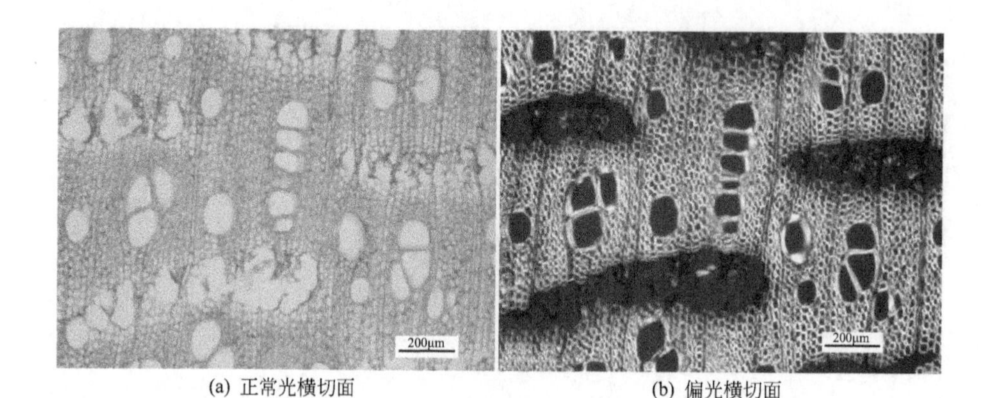

(a) 正常光横切面　　(b) 偏光横切面

图 2-29　开香门刨口下侧腐朽层解剖构造

生韧皮部、皮层，并形成包围刨口的趋势，皮层组织嵌合到原组织伤口中，填补刨口缝隙，见图 2-32。

开香门法处理，白木香从刨口两侧形成愈伤组织，未出现腐朽层及沉香层，上下方内侧出现了腐朽层、沉香层和阻隔层，上下方外侧形成愈伤组织及再生次生维管组织。沉香层和再生次生维管组织之间形成愈伤组织，愈伤组织由薄壁细胞和木质化细胞构成。沉香层和阻隔层之间的内含韧皮部一端为深色次生代谢产物，一端为分化出方形细胞的阻隔层，两者之间细胞富含深色次生代谢产物，部分细胞木质化，晶体丰富，形成了沉香层和阻隔层的界线。

开香门法从四周形成再生组织包围刨口，但刨口两侧未形成沉香层而上下侧形成沉香层的原因可能是刨口两侧的水分疏导系统未被横向截断，上下的水分疏导系统被横向截断，水分可从被横向截断的导管、木纤维、木间韧皮部等组织向空气中散发，其内侧细胞的失水导致刨口上下侧形成沉香层。

2.2.4　分析与小结

白木香环剥至形成层或木质部与白木香开香门法结香均使白木香形成沉香层，其产生解剖构造变化的共同特征是：沉香层薄层状，厚度差异不大，内含韧皮部和木射线富集深色次生代谢产物，刨口附近均再生出木质化细胞群和富含晶体的薄壁细胞，导管中形成侵填体。

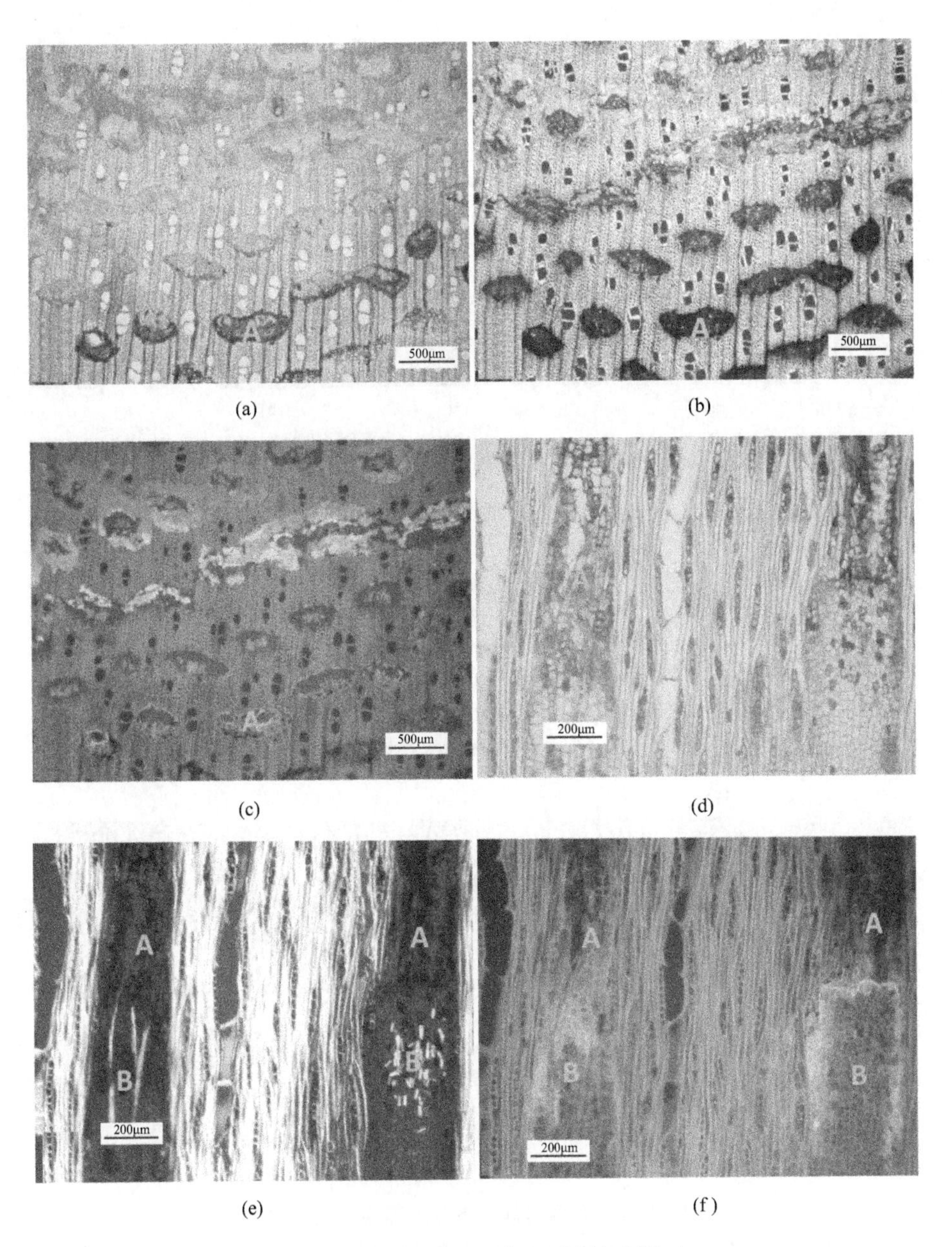

图 2-30　开香门刨口下侧沉香层解剖构造

在图 2-30 中，图（a）为横切面正常光，图（b）为横切面偏光，图（c）为横切面荧光，可见沉香层（A）中内含韧皮部和木射线深色次生代谢产物，阻隔层中内含韧皮部分化出木质化的细胞群，图（d）为弦切面正常光，图（e）为弦切面偏光，图（f）为弦切面荧光，可见沉香层（A）和阻隔层（B）之间的内含韧皮部一端为深色次生代谢产物，一端为由方形细胞构成的阻隔层，两者之间细胞木质化，晶体丰富

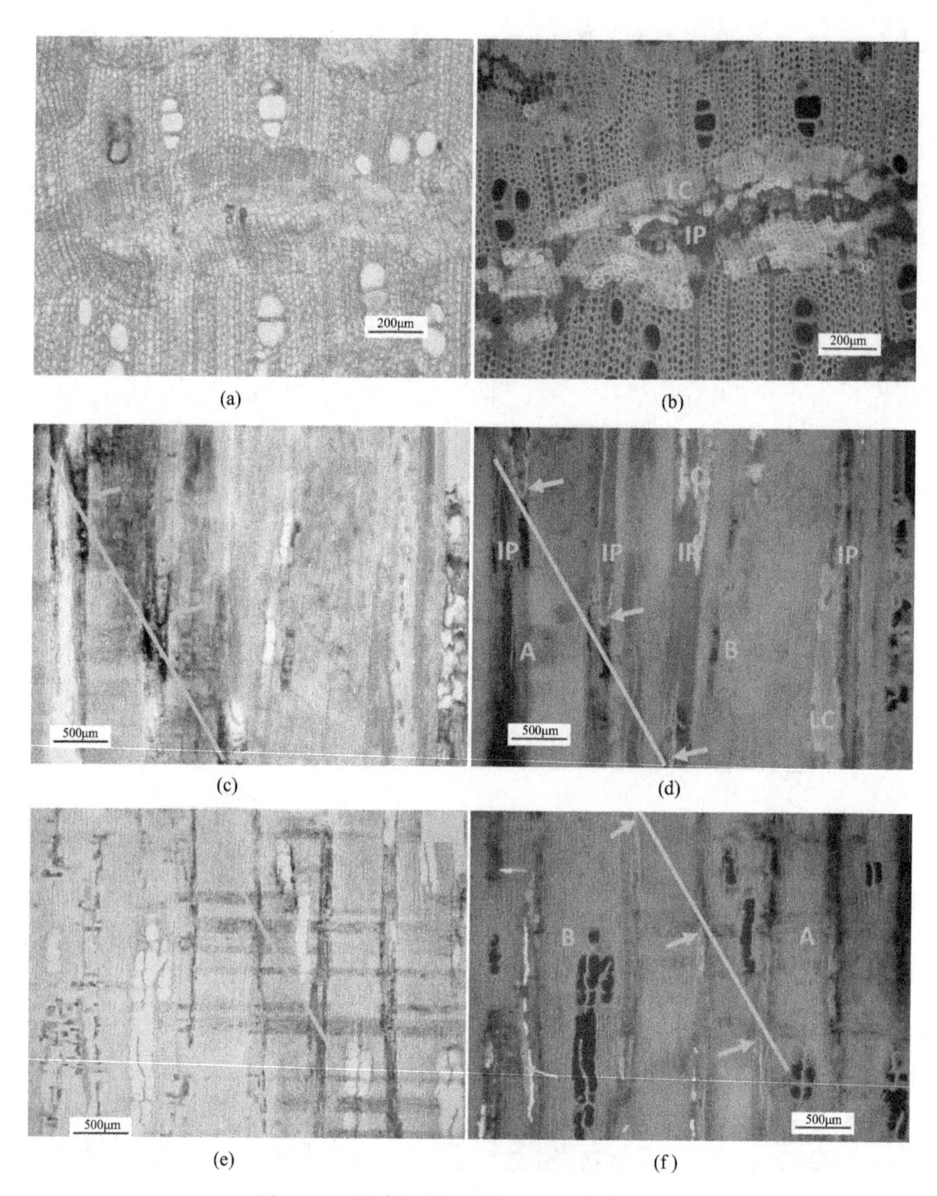

(a) (b) (c) (d) (e) (f)

图 2-31　开香门创口下侧阻隔层解剖构造

在图 2-31 中，图（a）为横切面正常光，可见阻隔层中部分导管富含深色次生代谢产物，内含韧皮部（IP）分化出木质化方形细胞群（LCs）；图（b）为横切面荧光，可见阻隔层内含韧皮部分化出的木质化细胞群（LCs）径向排列整齐，荧光亮度高于原组织；图（c）为径切面正常光，可见沉香层（A）和阻隔层（B）之间内含韧皮部、木射线和部分木纤维中富含深色次生代谢产物；图（d）为径切面荧光，可见沉香层（A）和阻隔层（B）间内含韧皮部（IP）形成木质化细胞（粗箭头），构成二者间的界线，内含韧皮部中分化出木质化细胞群（LCs）；图（e）为弦切面正常光；图（f）为径切面荧光，可见阻隔层中木质化方形细胞（粗箭头）和邻近组织木质化（细箭头）

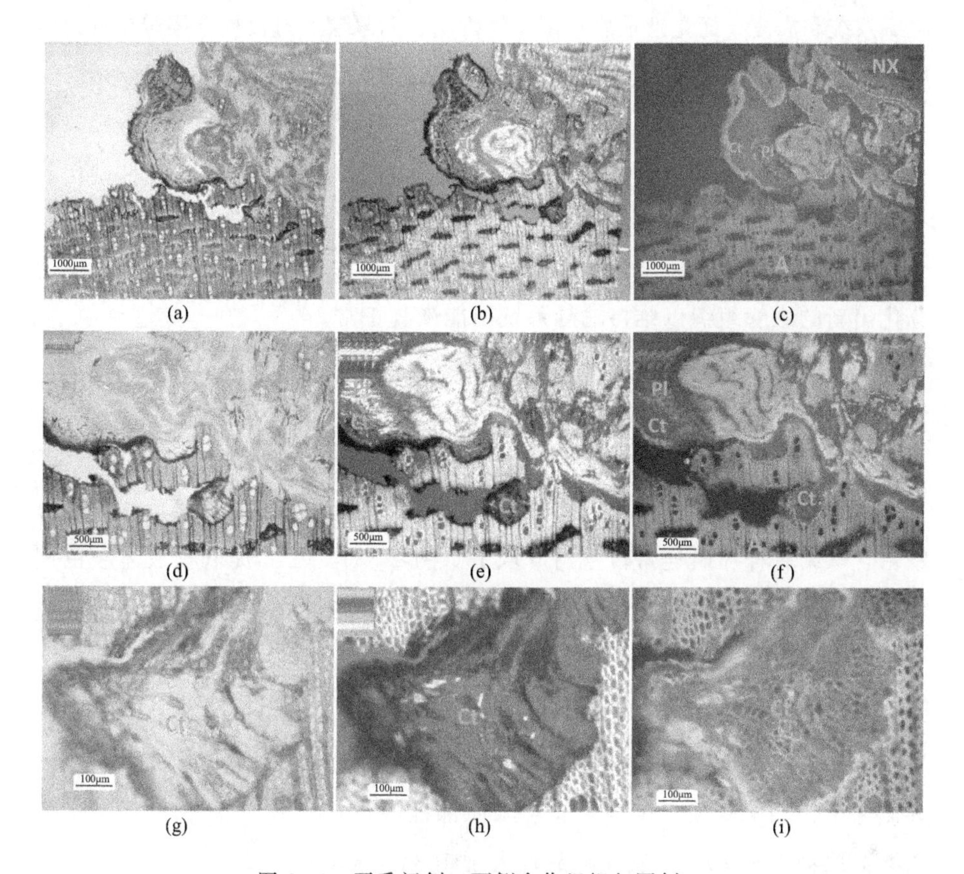

图 2-32　开香门创口两侧愈伤组织包围创口

在图 2-32 中，图（a）、图（d）、图（g）为横切面正常光，图（b）、图（e）、图（h）为横切面偏光，图（c）、图（f）、图（i）为径切面荧光。图中，A 标示沉香层，NX 标示再生木质部，Ct 标示皮层，Pl 标示韧皮部，虚线圈标示原组织

环剥法形成沉香与开香门法形成沉香的白木香解剖构造变化的不同特征如下。

① 环剥法所形成的沉香层形成于树干外侧，开香门法形成的沉香层在树干创口内，腐朽层之下；环剥法的沉香层较易获得，而开香门法的沉香层在创口上下侧，不易采收和分离。

② 环剥法在创口内侧发现再生组织，在裸露创口的情况下再生出完整的维管组织系统和周皮，再生组织附近原组织中内含韧皮部一侧分化出木质化细胞群、薄壁细胞群和小导管；开香门法从创口内侧和四周发生再现组织，四周的再生组织呈包围创口的趋势，开香门法的内侧不能分化出完整的维管

组织系统和周皮，而是形成腐朽层、沉香层、阻隔层、过渡层，阻隔层和过渡层的内含韧皮部两侧中分化出木质化细胞群和薄壁细胞群，没有形成小导管。

二者差异的可能原因是，在采用开香门法的情况下，白木香的树皮只有一部分被创伤，可能对白木香整棵树的输导系统影响不大，因此未从创伤内侧分化出维管组织而是形成阻隔层和过渡层，而在环剥的情况下，整圈韧皮部均被剥除，白木香树向下输送营养的途径受到一定影响，因此需要从内侧分化出新的维管组织以维持输导系统功能恢复正常。

2.3 机械创伤化学成分分析

当采用环剥法在树干上以美工刀取样时，由于结香部分和再生树皮结合紧密，取结香样品时连带再生树皮取下（图 2-33），乙醇提取物液体颜色偏绿色，其中Ⅲ级环剥处理样品颜色更绿，具体见图 2-34。

2.3.1 乙醇提取物含量测定结果

标准 LY/T 2904—2017《沉香》要求乙醇提取物含量应不低于 10%。环剥法中，除了剥除台风倒木表层木质部裸露创口处理（Ⅲ-台风倒木）的乙醇提取物小于 10%，其他样品均大于 10%（表 2-6）。

表 2-6 乙醇提取物含量

样品编号	含水率/%	乙醇提取物含量/%	抽提液颜色
标准品	7.51	22.49	黄褐色
Ⅱ-包裹薄膜	8.42	19.22	褐色偏绿
Ⅲ-包裹薄膜	7.61	15.37	绿色
Ⅱ-台风倒木	8.01	11.96	绿褐色
Ⅲ-台风倒木	7.93	7.17	绿色
Ⅱ-裸露创口	8.43	10.05	褐色偏绿

2.3.2 显色反应结果

LY/T 2904—2017 中指出，沉香显色反应应呈现樱红、紫堇、浅红、浅紫色，不应呈无色或浅黄色。

(a) (b) (c) (d) (e) (f)

图 2-33　环剥的结香样品

在图 2-33 中，图（a）为取样示意图，图（b）为剥除活立木表层木质部包裹薄膜处理样品，图（c）为剥除活立木部分形成层包裹薄膜处理样品，图（d）为剥除台风倒木表层木质部裸露创口处理样品，图（e）为剥除台风倒木部分形成层裸露创口处理样品，图（f）为剥除活立木部分形成层裸露创口处理样品

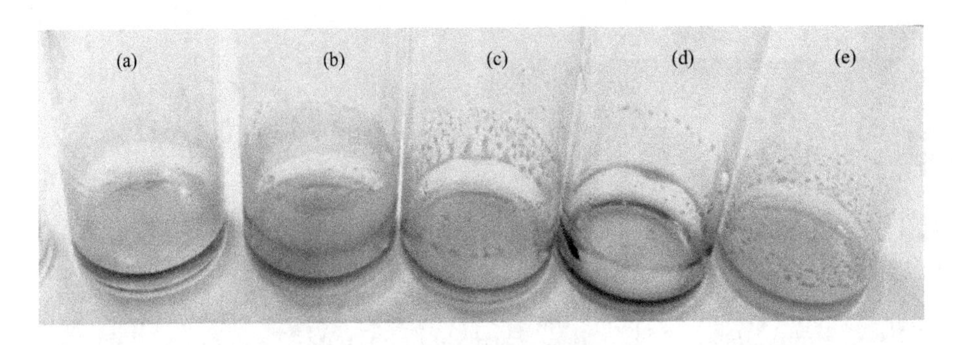

图 2-34　环剥结香乙醇提取物颜色

在图 2-34 中，瓶（a）中为剥除活立木表层木质部包裹薄膜处理样品，瓶（b）中为剥除活立木部分形成层包裹薄膜处理样品，瓶（c）中为剥除台风倒木表层木质部裸露创口处理样品，瓶（d）中为剥除台风倒木部分形成层裸露创口处理样品，瓶（e）中为剥除活立木部分形成层裸露创口处理样品

除标准品样品呈现粉红色，环剥法各样品均不符合标准规定的沉香颜色（图 2-35）。

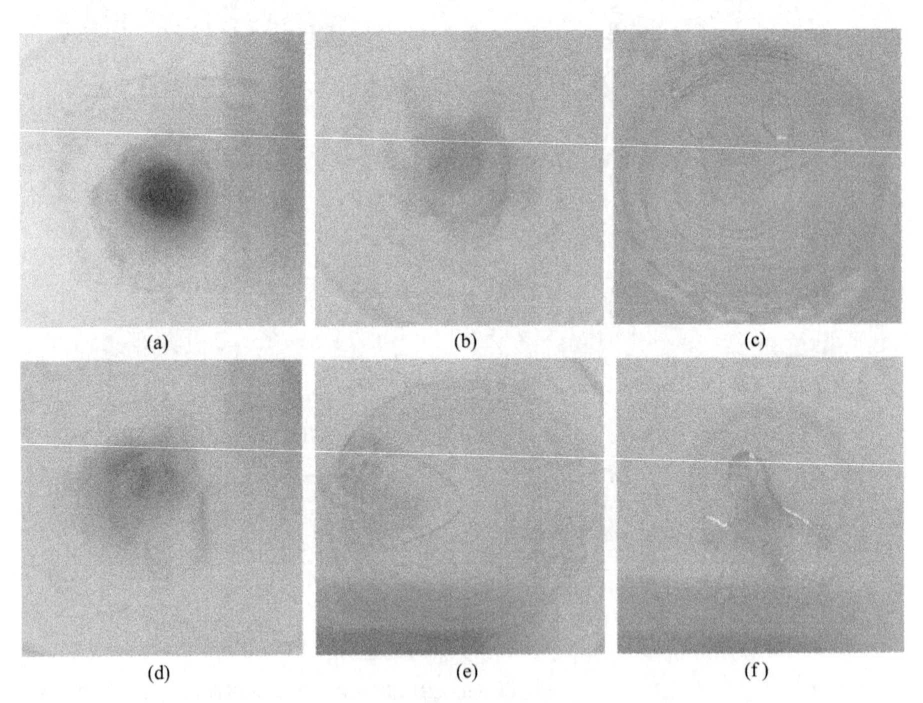

图 2-35　环剥法诱导结香样品显色反应图

在图 2-35 中，图（a）为标准品，图（b）为剥除形成层包裹薄膜的样品，图（c）为剥除表层木质部包裹薄膜的样品，图（d）为剥除台风倒木部分形成层裸露创口的样品，图（e）为剥除台风倒木表层木质部裸露创口的样品，图（f）为剥除部分形成层裸露创口的样品

2.3.3 薄层色谱分析结果

标准品和剥皮样品都显现与标准 LY/T 2904—2017 所示薄层色谱图例对应的位置上相同颜色的荧光斑点（图 2-36）。

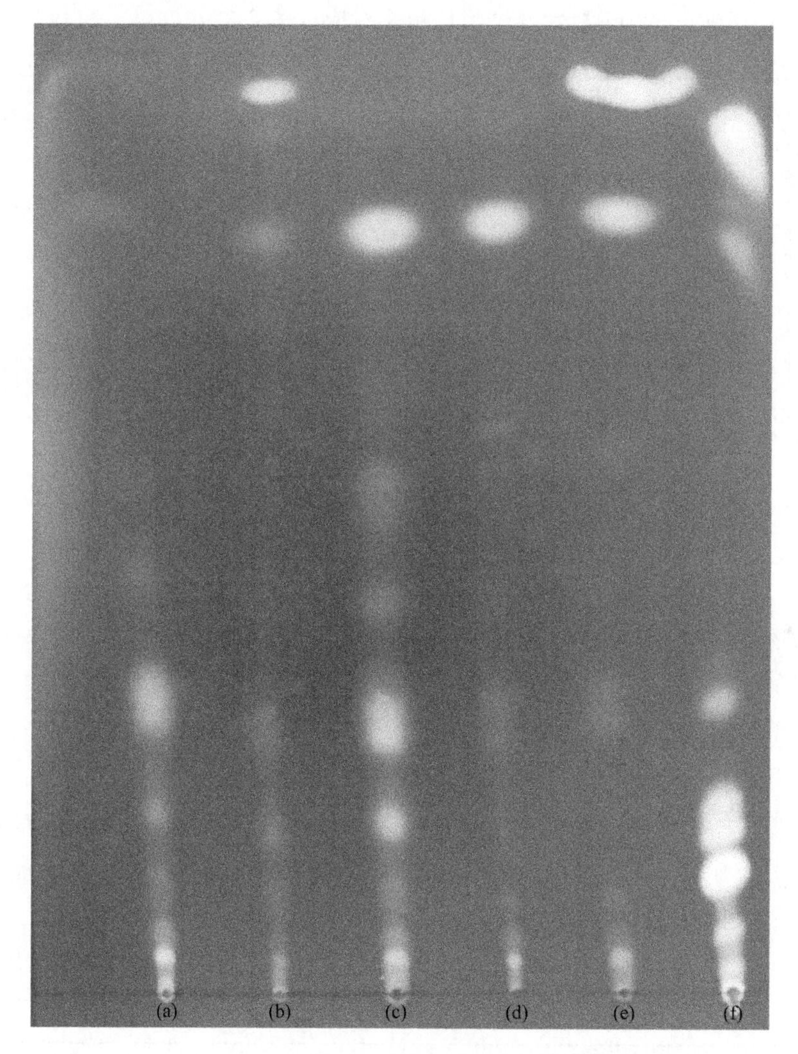

图 2-36　环剥结香样品的薄层色谱分析图

在图 2-36 中，(a) 为剥除部分形成层包裹薄膜处理，(b) 为剥除表层木质部包裹薄膜处理，(c) 为台风倒木剥除表层木质部裸露创口处理，(d) 为台风倒木剥除部分形成层裸露创口处理，(e) 为剥除部分形成层裸露创口处理，(f) 为标准品

2.3.4 HPLC分析结果

结香样品所得 HPLC 图谱中，峰 1 与沉香四醇标准样品保留时间(21.5min)一致，在峰 1 后呈现峰 2、3、4、5、6，与我国现行林业行业标准 LY/T 2904—2017 所示 6 个特征峰相对应（图 2-37）。

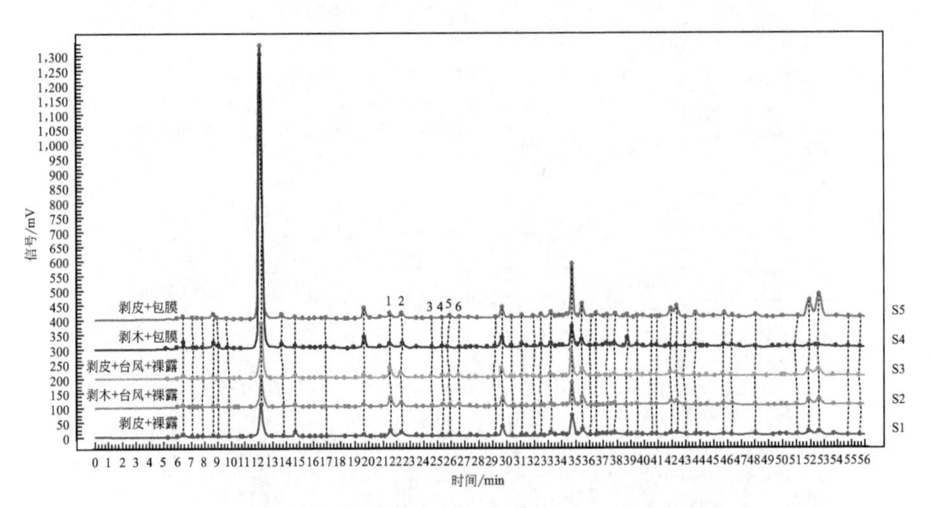

图 2-37 不同结香方法结香样品 HPLC 特征图谱

在图 2-37 中，S1 为活立木剥除部分形成层裸露创口处理，S2 为台风倒木剥除部分形成层裸露创口处理，S3 为台风倒木剥除表层部分木质部处理，S4 为活立木剥除表层木质部包裹薄膜处理，S5 为活立木剥除部分形成层包裹薄膜处理

环剥样品沉香四醇含量（表 2-7）与江浩等[6]所报道的以锯子重复刺激 10 年生树木的伤口 6 个月所得沉香的沉香四醇含量 0.02%～0.12%接近，而李浩洋等[7]所报道的砍伤法创伤 5～20 年树龄白木香树所结沉香的沉香四醇含量为 0.078%～0.254%。本书研究的沉香四醇含量较低，可能与树龄为 6 年生白木香树，树龄较小有关。

表 2-7 环剥方法结香的沉香四醇含量

编号	沉香四醇含量/%
Ⅲ-包裹薄膜	0.011
Ⅱ-包裹薄膜	0.025
Ⅲ-台风倒木	0.018
Ⅱ-台风倒木	0.004
Ⅱ-裸露创口	0.022

选取沉香四醇含量较高的Ⅱ-包裹薄膜处理的样品图谱为参照图谱，采用中位数法，时间窗0.1min，多点校正，进行全谱峰匹配，峰面积占总峰面积的0.1%以上的峰参加匹配，共获得56个共有峰（图2-37），生成对照图谱，进行相似度比较，得到不同剥皮处理间的相似度（表2-8）。

表 2-8 环剥处理结香的 HPLC 图谱相似度计算

处理编号	Ⅱ-裸露	Ⅲ-台风	Ⅱ-台风	Ⅲ-包裹	Ⅱ-包裹
Ⅱ-裸露	1				
Ⅲ-台风	0.960	1			
Ⅱ-台风	0.980	0.955	1		
Ⅲ-包裹	0.806	0.693	0.836	1	
Ⅱ-包裹	0.865	0.766	0.899	0.987	1

注：Ⅱ-裸露表示活立木环剥至形成层裸露创口处理；Ⅲ-台风表示台风倒木环剥至木质部裸露创口处理；Ⅱ-台风表示台风倒木环剥至形成层裸露创口处理；Ⅲ-包裹表示活立木环剥至木质部包裹薄膜处理；Ⅱ-包裹表示活立木环剥至形成层包裹薄膜处理。

环剥法处理的结香样品HPLC图谱相似度计算表明，环剥创口后裸露创口与包裹创口处理的相似度较低（0.693～0.899）[7]，而环剥程度（剥至形成层、剥至木质部）不同其相似度较高（0.955～0.987），说明创口水分含量对结香化学成分的影响较环剥程度的影响更大[8]。

2.3.5 GC-MS分析结果

不同剥皮处理及对照样品的总离子流图如图2-38所示。

通过比对数据库和参考文献［8，9］记载的沉香特征性化合物谱图对样品GC-MS分析谱图，得化合物成分。

环剥法诱导结香GC-MS分析结果（表2-9）表明，环剥法结香样品主要挥发性成分为倍半萜类、色酮类和脂肪酸类。其中标准品分析出倍半萜类含量为23.71%，色酮类34.72%，脂肪酸类1.78%；台风倒木剥除表层木质部裸露创口倍半萜类含量为25.21%，色酮类30.54%，脂肪酸类19.35%；活立木剥除表层木质部包裹薄膜倍半萜类含量为32.79%，色酮类6.20%，脂肪酸类38.04%；台风倒木剥除部分形成层裸露创口倍半萜类含量为41.79%，色酮类3.74%，脂肪酸类5.26%；活立木剥除部分形成

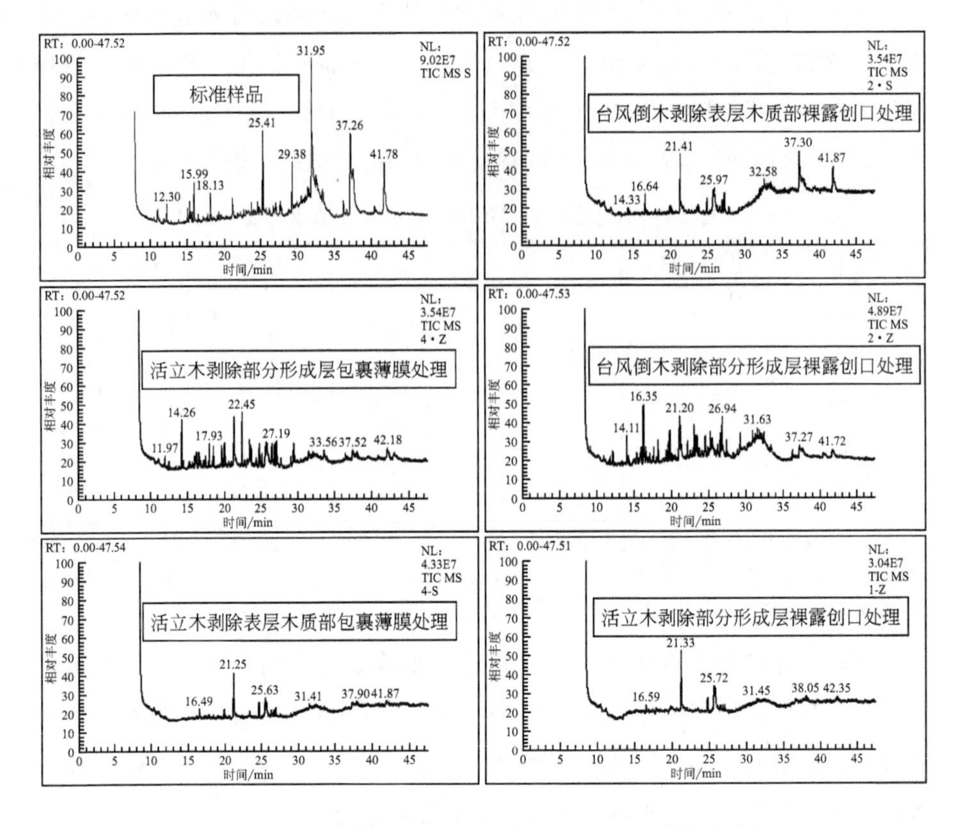

图 2-38　不同剥皮处理及对照样品的 GC-MS 总离子流图

层包裹薄膜倍半萜类含量为 21.73%，色酮类 2.41%，脂肪酸类 27.25%；活立木剥除部分形成层包裹薄膜倍半萜类含量为 57.35%，色酮类 3.90%，脂肪酸类 8.45%。仅标准品、台风倒木环剥至木质部样品和活立木环剥至形成层包裹薄膜样品中检测到苄基丙酮（2-Butanone，4-phenyl-）。

由此分析，活立木剥除部分形成层包裹薄膜的倍半萜类含量显著较其他样品高（57.35%），甚至高于标准品（23.71%），但色酮类化合物含量较低（3.90%）。活立木剥除表层木质部包裹薄膜的脂肪酸类含量最高（38.04%），这与在采用环剥法采样时未避免未结香部分的韧皮部和少量木质部有关。台风倒木剥除至木质部裸露创口的色酮类含量（30.54%）显著较其他处理的高，可能与台风倒木整棵植株均处于较为衰弱的状态有关。

表 2-9 环剥法诱导结香样品 GC-MS 分析

序号	化合物名称	化学式	峰面积比例/%					
			标准品	台风-至木质部	薄膜-至木质部	台风-至形成层	裸露-至木质部	薄膜-至形成层
1	(−)-Aristolene#	$C_{15}H_{24}$	0.56					0.29
2	(−)-Globulol#	$C_{15}H_{26}O$	2.69					
3	α-Agarofuran#	$C_{15}H_{24}O$						0.44
4	Eremophila-9,11(13)-dien-12-ol#	$C_{15}H_{24}O$				0.56		
5	8,12-Epoxy-erenophila-9,11(13)-diene#	$C_{15}H_{22}O$	0.49					0.88
6	Eremophil-9(10)-ene-11,12-diol	$C_{15}H_{26}O_2$				2.16		0.54
7	2-(2-Phenylethyl)chromone△	$C_{17}H_{14}O_2$			0.59	1.26		0.61
8	2-[2-(4-Methoxyphenyl)ethyl]chromone△	$C_{18}H_{16}O_3$						0.24
9	6-Hydroxy-2-(2-phenylethyl)chromone△	$C_{17}H_{14}O_3$		0.41				
10	(1R,2R,6S,9R)-6,10,10-Trirmethyl-11-oxatricyclo[7.2.1.016]dodecane-2-ol#	$C_{14}H_{24}O_2$	0.87					
11	6-Hydroxy-2-[2-(4-phenylethyl)ethyl]chromone△	$C_{17}H_{14}O_4$			0.1			
12	6-Hydroxy-2-[2-(3-hydroxy-4-methoxyphenyl)ethyl]chromone△	$C_{18}H_{16}O_5$			0.2			
13	6-Methoxy-2-(2-phenylethyl)chromone△	$C_{18}H_{16}O_3$	1.76	0.41	0.76	1.21		0.7
14	6-Methoxy-2-[2-(4-methoxyphenyl)ethyl]chromone△	$C_{19}H_{18}O_4$						0.04
15	6-Methoxy-2-[2-(4-hydroxyphenyl)ethyl]chromone△	$C_{18}H_{16}O_4$						0.02
16	5,8-Dihydroxy-2-(2-phenylethyl)chromone△	$C_{17}H_{14}O_4$	32.47	24.96	3.83	2.46	2.41	1.94
17	6-Hydroxy-7-methoxy-2-(2-phenylethyl)chromone△	$C_{18}H_{16}O_4$	0.5					

续表

序号	化合物名称	化学式	峰面积比例/%					
			标准品	台风-至木质部	薄膜-至木质部	台风-至形成层	裸露-至木质部	薄膜-至形成层
18	6,7-Dimethoxy-2-(2-phenylethyl)chromone[Δ]	$C_{19}H_{18}O_5$		3.65	0.36			
19	Agarospirol[#]	$C_{15}H_{26}O$	1.33	0.11		3.53		
20	6-Hydroxy-7-methoxy-2-[2-(4-hydroxyphenyl)ethyl]chromone[Δ]	$C_{18}H_{16}O_5$						0.15
21	6,7-Dimethoxy-2-[2-(4-methoxyphenyl)ethyl]chromone[Δ]	$C_{20}H_{20}O_5$		1.11				
22	6,8-Dihydroxy-2-(2-phenylethyl)chromone[Δ]	$C_{17}H_{14}O_4$			0.36	0.06		0.2
23	β-Agarofuran[#]	$C_{15}H_{24}O$		0.83	1.9	1.97		4.02
24	etispira-2(11),6(14)-dien-7-ol[#]	$C_{15}H_{24}O$		0.82		1.80		3.55
25	2,14-Epoxy-vetispira-6(14),7-diene[#]	$C_{15}H_{22}O$				0.76		0.16
26	(—)-Guaia-1(10),11-dien-15-al[#]	$C_{15}H_{22}O$		0.45		1.11		4.5
27	Methyl guaia-1(10),11-diene-15-carboxylate[#]	$C_{16}H_{24}O_2$				0.19		
28	(—)-1,10-Epoxyguai-11-ene[#]	$C_{15}H_{24}O$	0.2			1.36		
29	(+)-Guaia-1(10),11-dien-9-one[#]	$C_{15}H_{22}O$	0.4	0.87		1.27		
30	(+)-1,5-epoxy-nor-ketoguaiene	$C_{14}H_{20}O_2$						1.41
31	(—)-Selina-3,11-dien-14-al[#]	$C_{15}H_{22}O$		1.03		0.93	0.84	2.32
32	12,15-Dioxo-α-selinen(selinen-3,11-dien-12,15-dial)[#]	$C_{15}H_{20}O_2$	1.36	0.33	5.56	2.22	4.57	2.37
33	15-Hydroxyl-12-oxo-α-selinen[#]	$C_{15}H_{22}O_2$						0.43
34	(5S,7S,10S)-(—)-selina-3,11-dien-9-one[#]	$C_{15}H_{22}O$			0.89			

续表

序号	化合物名称	化学式	峰面积比例/%					
			标准品	台风-至木质部	薄膜-至木质部	台风-至形成层	裸露-至木质部	薄膜-至形成层
35	(5S,7S,9S,10S)-(+)-selina-3,11-dien-9-ol#	$C_{15}H_{24}O$		0.69	1.03	2.96		1.89
35	Selina-4,11-dien-14-al#	$C_{15}H_{24}O_2$						1.83
37	12-Hydroxy-4(5),11(13)-euddesmadien-15-al#	$C_{15}H_{22}O_2$	0.12		1.09	1.14		
38	(1S,2S,6S,9R)-6,10,10-trimethyl-11-oxatricyclo[7.2.1.01,6]dodecane-2-carbaldehyde#	$C_{15}H_{24}O_2$						0.93
39	Eudesma-4-en-11,15-diol#	$C_{15}H_{26}O_2$						0.24
40	(−)-10-epi-γ-eudesmol#	$C_{15}H_{26}O$			0.15			
41	Neopetasane(Eremophila-9,11-dien-8-one)#	$C_{15}H_{22}O$		1		2.25	0.37	0.86
42	Santalol#	$C_{15}H_{24}O$		0.25		2.22		
43	Vatirenene#	$C_{15}H_{22}$	0.15					
44	2(1H)Naphthalenone,3,5,6,7,8,8a-hexahydro-4,8a-dimethyl-6-(1-methylethenyl)-#	$C_{15}H_{22}O$			0.57	0.31		0.57
45	2(3H)-Naphthalenone, 4, 4a, 5, 6, 7, 8-hexahydro-4a, 5-dimethyl-3-(1-methylethylidene)-,(4ar-cis)-#	$C_{15}H_{22}O$						
46	2,2,6,7-Tetramethyl-10-oxatricyclo[4.3.1.0(1,6)]decan-5-ol#	$C_{13}H_{22}O_2$	0.32			1.40		
47	2-Butanone,4-phenyl-	$C_{10}H_{12}O$	1.52	0.19				0.66
48	2H-3,9a-Methano-1-benzoxepin,octahydro-2,2,5a,9-tetramethyl-,[3R-(3α,5aα,9α,9aα)]-#	$C_{15}H_{26}O$						0.52
49	2H-Cyclopropa[g]benzofuran,4,5,5a,6,6a,6b-hexahydro-4,4,6b-trimethyl-2-(1-methylethenyl)-#	$C_{15}H_{22}O$						4.71
50	2-Naphthalenemethanol,1,2,3,4,4a,5,6,7-octahydro-?? 4a,8-tetramethyl-,(2R-cis)-#	$C_{15}H_{26}O$	1.03					

续表

序号	化合物名称	化学式	峰面积比例/%					
			标准品	台风-至木质部	薄膜-至木质部	台风-至形成层	裸露-至木质部	薄膜-至形成层
51	2-Naphthalenemethanol,1,2,3,4,4a,5,6,8a-octahydro-α,α,4a,8-tetramethyl-,[2R-(2α,4aα,8aβ)]-#	$C_{15}H_{26}O$						0.74
52	2-Naphthalenemethanol,decahydro-α,α,4a-trimethyl-8-methylene-,[2R-(2α,4aα,8aβ)]-#	$C_{15}H_{26}O$			4.08	1.11		2.17
53	3,7-Cyclodecadiene-1-methanol,α,α,4,8-tetramethyl-,[s-(Z,Z)]#	$C_{15}H_{26}O$				1.68		0.2
54	5,8-Dihydroxy-4a-methyl-4,4a,4b,5,6,7,8,8a,9,10-decahydro-2(3H)-phenanthrenone#	$C_{15}H_{22}O_3$	0.31	6.38	3.47	0.08		2.88
55	6-(1-Hydroxymethylvinyl)-4,8a-dimethyl-3,5,6,7,8,8a-hexahydro-1H-naphthalen-2-one#	$C_{15}H_{22}O_2$				3.94		4.7
56	6-Isopropenyl-4,8a-dimethyl-4a,5,6,7,8,8a-hexahydro-1H-naphthalen-2-one#	$C_{15}H_{22}O$		0.6		1.53		
57	7-Oxabicyclo[4.1.0]heptane,2,2,6-trimethyl-1-(3-methyl-1,3-butadienyl)-5-methylene-#	$C_{15}H_{22}O$	1.02					
58	9-Octadecenoic acid,(E)-□	$C_{18}H_{34}O_2$		6.59	7.48			5.41
59	Aromadendrene oxide#	$C_{15}H_{24}O$						0.5
60	Azulen-2-ol,1,4-dimethyl-7-(1-methylethyl)-#	$C_{15}H_{18}O$	0.18					
61	Azulene,1,2,3,5,6,7,8,8a-octahydro-1,4-dimethyl-7-(1-methylethenyl)-,[1S-(1α,7α,8aβ)]-#	$C_{15}H_{24}$	1.38					
62	Benzamide,N,N-diethyl-4-methyl-	$C_{12}H_{17}NO$			3.88			1.8
63	Benzene,1-(1,2-dimethyl-3-methylenecyclopentyl)-4-methyl-,cis-#	$C_{15}H_{20}$	0.28					
64	Benzeneacetaldehyde	C_8H_8O				5.99	2.83	
65	Cyclodeca[b]furan-2(3H)-one,3a,4,5,8,9,11a-hexahydro-3,6,10-trimethyl-,[3S-(3R*,3aR*,6E,10E,11aR*)]-#	$C_{15}H_{22}O_2$	8.12					
66	Cycloisolongifolene,8,9-dehydro-9-formyl-#	$C_{16}H_{22}O$				0.65		0.98

续表

序号	化合物名称	化学式	峰面积比例/%					
			标准品	台风-至木质部	薄膜-至木质部	台风-至形成层	裸露-至木质部	薄膜-至形成层
67	Dibutyl phthalate	$C_{16}H_{22}O_4$	1.1	2.69	4.34			4.47
68	Diethyltoluamide	$C_{12}H_{17}NO$		4.45		0.97		
69	Costunolide#	$C_{15}H_{20}O_2$		1.62	0.5			1.23
70	Glaucyl alcohol#	$C_{15}H_{24}O$				3.01	4.45	0.76
71	Heptadecanoic acid#	$C_{17}H_{34}O_2$			0.27			
72	Hinesol#	$C_{15}H_{26}O$				1.66		0.44
73	Isoaromadendrene epoxide#	$C_{15}H_{24}O$			1.32			
74	Isolongifolene,4,5-dehydro-#	$C_{15}H_{22}$						
75	Longifolenaldehyde#	$C_{15}H_{24}O$						0.6
76	Longipinocarveol,trans-#	$C_{15}H_{24}O$	1.79					
77	n-Hexadecanoic acid□	$C_{16}H_{32}O_2$	1.78	14.02	23.44	0.38		8.45
78	Octadecanoic acid□	$C_{18}H_{36}O_2$		5.33				
79	Octadecanoic acid,ethyl ester□	$C_{20}H_{40}O_2$			0.7	0.43		
80	Oleic Acid□	$C_{18}H_{34}O_2$			13.9	4.45	27.25	
81	Santalol,cis,α#	$C_{15}H_{24}O$		0.96	0.13		11.02	
82	Selina-6-en-4-ol#	$C_{15}H_{26}O$					0.48	1.24
倍半萜类			23.71	25.21	32.79	41.79	21.73	57.35
色酮类			34.72	30.54	6.20	3.74	2.41	3.90
脂肪酸类			1.78	19.35	38.04	5.26	27.25	8.45

注：#标示倍半萜类，△标示色酮类，□标示脂肪酸类。

参考文献

［1］ 邱坚，郭梦麟．木材显微技术［M］．北京：中国质检出版社，2016.

［2］ 崔新婕，邱坚，高景然．利用荧光偏光技术对古木进行腐朽等级判定及加固程度的辨析［J］．文物保护与考古科学，2016，28（4）：48-53.

［3］ 张庆瑞，付国赞，彭兴隆．皮用杜仲树剥皮及树皮再生技术［J］．农业科技通讯，2014（6）：311-312.

［4］ 曹瑞致，张馨宇，杨大伟，等．剥皮对杜仲次生代谢物含量及伤害修复能力的影响［J］．林业科学，2017，53（6）：151-158.

［5］ 杨斌．杜仲主干环状剥皮再生试验［J］．林业科技通讯，1999（10）：32-34.

［6］ 江浩，王祝年，羊青，等．茉莉酸甲酯重复刺激对白木香所结沉香中沉香四醇含量的研究［J］．热带作物学报，2018，39（09）：1834-1840.

［7］ 李浩洋，杨芳，刘琼瑜，等．“砍伤法”所结人工沉香的质量评价［J］．中国药房，2017，28（28）：3996-3999.

［8］ 戴好富．沉香的现代研究［M］．北京：科学出版社，2017.

［9］ MEI W L，YANG D L，WANG H，et al. Characterization and determination of 2-（2-henylethyl）chromones in agarwood by GC-MS［J］. Molecules，2013，18（10）：12324-12345.

第三章
白木香化学试剂结香法

3.1 化学试剂结香方法和观察方法

3.1.1 仪器和试剂

手持电钻、大树用输液袋、注射器、木工凿、木工铁锤、美工刀、保鲜膜、螺口样品瓶、水循环式真空泵、电子天平 DDT-A+200（福州华志科学仪器有限公司）、蒸馏水、氯化钠（分析纯）、亚硫酸氢钠（分析纯）、试剂 A（两种浓度）、甲醛（福尔马林）溶液。

3.1.2 无机盐诱导结香方法

在云南省西双版纳傣族自治州勐宋乡三迈村沉香基地以 NaCl 及 $NaHSO_3$ 诱导。实验地宽约 8m，长约 15m，植株健壮，生长旺盛，枝叶茂盛，枝条较多，选择直径 5～7cm 侧枝进行处理。设计了 3 种浓度 3 种试剂组合共 9 组处理，9 组处理及溶液配制见表 3-1，每组处理重复 3 棵树，每个输液袋装 500ml 试剂，滴液控制为每滴约 3 秒。于 2017 年 7 月 31 日下午进行处理，2018 年 10 月 12 日下午采样，历时 14 个月 12 天。取样时，为避免机械打洞造成的影响，解剖分析的样品取自洞口以下约 10cm 处。

表 3-1 无机盐诱导剂配制

编号	NaCl 占溶质的比	$NaHSO_3$ 占溶质的比	配制
1N	1%	—	1g NaCl 溶于 100mL 水
2N	2%	—	2g NaCl 溶于 100mL 水

续表

编号	NaCl 占溶质的比	$NaHSO_3$ 占溶质的比	配制
3N	3%	—	3g NaCl 溶于 100mL 水
1S	—	1%	1g $NaHSO_3$ 溶于 100mL 水
2S	—	2%	2g $NaHSO_3$ 溶于 100mL 水
3S	—	3%	3g $NaHSO_3$ 溶于 100mL 水
1M	0.5%	0.5%	0.5g NaCl+0.5g $NaHSO_3$ 溶于 100mL 水
2M	1%	1%	1g NaCl+1g $NaHSO_3$ 溶于 100mL 水
3M	1.5%	1.5%	1.5g NaCl+1.5g $NaHSO_3$ 溶于 100mL 水

3.1.3 试剂 A 诱导结香方法

在广东省中山市五桂山沉香基地，配制两种浓度的诱导试剂 A。在 6～7 年生白木香树干选取 4 个树枝生长的部位以电钻沿树枝生长方向打孔，孔半径约 5mm。以试剂 A 配制两种浓度的溶液，以注射器注入钻孔中。每种浓度处理 3 棵树，人工诱导 13 个月每浓度取样 2 棵，1 年半后每浓度取样 1 棵。2016 年 4 月 9 日处理，2017 年 5 月 9 日（13 个月）及 2017 年 11 月 10 日（19 个月）取样。

3.2 化学试剂结香解剖分析

3.2.1 试剂 A 结香法对照

化学试剂 A 结香法在中山五桂山沉香基地进行，未结香解剖构造与机械创伤结香法未结香的对照样品解剖构造类似。有区别的是，皮层细胞中未见深色次生代谢产物，见图 3-1。

3.2.2 试剂 A 注入树干结香概况及解剖构造观察

由于化学试剂 A 浓度 1 输液诱导结香的范围较广，取其中一棵对结香范围进行计算。经测量，下部输液孔向下结香距离约 30cm，第一个输液孔距离第一个结香端部约 134cm，第二个输液孔距离第二个结香端部约 153cm，第三个输液孔距离第三个结香端部约 153cm。将结香木段分为 10

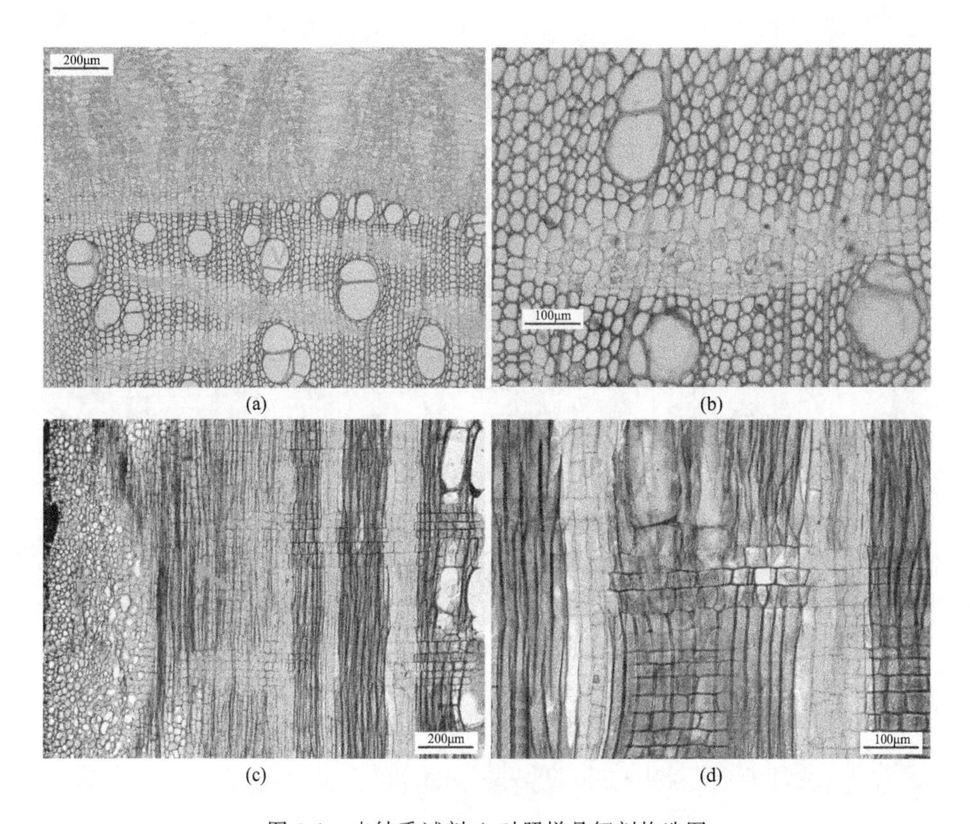

图 3-1 未结香试剂 A 对照样品解剖构造图

在图 3-1 中，图（a）、图（b）为横切面，图（c）、图（d）为径切面正常光。Ct 标示皮层，PR 标示韧皮射线，Ca 标示形成层，IP 标示内含韧皮部，粗箭头标示韧皮纤维，细箭头标示内含韧皮部中的纤维

段，其中 3 处从输液孔处断开，如图 3-2 所示。

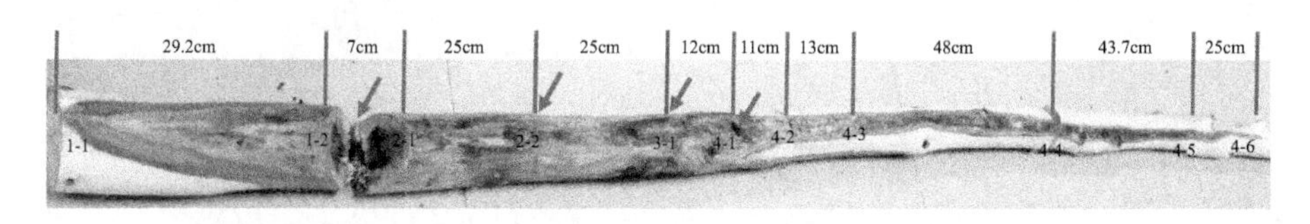

图 3-2 试剂 A 诱导白木香结香分段

图 3-2 中，4 个箭头所指为 4 个钻孔所在位置，蓝色竖线标示截断位置，编号 1-1、1-2 等为截面编号，竖线之间标注的是木段长度

对每块木段端部进行打磨和扫描，以 PS 对扫描图片进行结香面积分析，根据结香情况分为白木部分、黄褐色结香部分、灰黑色或粉白色腐朽部分，如图 3-3 所示。

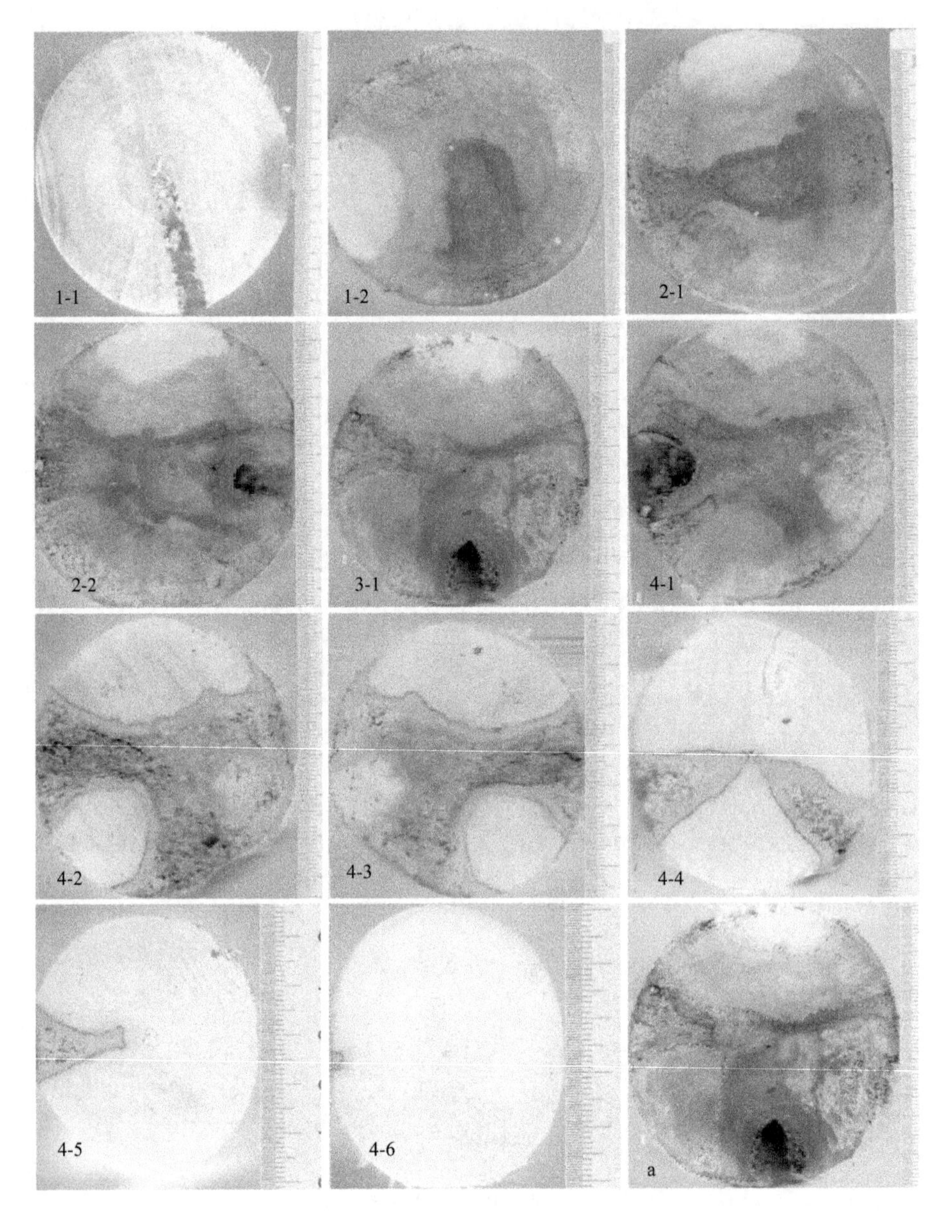

图 3-3　试剂 A 诱导白木香结香木段端部

图 3-3 中数字编号为截面编号，图 a 为以 PS 快速选择工具选择结香面积的示意图。

以 PS 快速选择工具分别选择木段端面部分区域和结香部分区域，在直方图下分别记录不同部分的像素，测量每段木段端面长轴和短轴的直径，按照椭圆形面积计算公式计算木段端面面积，再依据结香部分和端面面积像素比计算结香面积，最终依据端面结香面积和木段长度以公式（$S_{两端面积}/2\times L_{木段长}$）计算得到结香体积（表 3-2）。

表 3-2　试剂 A 诱导白木香结香体积

端面编号	端面短轴/cm	端面长轴/cm	木段长度/cm	木段体积/cm^3	结香体积/cm^3	体积比	木段编号
1-1	8.18	9.13	29.2	1579.57	655.37	0.41	1
1-2	7.71	8.18	7.0	335.66			2
2-1	7.38	8.00	25.0	1112.83	857.47	0.77	3
2-2	6.99	7.77	25.0	1036.80	489.17	0.47	4
3-1	6.96	7.37	12.0	467.67	205.28	0.44	5
4-1	6.65	7.21	11.0	403.21	212.88	0.53	6
4-2	6.43	7.06	13.0	455.81	214.43	0.47	7
4-3	6.27	7.00	48.0	1489.06	452.06	0.30	8
4-4	5.52	6.36	43.7	1033.98	185.69	0.18	9
4-5	4.70	5.35	25.0	467.16	25.78	0.06	10
4-6	4.25	5.28					

由于编号 2 木段中间为输液孔，为避免输液孔周边腐朽程度较高造成影响，因此不计算结香面积。结香体积比在第 3 段木段达到最高（0.77），该段木段介于第一个输液孔和第二个输液孔之间，在第 7 段木段之后结香所占比例逐渐下降，结香体积比达 0.4 以上的木段长度达到 122cm，结香体积比达 0.3 及以上的木段长度达到 170cm，较目前所报道的结香技术都高。

第 4 个输液孔向上约 20cm 高处的树干出现 3 个不同方向的结香位置（图 3-2 中的编号 4-2），第 3 个输液孔向上约 70cm 高处的树干出现 2 个不同方向的结香位置（图 3-2 中的编号 4-4），且呈两个扇形在髓心相接，树皮方向的结香面积更大，第 3 个输液孔向上约 110cm 高处的树干出现 1 个结香位置（图 3-2 中的编号 4-5），结香位置靠近树皮而偏离髓心。经观察发现第一输液孔和第三输液孔方向一致，因此在距离第 4 个输液孔 20cm 的树干出现 3 个不同方向的结香位置。试剂 A 结香的位置偏向树皮一侧，与目前常见的通体结香技术结香大部分通过髓心不同，说明在树干不同方向注入试剂有助于增加结香区域。

试剂A两种浓度诱导的白木香均未形成再生组织，结香区域均为块状。浓度1内含韧皮部、木射线、部分导管中富含深色次生代谢产物，形成具有黑色菌丝的块状腐朽区域；浓度2内含韧皮部、木射线中有少量深色次生代谢产物沉积，未形成腐朽区域，见图3-4。

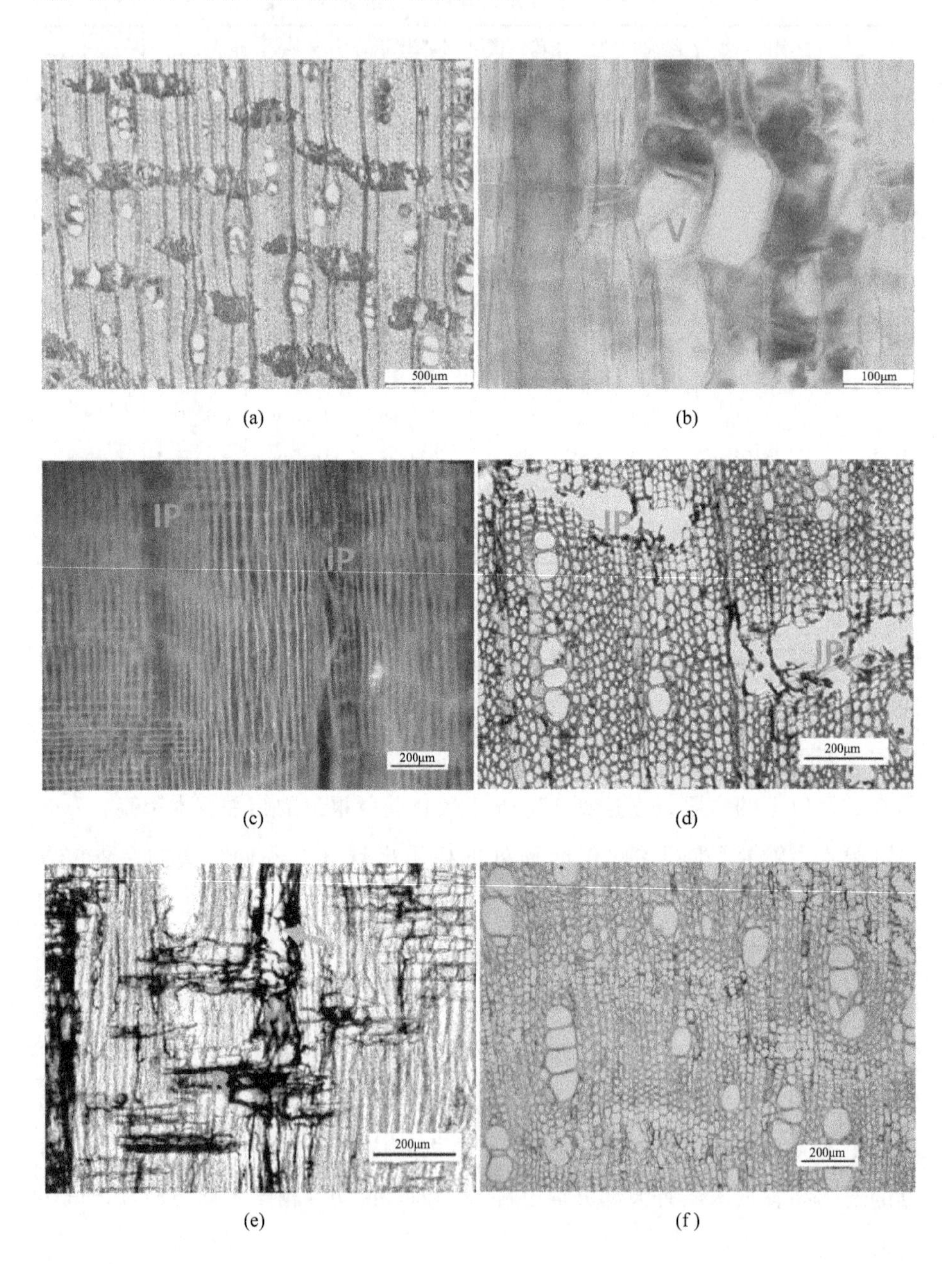

(a) (b) (c) (d) (e) (f)

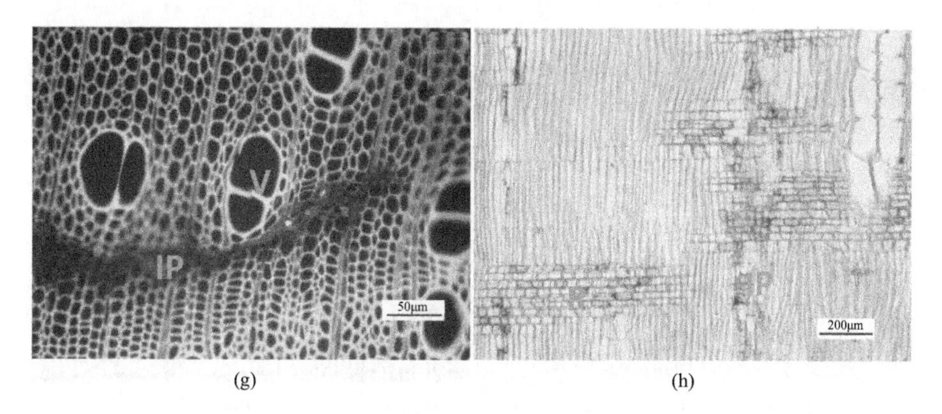

图 3-4　试剂 A 诱导白木香结香解剖图

图 3-4 中，图（a）、图（b）、图（c）均为浓度 1 结香部位，图（a）为横切面正常光，图（b）为径切面正常光，图（c）为径切面荧光，图（d）、图（e）为腐朽部位正常光，图（d）为横切面，图（e）为径切面；图（f）、图（g）、图（h）为浓度 2 样品结香部位，图（f）为横切面正常光，图（g）为横切面荧光，图（h）为径切面正常光。图中，IP 标示内含韧皮部，V 标示导管，R 标示木射线，箭头标示菌丝

3.2.3　两种无机盐及其混合液结香解剖分析

3.2.3.1　混合试剂诱导结香解剖分析

（1）1M 试剂处理

据构造变化和深色次生代谢产物富集可分腐朽层、沉香层、阻隔层、过渡层、白木层。

腐朽层（图 3-5）：深色次生代谢产物分布极少；未见再生组织；内含韧皮部组织被降解，木纤维木质素、纤维素降解，菌丝未见；腐朽层和沉香层间形成木质化方形细胞群，深色次生代谢产物富集于木射线、纤维、导管、内含韧皮部中。

沉香层（图 3-6）：内含韧皮部、木射线中含丰富深色次生代谢产物；沉香层与腐朽层及过渡层之间均形成阻隔层，阻隔层由荧光亮度高的木质化细胞和富含晶体的薄壁细胞构成，深色次生代谢产物分布于内含韧皮部和木射线中。

过渡层（图 3-7）：内含韧皮部内靠沉香层一侧分化出木质化方形细胞和小导管，少数韧皮射线细胞也被木质化，再生组织偏光、荧光亮度略高于原组织。

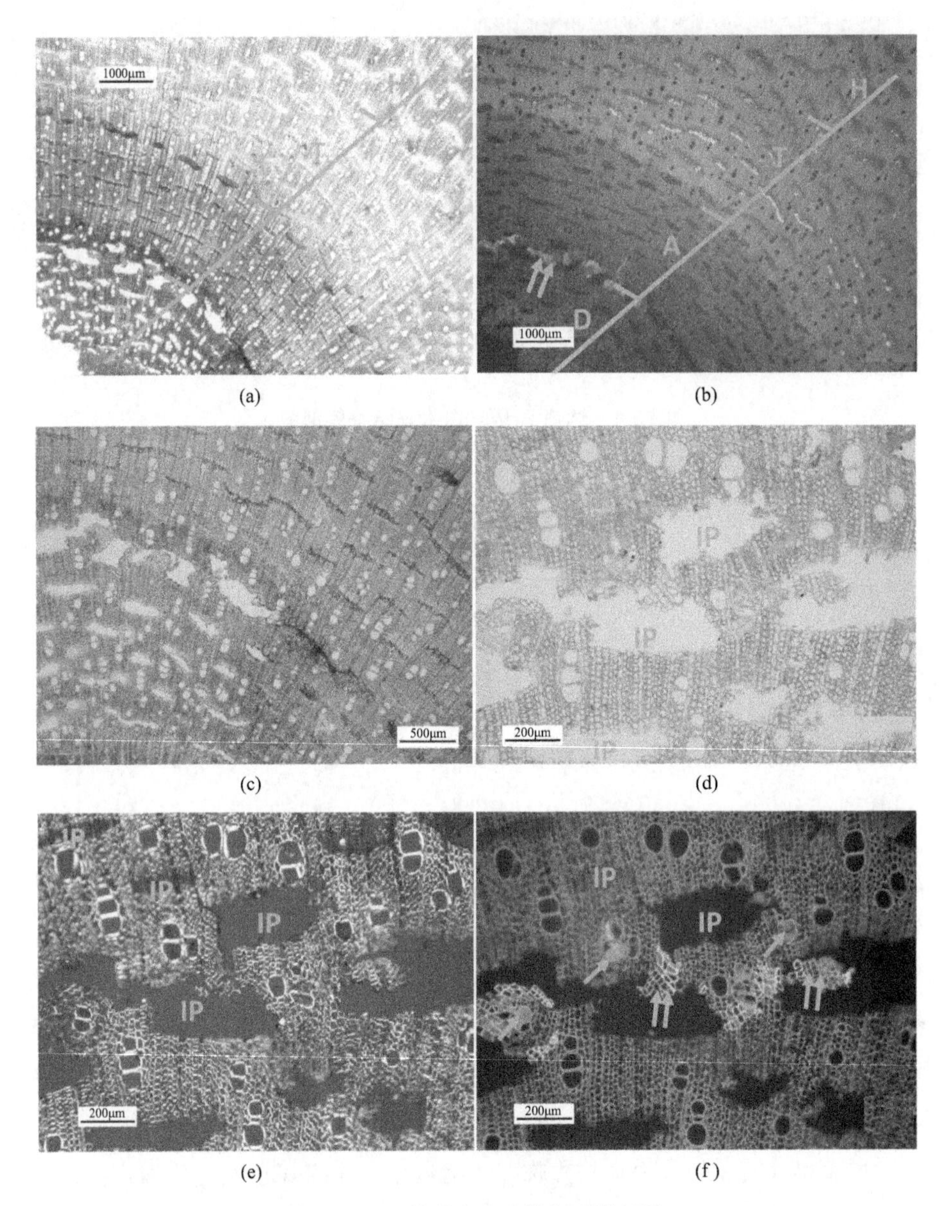

图 3-5　1M 处理白木香横切面腐朽层

在图 3-5 中，图（a）为横切面正常光，图（b）为横切面荧光，图（c）为横切面正常光，可见腐朽层（D）、沉香层（A）、过渡层（T）、白木层（H），腐朽层和沉香层之间含木质化细胞群（双箭头），图（d）为正常光，图（e）为偏光，图（f）为荧光，均为沉香层和腐朽层之间的部位横切面，可见腐朽层内含韧皮部（IP）组织已被降解，腐朽层和沉香层间形成木质化方形细胞群（双箭头），深色次生代谢产物富集于木射线、纤维、导管（单箭头）、内含韧皮部中

(a) (b) (c) (d) (e) (f)

图 3-6　1M处理白木香径切面沉香层

图 3-6 中所有图片均为径切面，图（a）、图（d）为正常光，图（b）、图（e）为偏光，图（c）、图（f）为荧光，可见沉香层（A）与腐朽层（D）及过渡层（T）之间均形成阻隔层（B），阻隔层由荧光亮度高的木质化细胞和富含晶体（箭头）的薄壁细胞构成，深色次生代谢产物分布于内含韧皮部和木射线中

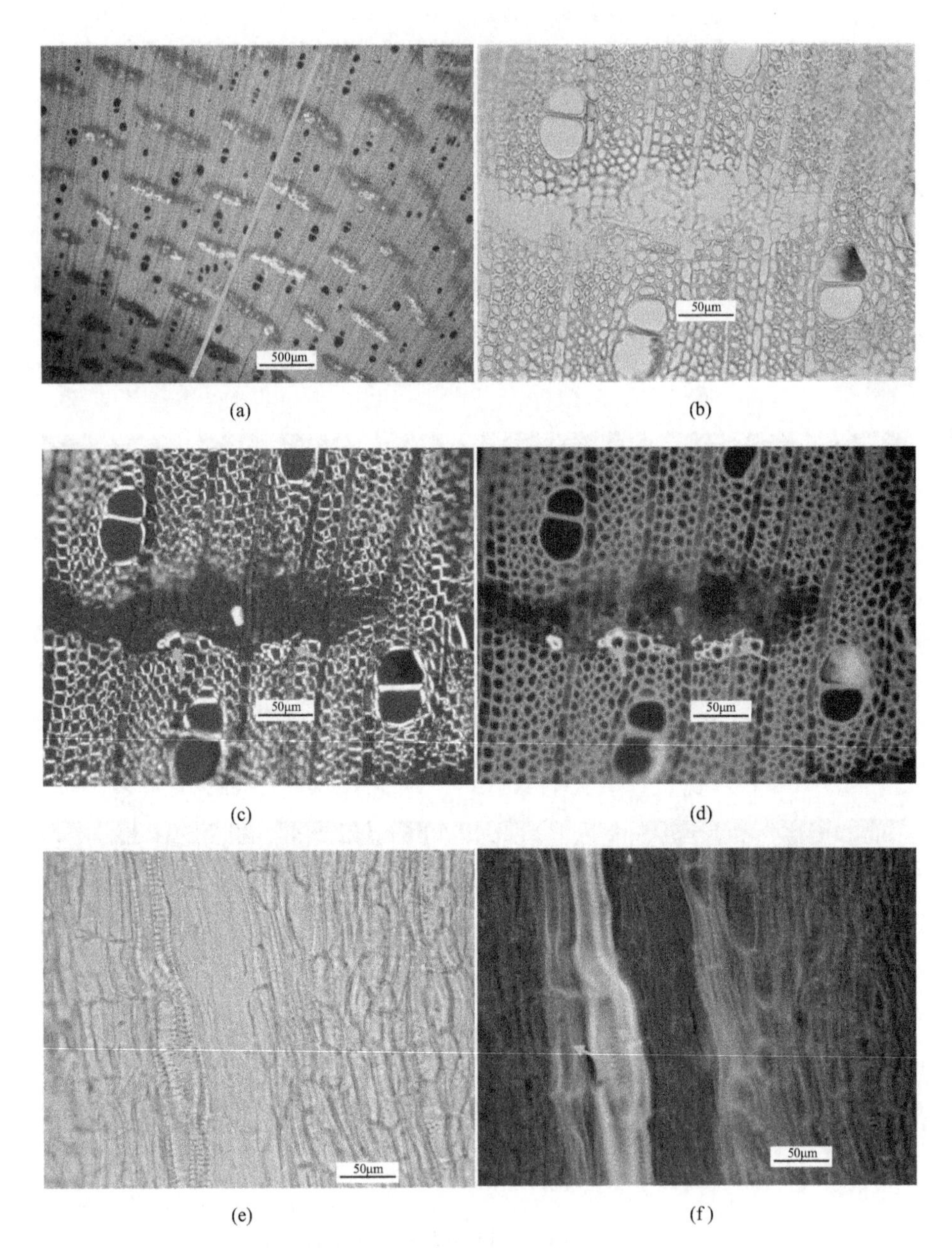

图 3-7　1M 处理白木香过渡层

在图 3-7 中，图（a）为横切面荧光，可见过渡层（T）内含韧皮部近沉香层一侧分化出木质化细胞；图（b）为横切面正常光，可见部分导管含深色次生代谢产物；图（c）为横切面偏光；图（d）为横切面荧光，可见再生木质化组织（粗箭头）偏光、荧光亮度略高于原组织；图（e）为径切面正常光；图（f）为径切面荧光，可见再生组织含小导管（粗箭头）及木质化细胞（细箭头）

（2）2M试剂处理观察

2M试剂处理的白木香与1M相比，两者构造相似，区别在于2M试剂处理的沉香层（图3-8）较薄，腐朽层和沉香层之间未出现阻隔层，且沉香层和过渡层之间的阻隔层（图3-9）中，薄壁细胞群、木质化短细胞群和小导管弦向相连接，厚度不均，2M试剂处理的过渡层构造与1M试剂处理的类似。

根据上述分析，2M试剂处理白木香解剖构造腐朽层、沉香层和过渡层的特征与1M试剂处理的相似。与1M试剂处理不同的是，沉香层窄，未出现两侧富集深色次生代谢产物的情况，腐朽层和沉香层之间未形成阻隔层。阻隔层的特征是再生组织薄壁细胞群、木质化短细胞群和小导管弦向相连成片，薄壁细胞群晶体丰富，而丰富的晶体和部分细胞的木质化均可能有助于内含韧皮部形成阻隔功能。

（3）3M试剂处理观察

3M试剂处理的白木香与1M试剂处理的相比，两者腐朽层、沉香层和过渡层构造相似，区别在于3M试剂处理的沉香层更薄，腐朽层和沉香层之间未出现阻隔层。具体见图3-10～图3-13。

根据上述分析，3M试剂处理白木香解剖构造腐朽层、沉香层和过渡层的特征与1M试剂处理的相似，与1M不同的是厚度均较窄，未出现两侧富集深色次生代谢产物的情况。腐朽层和沉香层之间未形成阻隔层。阻隔层的特征是再生组织薄壁细胞群、木质化短细胞群和小导管弦向断续相连，薄壁细胞群晶体丰富。

3.2.3.2　亚硫酸氢钠诱导

3种浓度的亚硫酸氢钠（$NaHSO_3$）试剂处理诱导白木香结香，根据构造变化和深色次生代谢产物分布可分为腐朽层、沉香层、阻隔层、过渡层、白木层。

（1）1S试剂处理观察

1S试剂处理的腐朽层、沉香层、过渡层解剖构造与2M处理相似，见图3-14、图3-15。

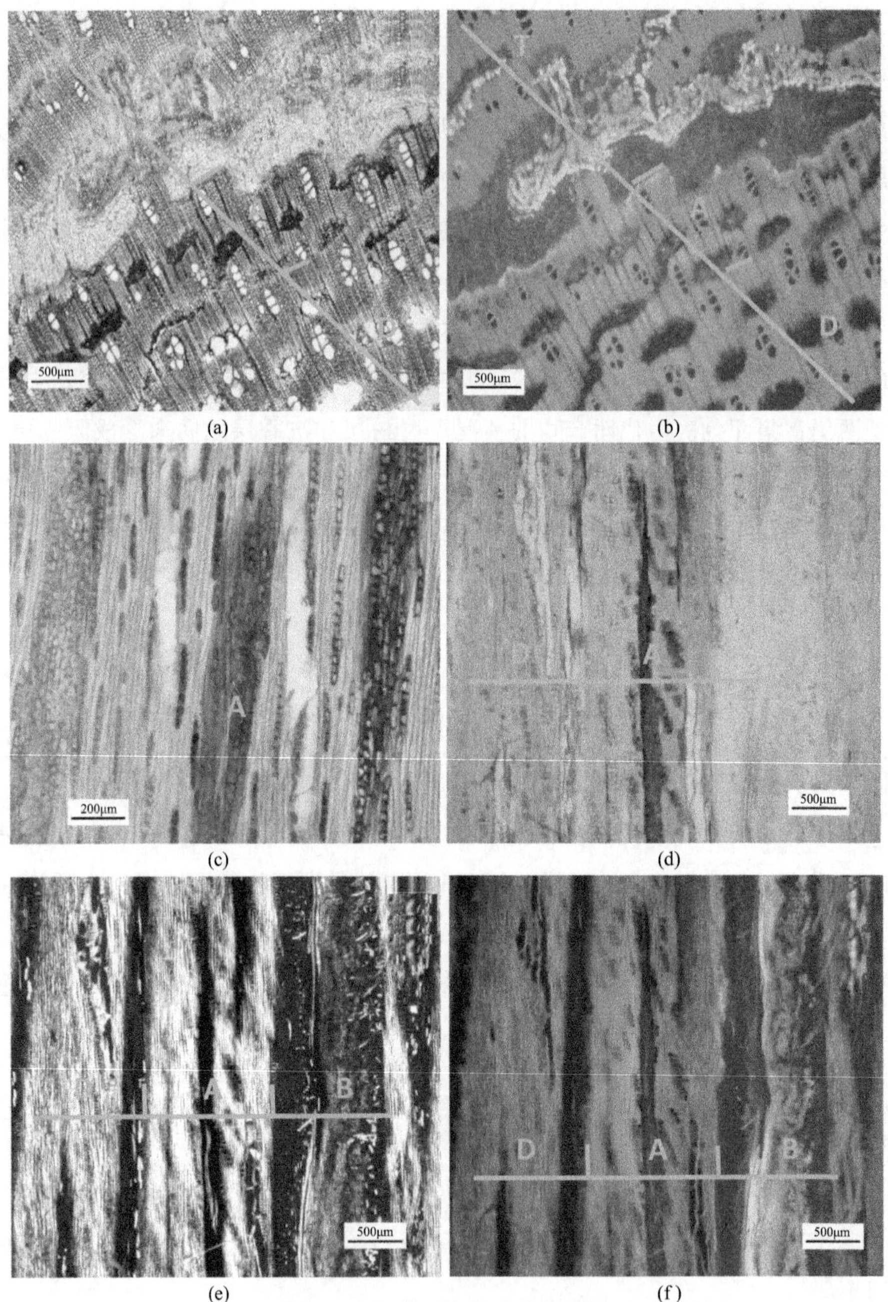

(a) (b) (c) (d) (e) (f)

图 3-8　2M 处理白木香的沉香层

在图 3-8 中，图（a）为横切面正常光；图（b）为横切面荧光，可见腐朽层（D）组织降解，阻隔层（B）木质化组织荧光亮度更高；图（c）为弦切面正常光，可见沉香层（A）内含韧皮部富含深色次生代谢产物，阻隔层内含韧皮部分化成方形细胞；图（d）为径切面正常光；图（e）为径切面偏光；图（f）为径切面荧光，可见阻隔层薄壁细胞晶体丰富，荧光亮度较原组织高

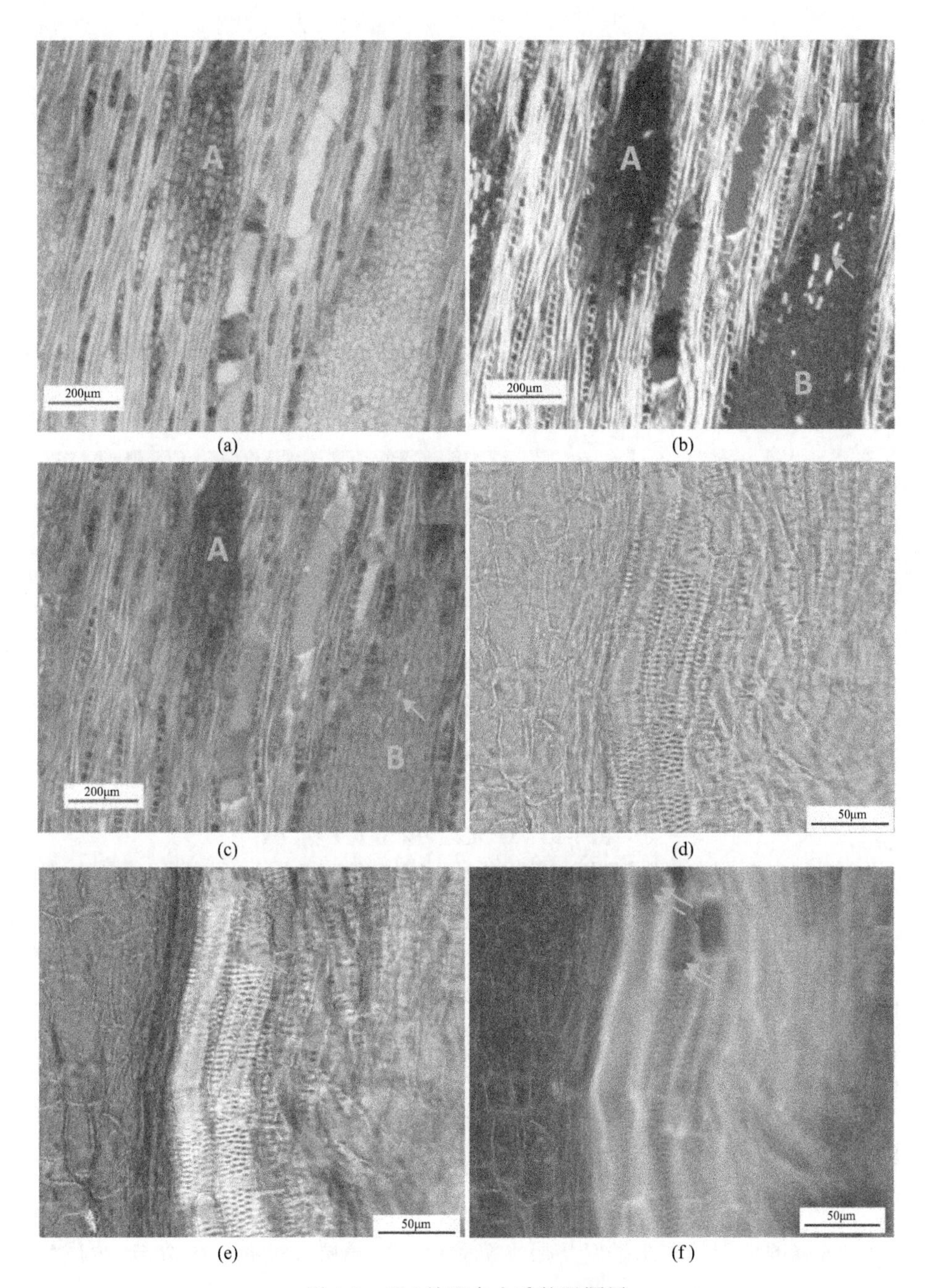

图 3-9　2M 处理白木香的阻隔层

在图 3-9 中，图（a）为弦切面正常光，图（b）为弦切面偏光，图（c）为弦切面荧光，图（d）为径切面正常光，图（e）为径切面偏光，图（f）为径切面荧光。图中，A 标示沉香层，B 标示阻隔层，单箭头标示晶体，双箭头标示小导管管孔

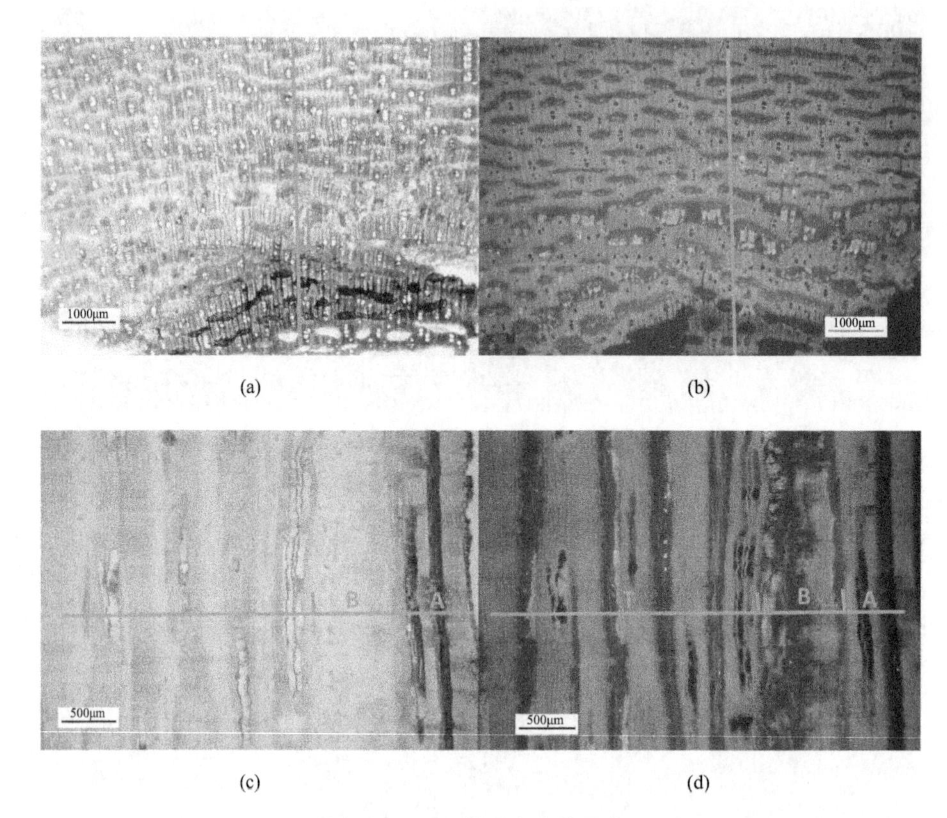

图 3-10　3M 处理白木香观察

在图 3-10 中，图（a）为横切面正常光，图（b）为横切面荧光，图（c）为径切面正常光，图（d）为径切面荧光。图中，D 标示腐朽层，A 标示沉香层，B 标示阻隔层，T 标示过渡层

根据上述分析，1S 试剂处理白木香解剖构造腐朽层、沉香层和过渡层的特征与 1M 试剂处理的相似，与 1M 不同的是厚度均较窄，未出现两侧富集深色次生代谢产物的情况。腐朽层和沉香层之间未形成阻隔层，沉香层和过渡层之间的阻隔层中，脱分化和再分化形成的部分薄壁细胞群、木质化短细胞群和小导管斜向断续相连接。

（2）2S 试剂处理观察

2S 试剂处理的白木香腐朽层、沉香层、阻隔层、过渡层构造与 1S 试剂处理的类似（图 3-16）。

（3）3S 试剂处理观察

3S 试剂处理的腐朽层、沉香层、过渡层构造与 1S 类似，阻隔层的薄壁

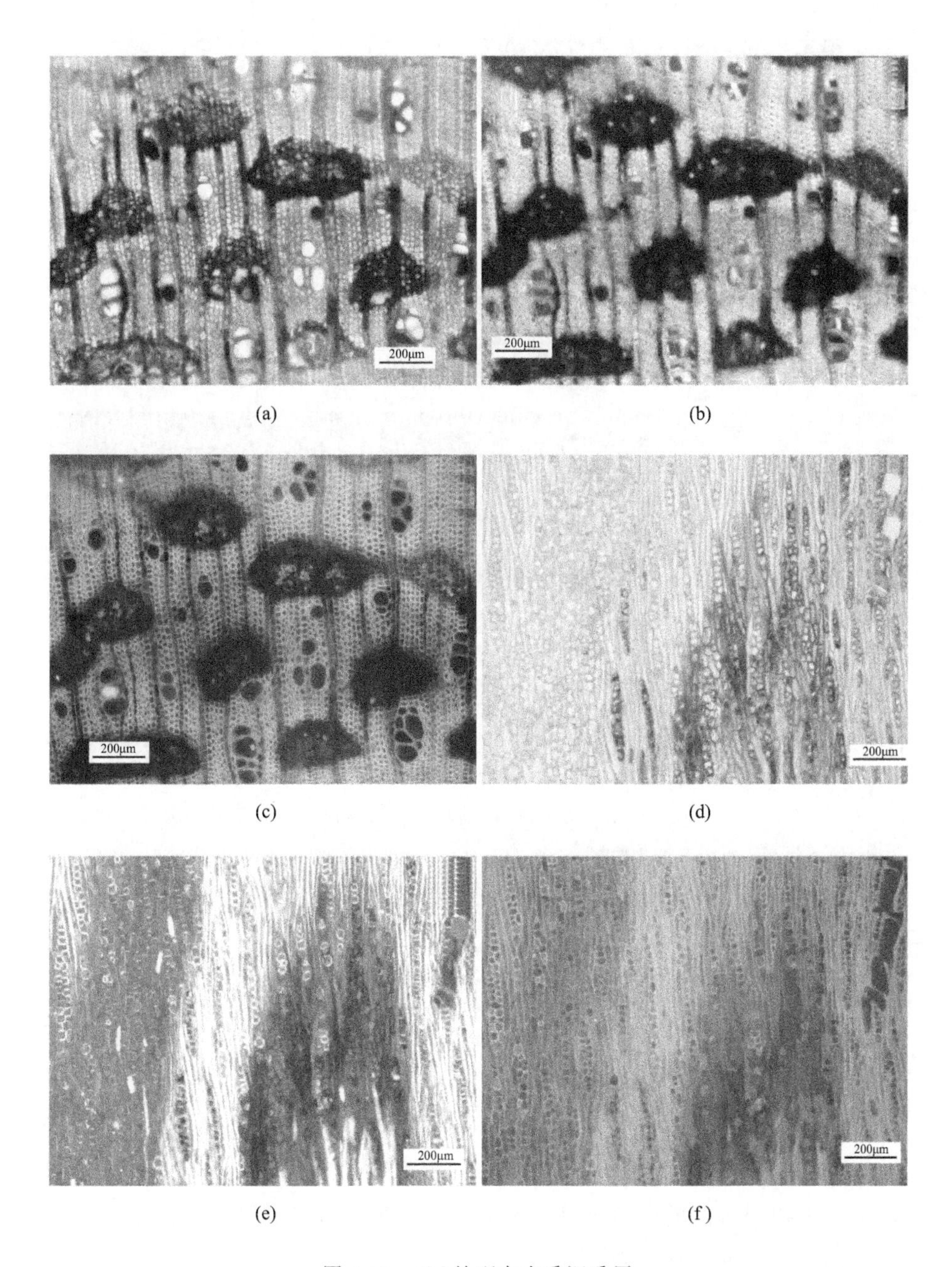

图 3-11　3M 处理白木香沉香层

在图 3-11 中，图（a）为横切面正常光，图（b）为横切面偏光，图（c）为横切面荧光，图（d）为弦切面正常光，图（e）为弦切面偏光，图（f）为弦切面荧光

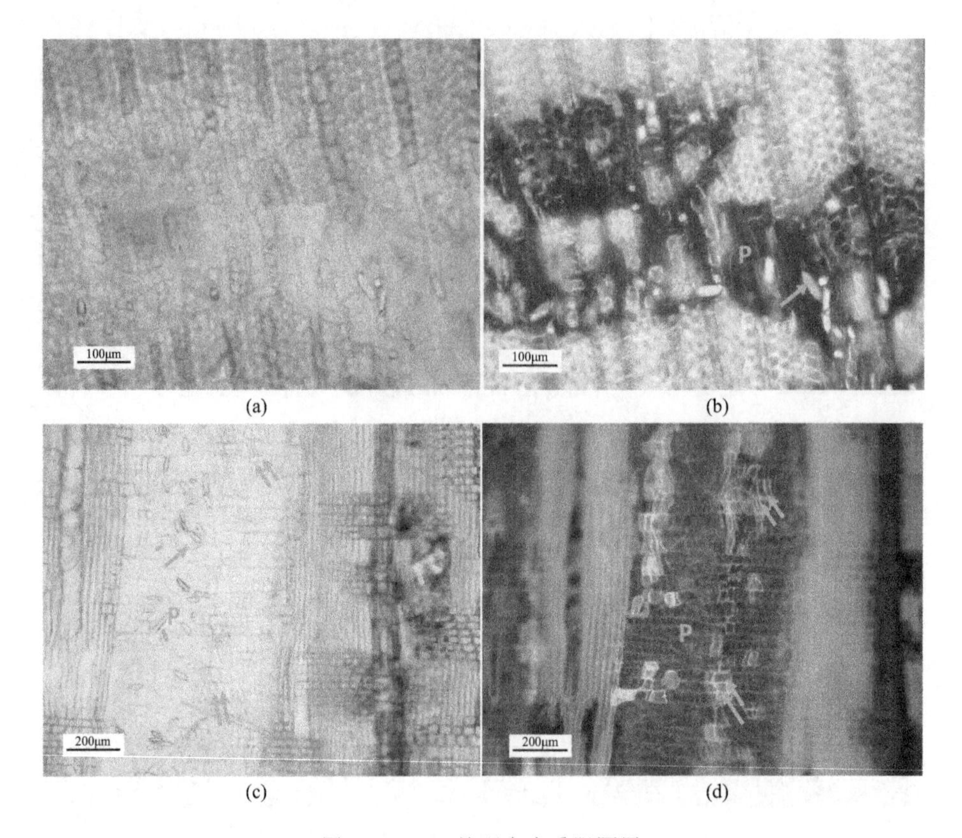

图 3-12　3M 处理白木香阻隔层

在图 3-12 中，图（a）为横切面正常光，图（b）为横切面偏光，图（c）为径切面正常光，图（d）为径切面荧光。图中，双箭头标示木质化短细胞群，单箭头标示晶体，P 标示薄壁细胞群，A 标示沉香层，B 标示阻隔层，T 标示过渡层

细胞群完全相连成片，靠近药剂滴注一侧的阻隔层形成连续曲折的连成片状的木质化短细胞群，见图 3-17。

3.2.3.3 氯化钠诱导

以 NaCl 的 3 种浓度试剂诱导白木香结香的范围较窄，由距离伤口 10cm 左右取样解剖的样品可见，深色次生代谢产物积累和分布也明显较少。

（1）1N 试剂处理观察

1N 试剂处理样品的沉香层断续，腐朽层未见，沉香层被再生组织包围，再生组织荧光和偏光反应较强，说明木质化程度较高，纤维素含量较高，见图 3-18。

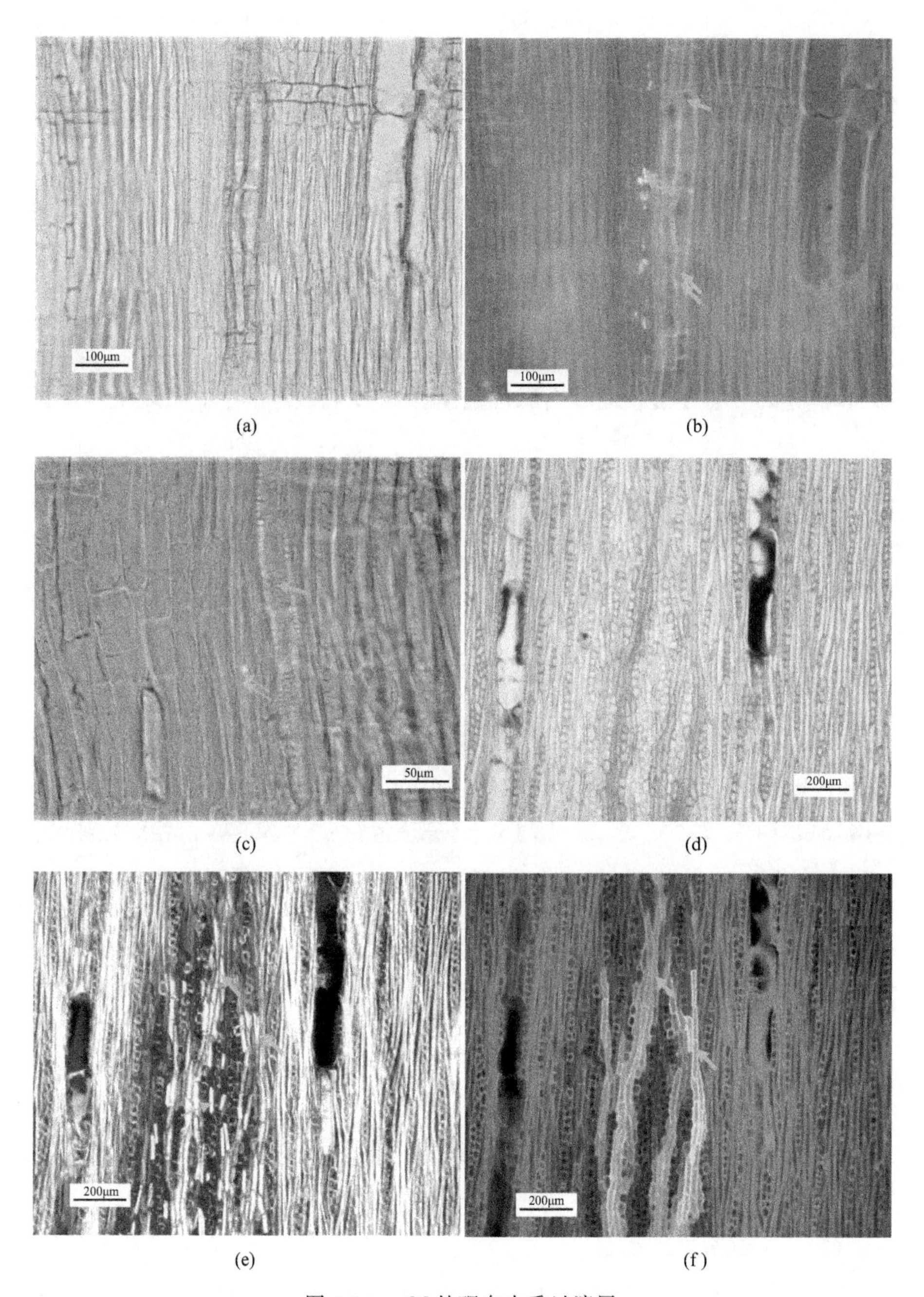

图 3-13　3M 处理白木香过渡层

在图 3-13 中，图（a）为径切面正常光，图（b）为径切面荧光，图（c）为放大的径切面荧光，图（d）为弦切面正常光，图（e）为弦切面偏光，图（f）为弦切面荧光。图中，粗单箭头标示木质化短细胞，粗双箭头标示小导管，细单箭头标示晶体，细双箭头标示胼胝质

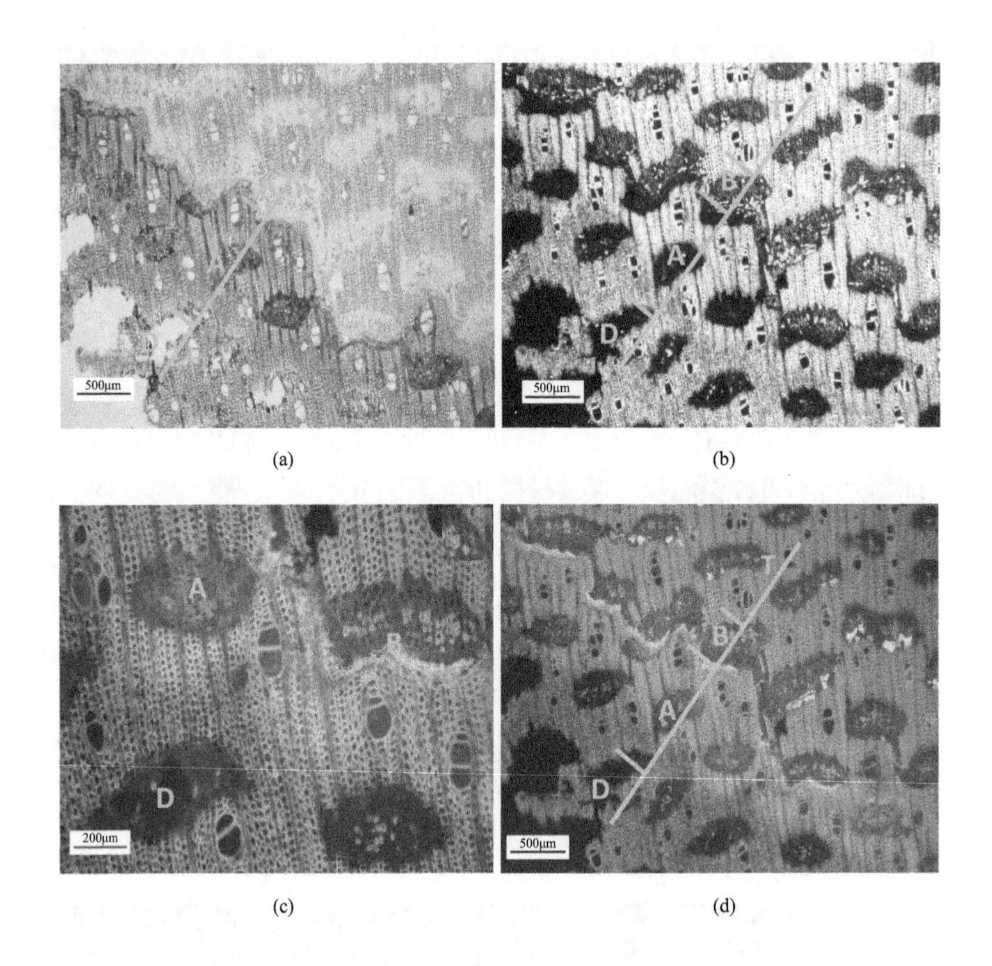

(a) (b)

(c) (d)

图 3-14 1S处理白木香横切面

在图 3-14 中，图（a）为横切面正常光，图（b）为横切面偏光，图（c）为横切面荧光，图（d）为放大的横切面荧光。图中，D标示腐朽层，A标示沉香层，B标示阻隔层，T标示过渡层

（2）2N 试剂处理观察

2N 试剂处理的样品的解剖构造变化与 1S 试剂处理的解剖构造变化相似，可分为腐朽层、沉香层、阻隔层、过渡层、白木层，见图 3-19。

（3）3N 试剂处理观察

3N 试剂处理的样品的解剖构造变化与 1S 试剂处理的解剖构造变化相似，也可分为腐朽层、沉香层、阻隔层、过渡层、白木层，见图 3-20。

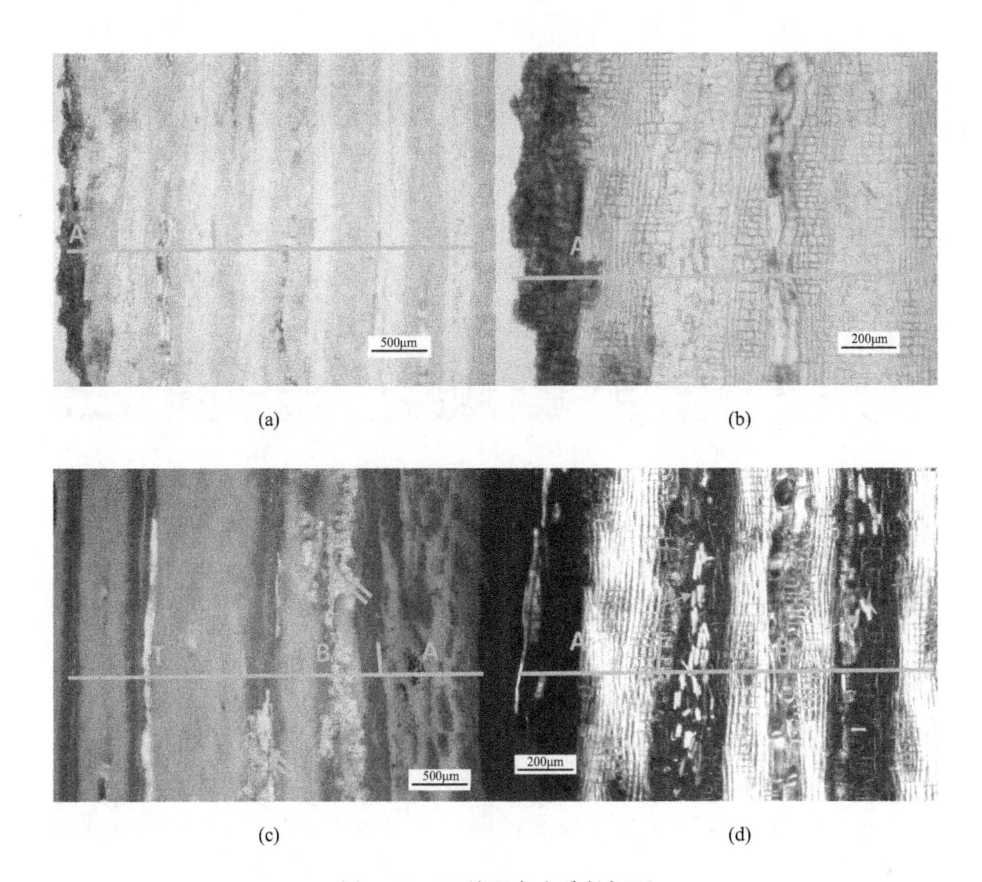

(a)　(b)　(c)　(d)

图 3-15　1S处理白木香径切面

在图3-15中，图（a）为径切面正常光，图（b）为放大的径切面正常光，图（c）为径切面荧光，图（d）为径切面偏光。图中，A标示沉香层，B标示阻隔层，T标示过渡层，单箭头标示晶体，双箭头标示木质化短细胞

3.2.3.4　小结

不同浓度的氯化钠和亚硫酸氢钠及其混合试剂诱导的白木香结香，根据解剖构造变化和次生代谢产物分布均可分为腐朽层、阻隔层、沉香层、过渡层和白木层。其中混合试剂1%浓度诱导所得沉香层最厚，阻隔层不连续，可能是由于试剂浓度较低时所造成的渗透压差较低，对植物细胞的伤害较缓和，引起的创伤响应较温和。

沉香层的构造特征是无再生组织、无胼胝质和晶体分布，深色次生代谢产物主要填充于内含韧皮部和木射线细胞中，与两侧组织交界处的代谢产物

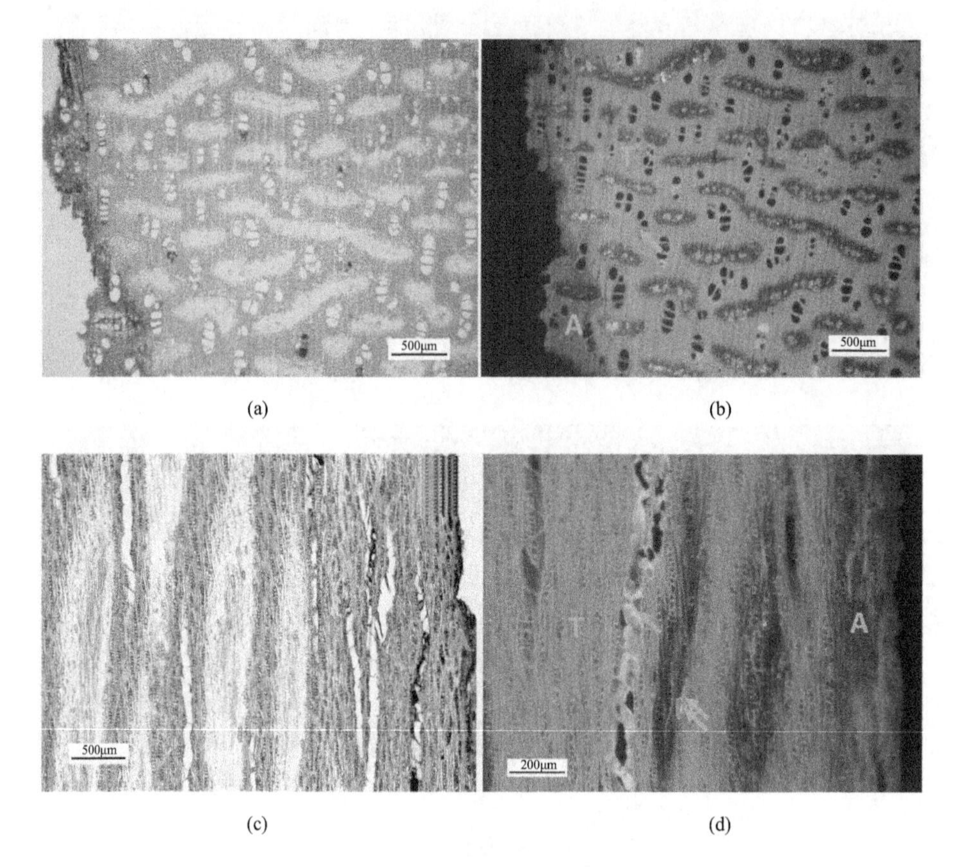

图 3-16　2S 处理白木香解剖图

在图 3-16 中，图（a）为横切面正常光，图（b）为横切面荧光，图（c）为弦切面正常光，图（d）为弦切面荧光。图中，A 标示沉香层，T 标示过渡层，单箭头标示沉积深色次生代谢产物的导管，双箭头标示木质化短细胞

富集量明显增加，说明部分深色次生代谢产物形成后被输送到交界处，有助于白木香抵御创伤。

沉香层和过渡层之间均形成阻隔层，其构造特征为内含韧皮部内形成薄壁细胞群和木质化细胞群，深色次生代谢产物含量或多或少而晶体丰富，其再生组织填充原本内含韧皮部的空间，而丰富的晶体和部分细胞的木质化均可能有助于内含韧皮部形成阻隔功能，说明木间韧皮是白木香传输水分、无机物、有机物的重要通道，木质化细胞、晶体均是用来堵塞内含韧皮部以阻止其伤口对内部组织的影响。

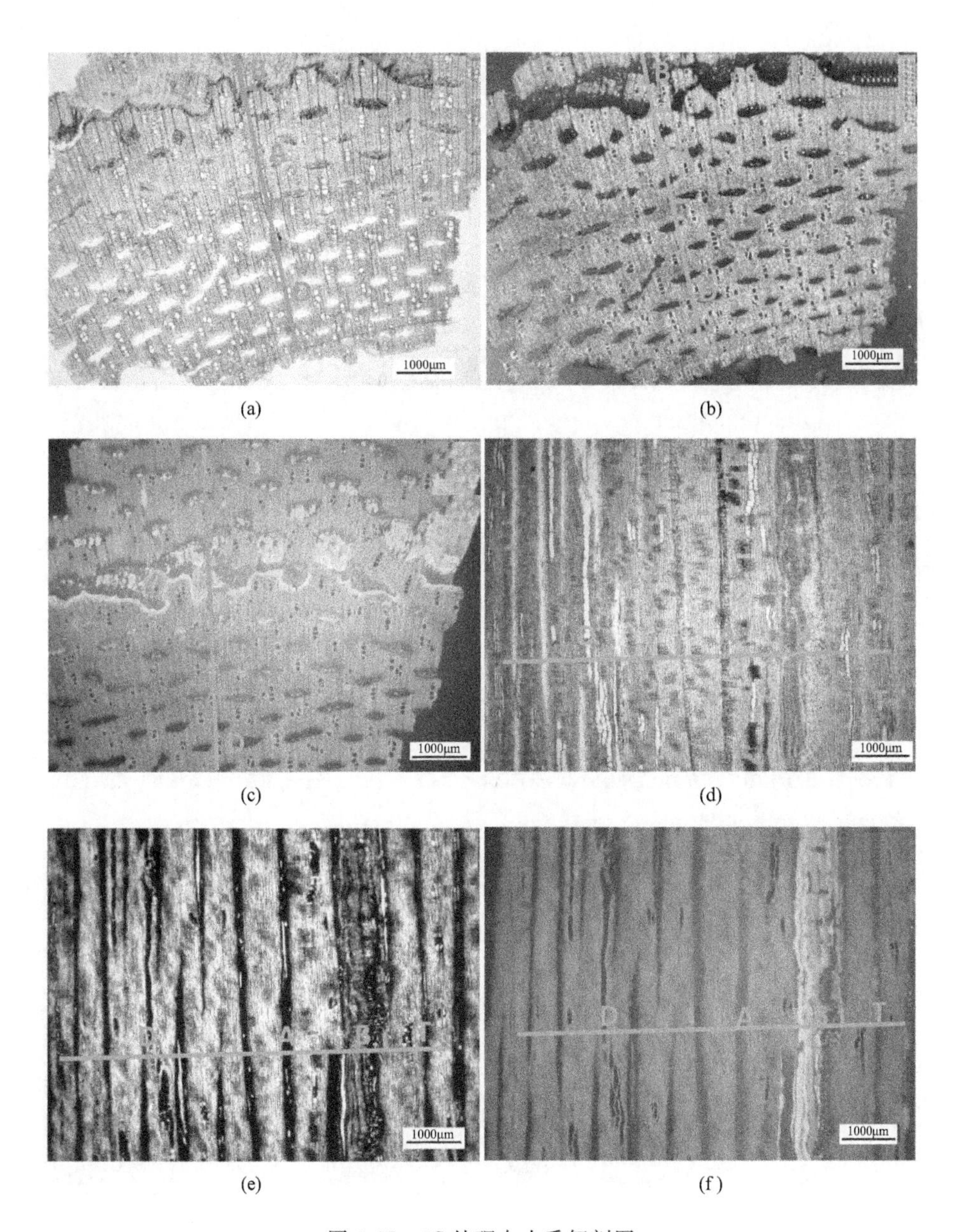

(a) (b) (c) (d) (e) (f)

图 3-17　3S处理白木香解剖图

在图 3-17 中，图（a）为横切面正常光，图（b）为横切面偏光，图（c）为横切面荧光，图（d）为弦切面正常光，图（e）为弦切面偏光，图（f）为弦切面荧光。图中D标示腐朽层，A标示沉香层，B标示阻隔层，T标示过渡层

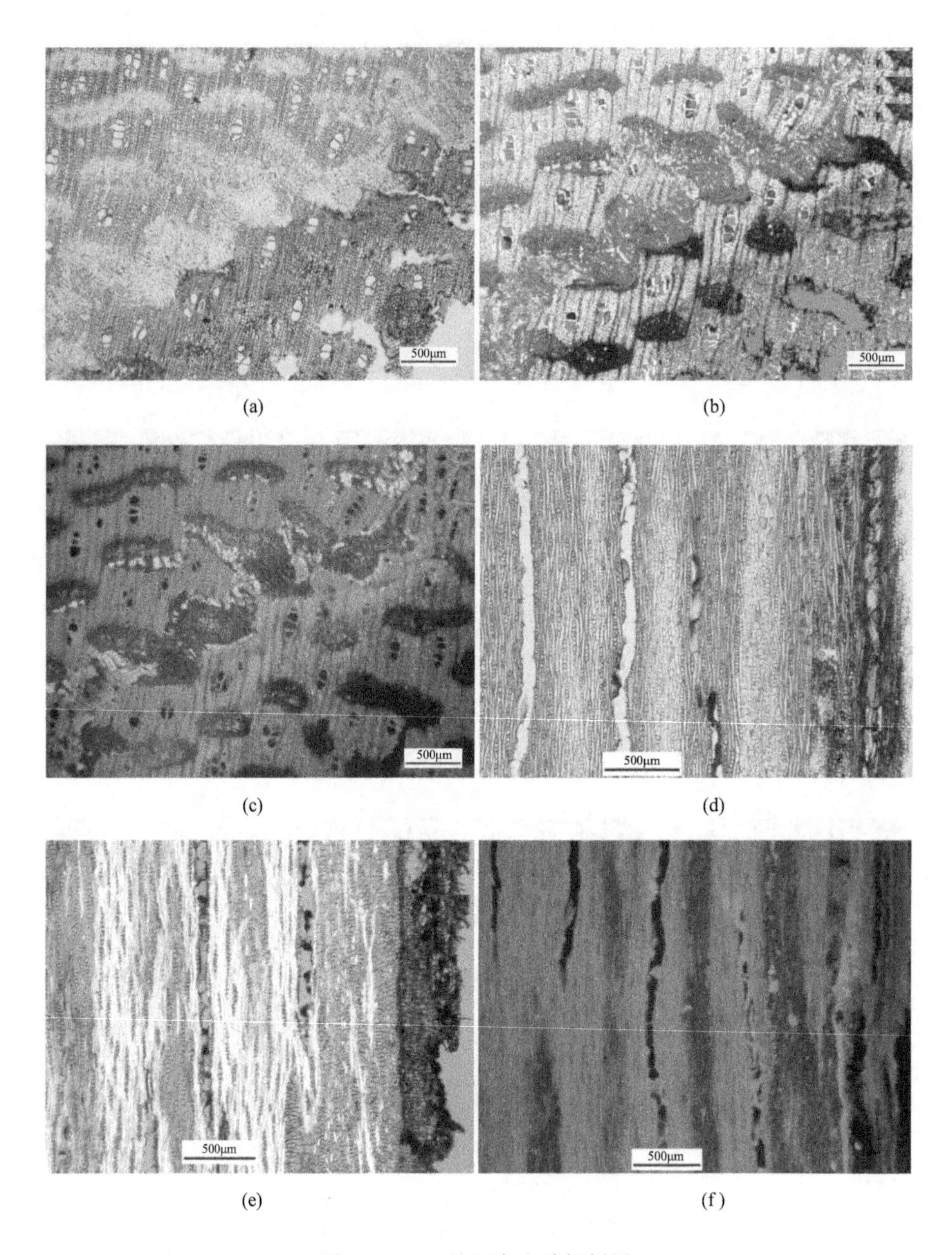

(a) (b) (c) (d) (e) (f)

图 3-18 1N处理白木香解剖图

在图3-18中，图（a）为横切面正常光，图（b）为横切面偏光，图（c）为横切面荧光，图（d）为弦切面正常光，图（e）为弦切面偏光，图（f）为弦切面荧光

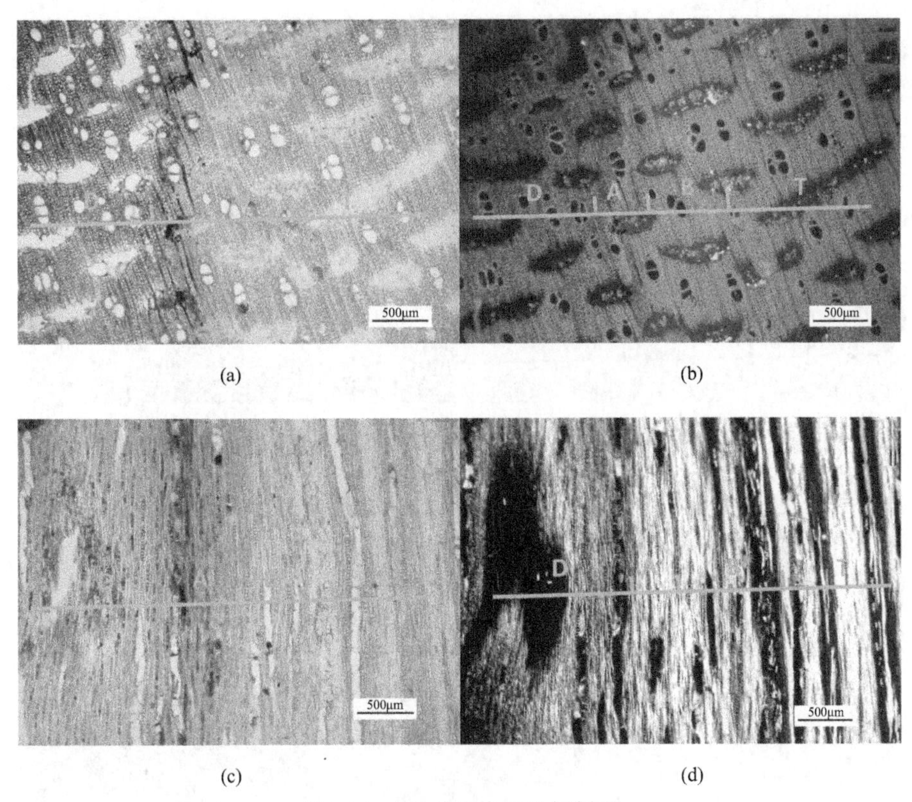

图 3-19　2N处理白木香解剖图

在图3-19中，图（a）为横切面正常光，图（b）为横切面荧光，图（c）为弦切面正常光，图（d）为弦切面偏光。图中，D标示腐朽层，A标示沉香层，B标示阻隔层，T标示过渡层

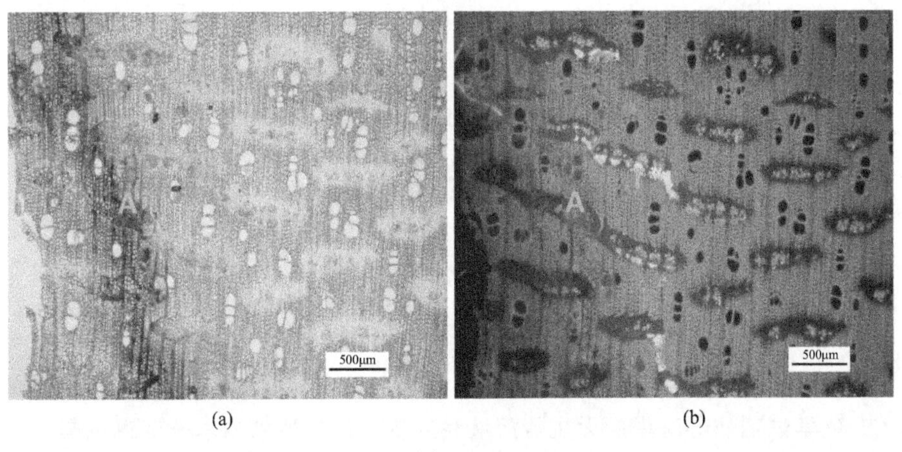

图 3-20

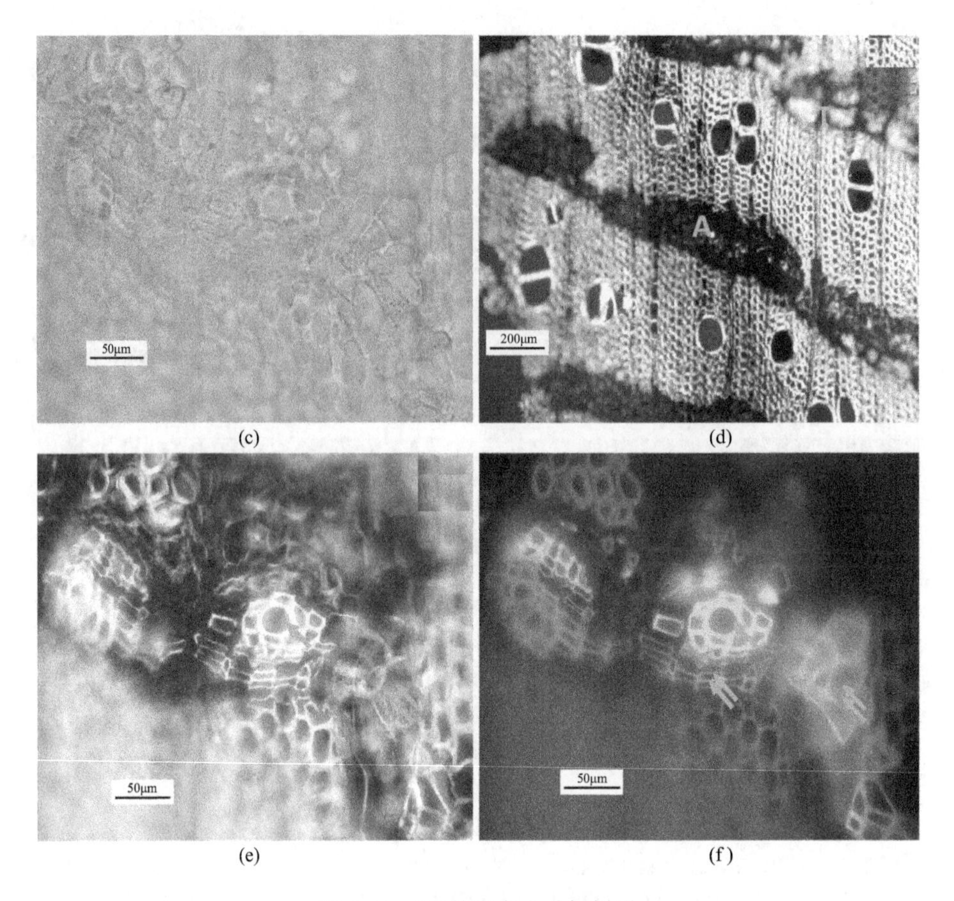

图 3-20　3N 处理白木香解剖图

在图 3-20 中，图（a）为横切面正常光，图（b）为横切面荧光，图（c）为横切面正常光，图（d）为横切面偏光，图（e）为横切面偏光，图（f）为横切面荧光。图中，单箭头标示小导管，双箭头标示木质化短细胞

过渡层的内含韧皮部中均形成木质化细胞群和小导管，少数导管中富集了深色次生代谢产物，其生理意义尚不清楚。

3.3　化学试剂结香化学成分分析

3.3.1　乙醇提取物含量测定结果

化学试剂诱导法中的无机盐溶液注入树干诱导所致白木香变色范围通过树枝髓心，结香距离通常 40～120 cm，沉香层黄褐色薄层状，腐朽层灰褐色块状，与市场上常见的试剂注入结香法类似（图 3-21）。

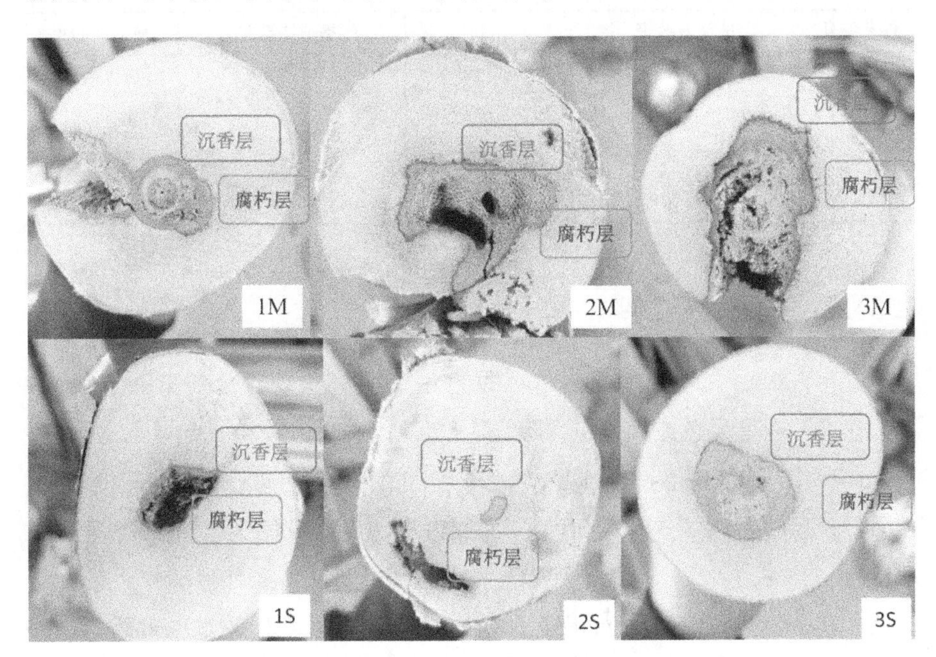

图 3-21　无机盐结香法横断面

标准 LY/T 2904—2017《沉香》要求乙醇提取物含量（表 3-3）应不低于 10%。化学试剂处理的其中 8 个达到标准要求，分别为：1%NaCl+$NaHSO_3$ 为 16.22%、2%NaCl+$NaHSO_3$ 为 19.85%、3%NaCl+$NaHSO_3$ 为 12.28%、1%$NaHSO_3$ 黄褐色部分 10.31%、浓度 1 化学试剂 A 处理 1 年半 12.28%、浓度 1 化学试剂 A 处理 1 年 11.18%、浓度 2 化学试剂 A 处理 1 年 12.05%。

表 3-3　乙醇提取物含量

样品编号	试剂及浓度	含水率/%	乙醇提取物含量/%	抽提液颜色
标准品	—	7.51	22.49	黄褐色
1S 黄	1% $NaHSO_3$	7.23	10.31	浅黄色
1S 黑	1% $NaHSO_3$	7.81	5.11	无色
2S 黄	2% $NaHSO_3$	3.04	6.77	浅黄色
3S 黄	3% $NaHSO_3$	3.23	9.29	浅黄色
3S 黑	3% $NaHSO_3$	3.22	2.21	无色
1M	1% NaCl+$NaHSO_3$	3.39	16.22	黄褐色
2M	2% NaCl+$NaHSO_3$	5.21	19.85	黄褐色
3M	3% NaCl+$NaHSO_3$	6.20	12.28	黄褐色

续表

样品编号	试剂及浓度	含水率/%	乙醇提取物含量/%	抽提液颜色
A1-1	试剂 A 浓度 1	7.1	12.28	深黄褐色
A1-2	试剂 A 浓度 1	6.92	11.18	深黄褐色
A2-1	试剂 A 浓度 2	7.23	12.05	浅黄色
A2-2	试剂 A 浓度 2	7.55	8.52	浅黄色

3.3.2 显色反应结果

LY/T 2904—2017 中指出，沉香显色反应应呈现樱红、紫堇、浅红、浅紫色，不应呈无色或浅黄色。

1M（1%NaCl+$NaHSO_3$）处理样品、2M（2%NaCl+$NaHSO_3$）处理样品、3M（3%NaCl+$NaHSO_3$）处理样品、1S 黄褐色（1%$NaHSO_3$）处理样品、2S（1%$NaHSO_3$）处理样品均呈现樱红色，符合标准规定的沉香颜色；其余各样品中，3S 黄褐色（3%$NaHSO_3$）处理样品呈现紫黑色，3S 黑褐色（3%$NaHSO_3$）处理样品、1S 黑色（1%$NaHSO_3$）处理样品均不符合标准规定的颜色，试剂 A 两种浓度诱导所得样品（编号 A1、A2）显色反应呈紫堇色，符合标准规定的颜色（图 3-22）。

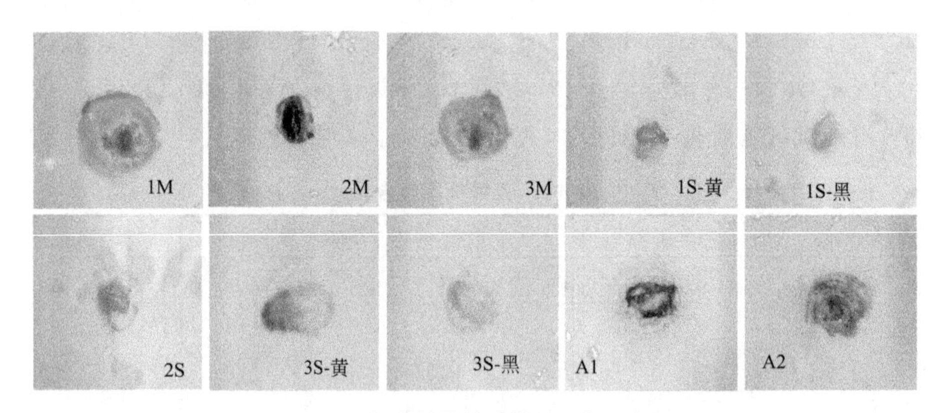

图 3-22 化学诱导结香样品显色反应图

3.3.3 薄层色谱分析结果

无机盐结香中，1M（1% NaCl + $NaHSO_3$）处理的样品、2M（2%

$NaCl+NaHSO_3$）处理的样品、3M（3% $NaCl+NaHSO_3$）处理的样品、1S黄（1% $NaHSO_3$）处理的样品、1S黑（1% $NaHSO_3$）处理的样品、3S黑（3% $NaHSO_3$）处理的样品、3S黄（3% $NaHSO_3$）处理的样品、2S（2% $NaHSO_3$）处理的样品显现与标准LY/T 2904—2017所示薄层色谱图例对应的位置上相同颜色的荧光斑点，见图3-23。

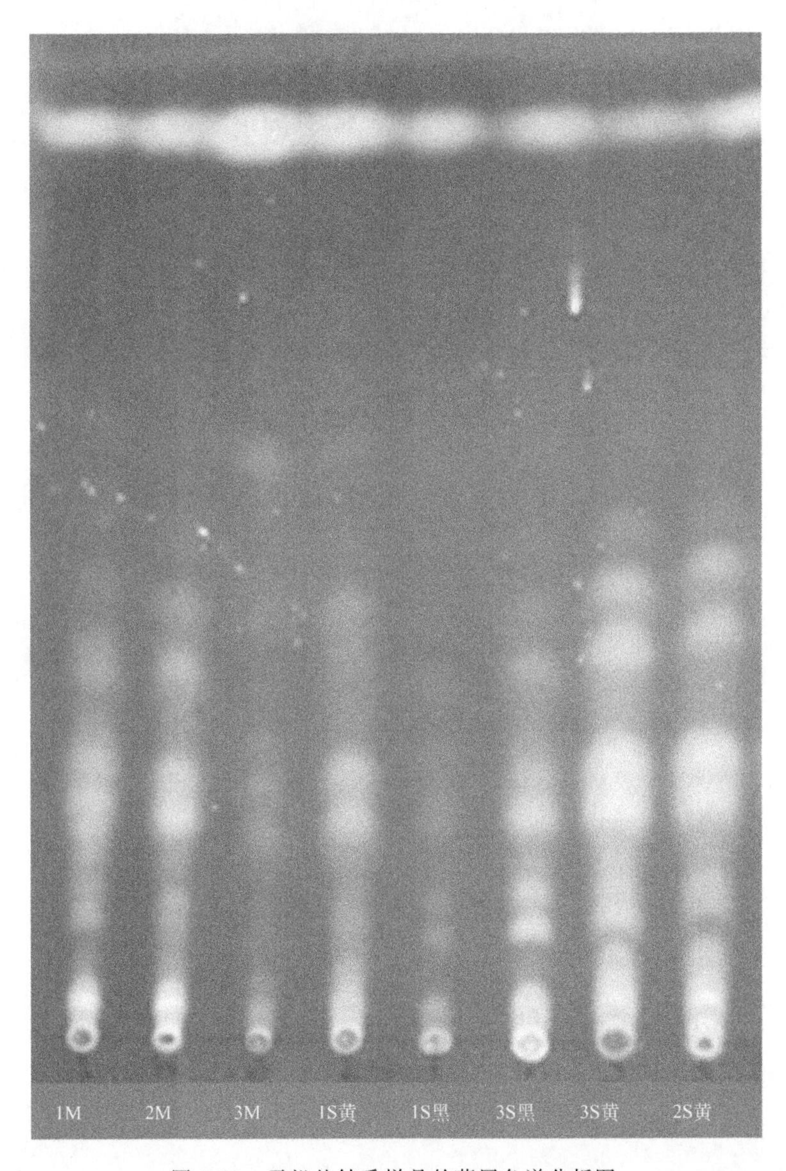

图3-23　无机盐结香样品的薄层色谱分析图

试剂A结香中，两种浓度处理一年半的黄色样品、浓度1处理1年的样品均显现与标准LY/T 2904—2017所示薄层色谱图例对应的位置上相同颜色的荧光斑点（图3-24）。

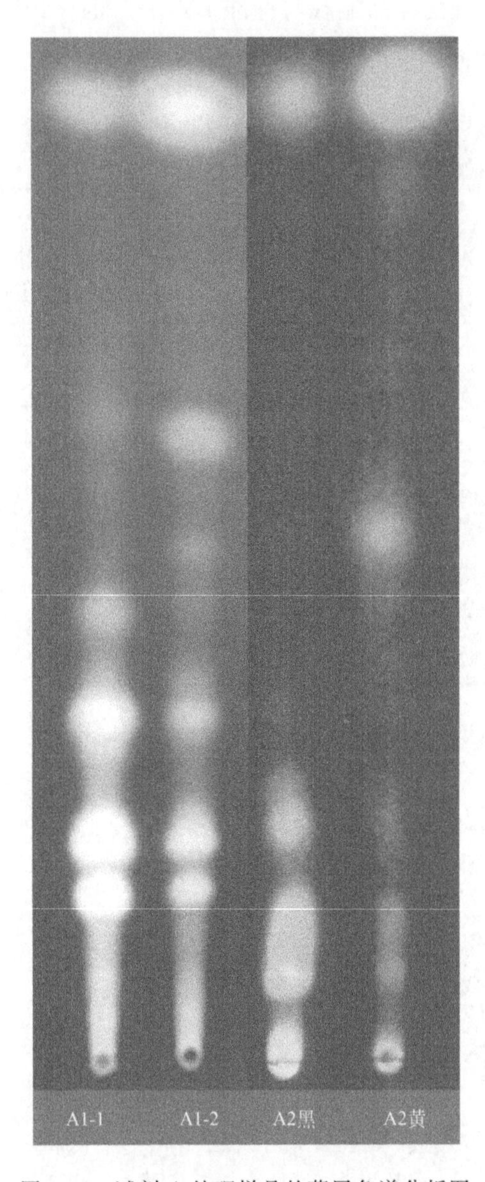

图3-24 试剂A处理样品的薄层色谱分析图

3.3.4 HPLC 分析结果

化学试剂结香样品沉香四醇含量范围为 0.006%～0.300%（表 3-4），其中 1M（1% $NaCl+NaHSO_3$）处理样品及试剂 A 两种浓度处理样品的沉香四醇含量达到 0.1%以上，达到《中华人民共和国药典》对沉香药材的沉香四醇含量应大于 0.10%要求。

表 3-4　化学试剂结香的沉香四醇含量

编号	注入试剂	沉香四醇含量/%
1S 黄	1% $NaHSO_3$	0.006
1M	1% $NaCl+NaHSO_3$	0.152
2M	2% $NaCl+NaHSO_3$	0.026
3M	3% $NaCl+NaHSO_3$	0.005
A1-1	试剂 A 浓度 1	0.300
A2-1	试剂 A 浓度 2	0.254

化学试剂结香样品所得 HPLC 图谱中，峰 1 与沉香四醇标准样品保留时间（21.5min）一致，在峰 1 后呈现峰 2、3、4、5、6，与我国现行林业行业标准 LY/T 2904—2017 所示 6 个特征峰相对应，符合标准要求。选取沉香四醇含量较高的 1M（1% $NaCl+NaHSO_3$）处理的样品图谱为参照图谱，采用中位数法，时间窗 0.1min，多点校正，进行全谱峰匹配，峰面积占总峰面积的 0.1%以上的峰参加匹配，共获得 36 个共有峰，见图 3-25。

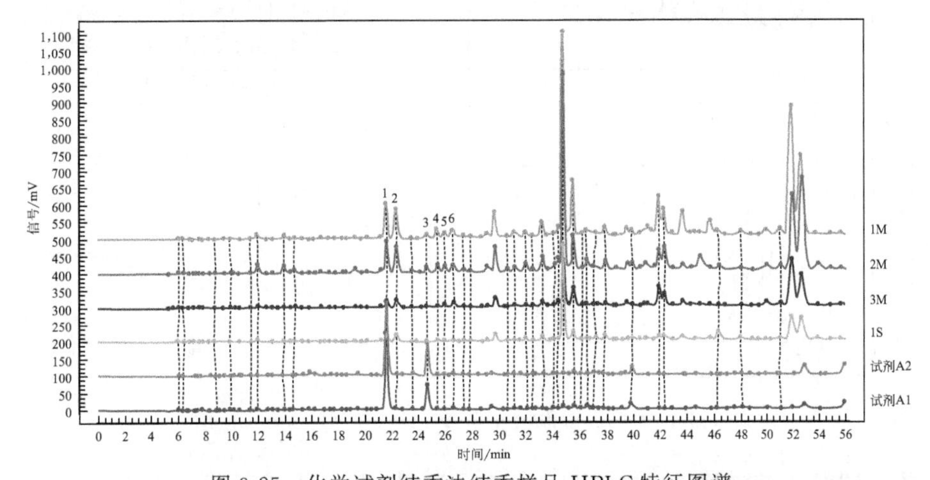

图 3-25　化学试剂结香法结香样品 HPLC 特征图谱

图 3-25 中的 1S 为 1%$NaHSO_3$ 注入树干处理，1M 为 1%$NaCl+NaHSO_3$ 注入树干处理，2M 为 2%$NaCl+NaHSO_3$ 注入树干处理，3M 为 3%$NaCl+NaHSO_3$ 注入树干处理，试剂 A1 为化学试剂 A 浓度 1 注入树干处理，试剂 A2 为化学试剂 A 浓度 2 注入树干处理

3.3.5 GC-MS分析结果

无机盐溶液诱导结香样品的总离子流图如图3-26所示。

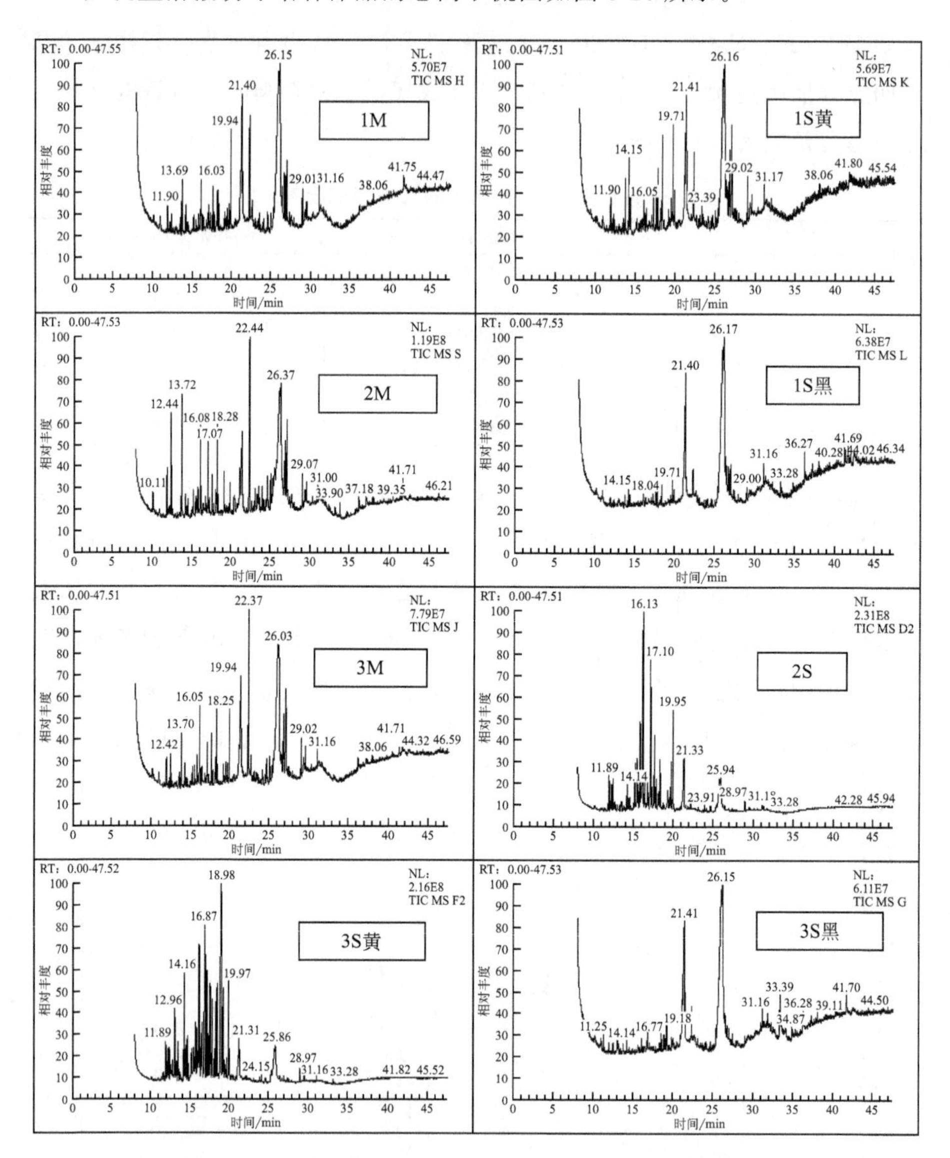

图3-26 无机盐溶液诱导结香样品GC-MS总离子流图

试剂A溶液诱导结香样品的总离子流图如图3-27所示。

通过比对数据库和参考文献记载的沉香特征性化合物谱图对样品GC-MS

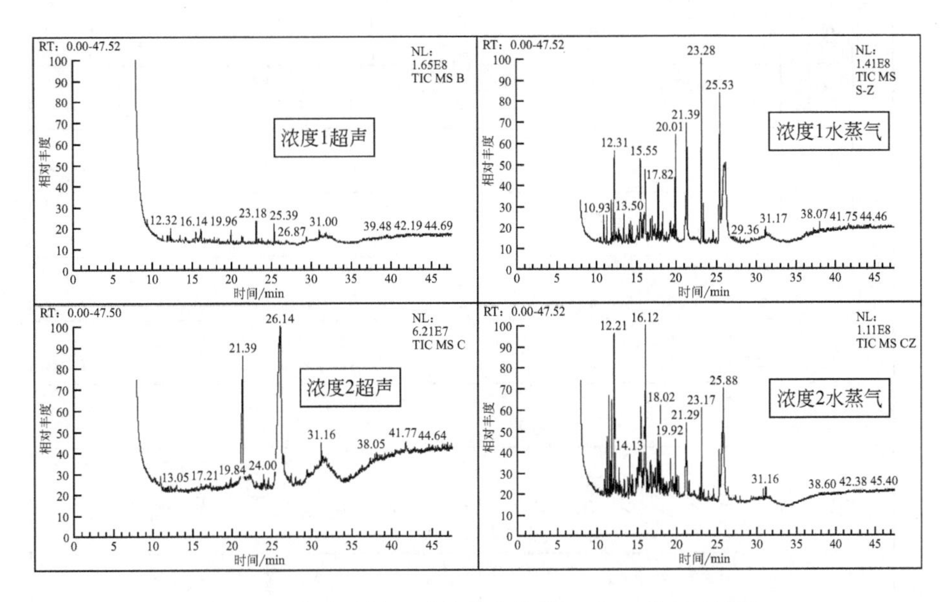

图 3-27　化学试剂 A 诱导结香样品 GC-MS 总离子流图

分析，得化合物成分。

如表 3-5 所示，无机盐试剂注入树干处理，识别出来的化学成分主要为倍半萜类、色酮类和脂肪酸类物质。1% $NaHSO_3$ 倍半萜类峰面积所占比例为 20.94%，色酮类峰面积所占比例为 0.29%，脂肪酸类比例为 8.4%；2% $NaHSO_3$ 倍半萜类峰面积所占比例为 5.59%，色酮类峰面积所占比例为 2%，脂肪酸类比例为 63.14%，索氏抽提法倍半萜类比例为 26.75%，色酮类峰面积所占比例为 13.762%，脂肪酸类比例为 1.32%；3% $NaHSO_3$ 倍半萜类比例为 16.98%，色酮类峰面积所占比例为 4.65%，脂肪酸类比例为 27.37；1% $NaCl+NaHSO_3$ 倍半萜类比例为 11.38%，色酮类峰面积所占比例为 0.77%，脂肪酸类比例为 10.68%；2% $NaCl+NaHSO_3$ 倍半萜类比例为 36.09%，色酮类峰面积所占比例为 1.33%，脂肪酸类比例为 17.93%；3% $NaCl+NaHSO_3$ 倍半萜类比例为 28.8%，色酮类峰面积所占比例为 1.36%，脂肪酸类比例为 42.61%。由此分析，采用 2% $NaCl+NaHSO_3$ 溶液注入树干处理，识别出的倍半萜类成分最高（36.09%），全部无机盐处理所得样品超声抽提的色酮类含量均较低（小于 5%），对于 2% $NaHSO_3$ 所诱导样品，索氏抽提法可有效降低脂肪酸类物质含量，提高色酮类物质提取比例。

表 3-5 无机盐诱导结香 GC-MS 分析

序号	化合物名称	化学式	峰面积比例/%						
			2S-超声	2S-索氏	3S-超声	1M-超声	2M-超声	3M-超声	1S-超声
1	(—)-Aristolene#	$C_{15}H_{24}$	0.37	1.53	0.41	0.34	0.88	0.78	0.19
2	(—)-Guaia-1(10),11-dien-15-al#	$C_{15}H_{22}O$	0.34	0.45					0.8
3	(—)-Selina-3,11-dien-14-al#	$C_{15}H_{22}O$				0.63	0.09	0.48	2.34
4	(1)α-Agarofuran#	$C_{15}H_{24}O$		0.36	0.96				
5	(1S,2S,6S,9R)-6,10,10-trimethyl-11-oxatricyclo[7.2.1.01,6]dodecane-2-carbaldehyde#	$C_{15}H_{24}O_2$		1.66	0.81	1.1	2.14	1.99	0.61
6	(2R,4aS)-2-(4a-Methyl-1,2,3,4α,5,6,7-octhydro-2-naphthyl)-propan-2-ol#	$C_{16}H_{26}O_2$	0.35						
7	(5S,7S,10S)-(—)-selina-3,11-dien-9-one#	$C_{15}H_{22}O$						0.37	1.4
8	(5S,7S,9S,10S)-(+)-selina-3,11-dien-9-ol#	$C_{15}H_{24}O$			0.68	0.79	0.43	0.54	2.23
9	(8R,8aS)-8,8a-Dimethyl-2-(propan-2-ylidene)-1,2,3,7,8,8a-hexahydronaphthalene#	$C_{15}H_{22}$				0.25		0.16	
10	11-Hydroxyvalenc-1(10)-en-2-one#	$C_{15}H_{24}O_2$					0.71		
11	12,15-Dioxo-α-selinen(selinen-3,11-dien-12,15-dial)#	$C_{15}H_{22}O_3$	0.75	2.47	3.63			8	3.39
12	12-Hydroxy-4(5),11(13)-euddesmadien-15-al#	$C_{16}H_{24}$		0.1					0.97
13	1H-Cycloprop[e]azulen-7-ol,decahydro-1,1,7-trimethyl-4-methylene-,[1ar-(1aα,4aα,7β,7aβ,7bα)]-#	$C_{15}H_{24}O$			0.41				
14	2-(1-Cyclohexenyl)cyclohexanone	$C_{12}H_{18}O$			0.8				
15	2(1H)Naphthalenone,3,5,6,7,8,8a-hexahydro-4,8a-dimethyl-6-(1-methylethenyl)-#	$C_{15}H_{22}O$		0.63					
16	2-(2-Phenylethyl)chromone△	$C_{17}H_{14}O_2$			0.56	0.08	0.14	0.12	0.07
17	2-(4a,8-Dimethyl-1,2,3,4,4a,5,6,7-octahydro-naphthalen-2-yl)-prop-2-en-1-ol#	$C_{15}H_{24}O$		0.47					0.79
18	2-(4a,8-Dimethyl-2,3,4,4a,5,6-hexahydro-naphthalen-2-yl)-prop-2-en-1-ol#	$C_{15}H_{22}O$					0.4		

续表

序号	化合物名称	化学式	峰面积比例/%						
			2S-超声	2S-索氏	3S-超声	1M-超声	2M-超声	3M-超声	1S-超声
19	2,14-Epoxy-vetispira-6(14),7-diene#	$C_{15}H_{22}O$		3.15	1	1.36	3.14	1.38	1.1
20	2,14-Epoxy-vetispira-6-ene#	$C_{15}H_{24}O$					0.37		
21	2-[2-(2-Hydroxyphenyl)ethyl]chromone△	$C_{17}H_{14}O_3$		0.13					
22	2-[2-(3-Methoxy-4-hydroxyphenyl)ethyl]chromone△	$C_{18}H_{16}O_4$		0.42					
23	2-[2-(4-Methoxyphenyl)ethyl]chromone△	$C_{18}H_{16}O_3$	0.12	0.49		0.01	0.14		
24	2H-2a,7-Methanoazuleno[5,6-b]oxirene,octahydro-3,6,6,7a-tetramethyl-#	$C_{15}H_{24}O$						1.51	
25	2H-3,9a-Methano-1-benzoxepin,octahydro-2,2,5a,9-tetramethyl-,[3R-(3α,5aα,9α,9aα)]-#	$C_{15}H_{26}O$			0.7	0.15	0.17	0.14	
26	2H-Cyclopropa[g]benzofuran,4,5,5a,6,6a,6b-hexahydro-4,4,6b-trimethyl-2-(1-methylethenyl)-#	$C_{15}H_{22}O$					0.16		
27	2-Isopropenyl-4a,8-dimethyl-1,2,3,4,4a,5,6,8a-octahydronaphthalene#	$C_{15}H_{24}$					0.15		
28	2-Naphthalenemethanol,1,2,3,4,4a,5,6,7-octahydro-α,α,4a,8-tetramethyl-,(2R-cis)-#	$C_{15}H_{26}O$			1.47				
29	2-Naphthalenemethanol,1,2,3,4,4a,5,6,8a-octahydro-α,α,4a,8-tetramethyl-,[2R-(2α,4aα,8aβ)]-#	$C_{15}H_{26}O$			1.01				0.26
30	2-Naphthalenemethanol,1,2,3,4,4a,8a-hexahydro-α,α,4a,8-tetramethyl-,[2R-(2α,4aα,8aα)]-#	$C_{15}H_{24}O$	0.14						
31	3,7-Cyclodecadiene-1-methanol,α,α,4,8-tetramethyl-,[s-(Z,Z)]#	$C_{15}H_{26}O$			0.58				0.35
32	4,6,6-Trimethyl-2-(3-methylbuta-1,3-dienyl)-3-oxatricyclo[5.1.0.0(2,4)]octane#	$C_{15}H_{22}O$					0.5		
33	5,8-Dihydroxy-2-(2-phenylethyl)chromone△	$C_{17}H_{14}O_4$	0.68	5.69	0.28			0.04	

续表

序号	化合物名称	化学式	峰面积比例/%						
			2S-超声	2S-索氏	3S-超声	1M-超声	2M-超声	3M-超声	1S-超声
34	5,8-Dihydroxy-4a-methyl-4,4a,4b,5,6,7,8,8a,9,10-decahydro-2(3H)-phenanthrenone#	$C_{15}H_{22}O_3$		2.65			8.51		
35	5-Hydroxy-4,8,10,11-tetramethyltricyclo[6.3.0.0(2,4)]undec-10-ene#	$C_{15}H_{24}O$	0.26				0.6		
36	5-Hydroxy-6-methoxy-2-(2-phenylethyl)chromone△	$C_{18}H_{16}O_4$	0.12						
37	6-(1-Hydroxymethylvinyl)-4,8a-dimethyl-3,5,6,7,8,8a-hexahydro-1H-naphthalen-2-one#	$C_{15}H_{22}O_2$					1.04	1.31	
38	6,7-Dihydroxy-2-[2-(4-methoxyphenyl)ethyl]chromone△	$C_{18}H_{16}O_5$					0.24		
39	6,7-Dimethoxy-2-(2-phenylethyl)chromone△	$C_{19}H_{18}O_5$		2					
40	6,7-Dimethoxy-2-[2-(4-methoxyphenyl)ethyl]chromone△	$C_{20}H_{20}O_5$	0.02			0.08		0.03	
41	6,7-Dimethyl-1,2,3,5,8,8a-hexahydronaphthalene#	$C_{12}H_{18}$	0.8				0.65	1.1	0.34
42	6,8-Dihydroxy-2-(2-phenylethyl)chromone△	$C_{17}H_{14}O_4$	0.07			0.23		0.44	0.22
43	6-Hydroxy-2-(2-hydroxy-2-phenyl)ethyl]chromone△	$C_{18}H_{18}O_3$					0.02		
44	6-Hydroxy-2-(2-phenylethyl)chromone△	$C_{17}H_{14}O_3$		0.68		0.02	0.13	0.05	
45	6-Hydroxy-7-methoxy-2-(2-phenylethyl)chromone△	$C_{18}H_{16}O_4$		0.53				0.09	
46	6-Isopropenyl-4,8a-dimethyl-1,2,3,5,6,7,8,8a-octahydro-naphthalen-2-ol#	$C_{15}H_{24}O$			0.27				
47	6-Methoxy-2-(2-phenylethyl)chromone△	$C_{18}H_{16}O_3$	0.99	3.34	3.81	0.35	0.66	0.56	
48	6-Methoxy-7-hydroxy-2-[2-(4-methoxyphenyl)ethyl]chromone△	$C_{19}H_{18}O_5$						0.03	
49	8-epi-.gama.-eudesmol#	$C_{15}H_{26}O$		1.18		0.49	0.72	0.62	
50	8-Hydroxy-2-(2-phenylethyl)chromone△	$C_{17}H_{14}O_3$		0.48					
51	9-Cedranone#	$C_{15}H_{24}O$					0.78	0.11	

续表

序号	化合物名称	化学式	峰面积比例/%						
			2S-超声	2S-索氏	3S-超声	1M-超声	2M-超声	3M-超声	1S-超声
52	9H-Cycloisolongifolene,8-oxo-#	$C_{15}H_{22}O$					0.47		
53	9-Hydroxy-selina-4,11-dien-14-oic acid#	$C_{15}H_{22}O_3$					0.26		
54	9-Octadecenoic acid,(E)-□	$C_{18}H_{34}O_2$	30.75		11.02		13.09	32.61	
55	Agarospirol#	$C_{15}H_{26}O$			0.28	0.28	2.8	3.18	0.14
56	Agrospirol#	$C_{15}H_{24}$		5.99					1.08
57	Aromadendrene,dehydro-#	$C_{15}H_{22}$							0.29
58	Benzene,1-(1,5-dimethyl-4-hexenyl)-4-methyl-#	$C_{15}H_{22}$							0.21
59	Costunolide#	$C_{15}H_{20}O_2$					0.6	0.12	
60	Cyclohexene,6-ethenyl-6-methyl-1-(1-methylethyl)-3-(1-methylethylidene)-,(S)-#	$C_{15}H_{24}$					0.24		
61	Cycloisolongifolene,8,9-dehydro-9-formyl-#	$C_{16}H_{22}O$	0.6				1.44	2.03	1.55
62	Diethyl Phthalate	$C_{12}H_{14}O_4$					0.15		
63	Eremophil-9(10)-ene-11,12-diol	$C_{13}H_{22}O$		1.31		1.8			
64	Eremophila-9,11(13)-dien-12-ol#	$C_{15}H_{24}O$		0.34			0.11	0.2	
65	Guaiol#	$C_{15}H_{26}O$	1.66		1.33	1.52			
66	Gurjunenepoxide-(2)#	$C_{15}H_{24}O$					0.62		
67	Hexadecanoic acid,ethyl ester□	$C_{18}H_{36}O_2$					1.64		
68	Hexadecanoic acid,methyl ester□	$C_{17}H_{34}O_2$	0.18				0.16		
69	Hinesol#	$C_{15}H_{26}O$						0.17	0.14
70	Humulane-1,6-dien-3-ol#	$C_{15}H_{26}O$					0.29		0.4
71	Isolongifolene,4,5-dehydro-#	$C_{15}H_{22}$				0.25		0.69	

续表

序号	化合物名称	化学式	峰面积比例/%						
			2S-超声	2S-索氏	3S-超声	1M-超声	2M-超声	3M-超声	1S-超声
72	Naphthalene,1,2,3,5,6,7,8,8a-octahydro-1,8a-dimethyl-7-(1-methylethenyl)-,[1R-(1α,7β,8aα)]-#	$C_{15}H_{24}$					0.31	0.36	
73	Neopetasane(Eremophila-9,11-dien-8-one)#	$C_{15}H_{22}O$				3.01	0.64	2.05	1.21
74	n-Hexadecanoic acid□	$C_{16}H_{32}O_2$	14.35	1.32	7.89	10.68	3.04	9.99	8.45
75	Oleic Acid□	$C_{18}H_{34}O_2$	17.86		8.46				
76	Phenol,2,4-bis(1,1-dimethylethyl)-	$C_{14}H_{22}O$						0.14	
77	Selina-4,11-dien-14-al#	$C_{15}H_{24}O_2$					0.18		
78	Selina-6-en-4-ol#	$C_{15}H_{26}O$						0.44	0.47
79	Sinenofuranol#	$C_{15}H_{26}O_2$			3.44				
80	Valenc-1(10),8-dien-11-ol#	$C_{15}H_{24}O$					2		
81	Vetispira-2(11),6-dien-14-al#	$C_{15}H_{22}O$	0.32	0.81		0.76	1.63	0.53	0.46
82	β-Agarofuran#	$C_{15}H_{24}O$		4.96		0.45	2.48		0.22
83	β-Santalol#	$C_{15}H_{24}O$					0.58	0.54	
	倍半萜类		5.59	26.75	16.98	11.38	36.09	28.8	20.94
	色酮类		2	13.76	4.65	0.77	1.33	1.36	0.29
	脂肪酸类		63.14	1.32	27.37	10.68	17.93	42.6	8.45

注："2S-超声"表示2% $NaHSO_3$ 结香样品超声抽提处理，"2S-索氏"表示2% $NaHSO_3$ 结香样品索氏抽提处理，"3S-超声"表示3% $NaHSO_3$ 结香样品超声抽提处理，"1M-超声"表示1% NaCl+$NaHSO_3$ 结香样品超声抽提处理，"2M-超声"表示2% NaCl+$NaHSO_3$ 结香样品超声抽提处理，"3M-超声"表示3% NaCl+$NaHSO_3$ 结香样品超声抽提处理，"1S-超声"表示2% $NaHSO_3$ 结香样品超声抽提处理。# 标示倍半萜类，△ 标示色酮类，□标示脂肪酸类。

第四章

白木香真菌培养液结香法

4.1 真菌培养液结香方法和观察方法

4.1.1 仪器和试剂

立式压力蒸汽灭菌器 BXM-30R（上海博迅实业有限公司医疗设备厂）。电子天平 DDT-A+200（福州华志科学仪器有限公司）。美的 MRU1583A-50G 型双出水净水机（佛山市美的清湖净水设备有限公司）。过滤水：经美的净水机 5 级过滤功能过滤得到的过滤水，滤出水符合《生活饮用水水质处理器卫生安全与功能评价规范——一般水质处理器（2001）》的要求。灭菌水：经美的净水机 5 级过滤功能过滤得到的过滤水，再放入压力蒸汽灭菌器中灭菌 30min。SHA-B(A) 型水浴恒温振荡器（金坛市科析仪器有限公司）。

4.1.2 实验地与步骤

实验地位于云南省西双版纳傣族自治州景洪市勐海县勐宋乡三迈村沉香基地，100°41′E，22°28′N，属热带、亚热带季风气候。实验地宽约 6m，长约 20m，植株健壮，生长旺盛，枝叶茂盛，选择直径为 5～7cm 的大侧枝进行处理。与无机盐试剂结香法的实验地邻近。

由云南省林科院提供可可毛色二孢菌（*Lasiodiplodia theobromae*）、腐皮镰孢菌（*Fusarium solani*）两种菌种，均为已报道可结香的菌种。

以过滤水配制 PDA 培养基（马铃薯葡萄糖培养基）并以压力蒸汽灭

菌器灭菌（120℃、17min），将两株真菌接种到PDA培养基中，在水浴恒温振荡器中振荡培养7天，单层医用纱布过滤，取菌液，冷藏运输至实验基地。

将可可毛色二孢菌和腐皮镰孢菌活化后，在无菌条件下，用无菌手术刀分别刮取菌丝体转接在OMAM液体培养基中，置于28℃，转速为150r·min^{-1}的摇床中培养7天。OMAM液体培养基配方：大豆蛋白胨20g，葡萄糖20g，酵母提取物1g，蔗糖20g。

在无菌条件下，将扩繁后的菌体分别用已灭菌的单层医用纱布滤出菌丝体，此滤液中含有细小菌丝体。将可可毛色二孢菌和腐皮镰孢菌体分装到预先灭菌并称重的离心管中，室温10000r/min、离心3min，滤去培养液，称量离心后的离心管总重，算出菌体湿重。在超净工作台上分别称取1g、2g、3g、4g菌体转入新的离心管中，在组织研磨仪中研碎。之后分别用少量纯净水将不同湿重的菌体溶出分装到贴有标签的输液袋（含输液管、输液针头和流速调节装置）中，再加入1000mL营养液制成4个浓度的液体菌剂。营养液为20g红糖粉于1000mL纯净水中溶解完全的混合液。可可毛色二孢菌简记为L，腐皮镰孢菌简记为F，混菌简记为H，分别标记为L1、L2、L3、L4、F1、F2、F3、F4、H1、H2、H3、H4。在混菌组合中，可可毛色二孢菌和腐皮镰孢菌的菌体量均为总菌体质量的一半。

接菌时间为2017年7月。在白木香较大树枝距离分枝处10～50cm部位，用电钻在树枝两侧钻出深约5cm的输液孔（直径5mm），输液孔与地面成30°～45°。输液袋挂在高于接菌的树枝上，将输液针头插入输液孔，调节流速至液体菌剂不外流，将各处理液体菌剂输入到白木香较大树枝中，液体菌剂约2天滴注完成。每个菌剂处理3株，即3次重复。真菌侵染白木香树5个月后，从接菌处用手工锯截断白木香树枝，再用砍刀取木质部结香处，即以形成树脂的木质部作为样品。

菌液及菌液混合溶液装入输液袋，对照组仅钻孔不输液，每个输液袋装250mL溶液，滴液速度控制为约10秒1滴。于2017年7月31日下午进行处理，天气阴，气温25～30℃，2018年10月12日下午采样，天气小雨转阴，气温16～24℃，历时14个月12天，处理时间和采样时间与无机盐诱导法一致。

4.2　真菌培养液结香解剖观察

4.2.1　真菌及无机盐结香法对照

真菌及无机盐诱导白木香对照解剖构造与机械创伤结香法结香的对照样品类似，见图 4-1。

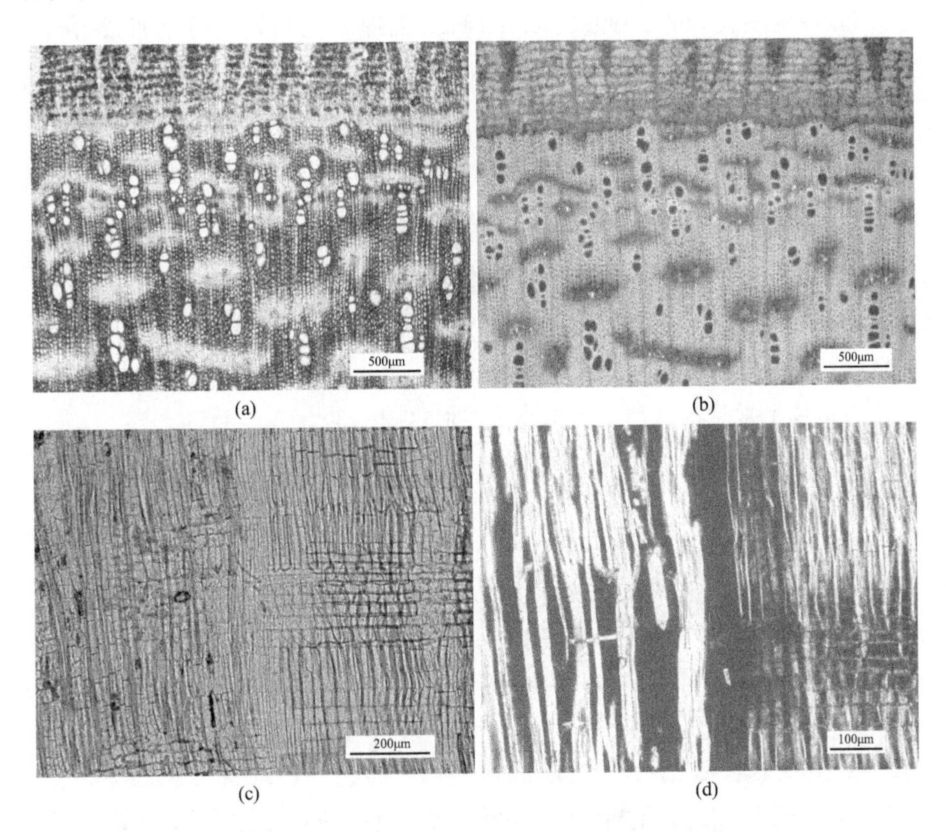

图 4-1　真菌菌液诱导白木香对照解剖图

在图 4-1 中，图（a）为横切面正常光，图（b）为横切面荧光，

图（c）为径切面正常光，图（d）为径切面偏光

4.2.2　真菌法结香解剖构造分析

在混菌接种处理 5 个月的条件下，菌液浓度为 $3g \cdot L^{-1}$时，白木香在导

管、木射线细胞和内含韧皮部形成大量深色次生代谢产物，薄壁细胞失去了生理活性。而随着浓度增加，深色次生代谢产物分布面积反而减小，可能是因为两种真菌在扩增过程中，发生了自然自溶现象，菌体数量减少，从而对白木香树的生理胁迫作用减弱。高浓度的真菌诱导剂对白木香诱导结香的效果较低浓度真菌剂差。

在腐皮镰孢菌 3 种浓度（F2、F3、F4）、可可毛色二孢菌 2 种浓度（L1、L3）和两种菌种混合的 2 种浓度（H1、H2）处理 5 个月后，白木香形成的深色次生代谢产物沉积区域未见或有较少胼胝质分布，在过渡区，内含韧皮部周围的薄壁组织壁异常发亮，说明薄壁细胞出现木质化，内含韧皮部筛管中胼胝质分布增多。胼胝质沉积增加，说明白木香树在受到伤害的情况下，会在受害组织细胞及附近迅速沉积大量胼胝质以愈合伤口。图 4-2 为 F2、F3、F4、L1、L3、H1、H2 和未接菌的（CK）白木香横切面胼胝质分布图。

白木香在两种真菌混合菌剂诱导 13 个月后，白木香变色范围大部分在树枝内，结香距离通常 40～120cm，沉香层黄褐色薄层状，腐朽层灰褐色块状，与市场上常见的试剂注入结香法类似（图 4-3）。

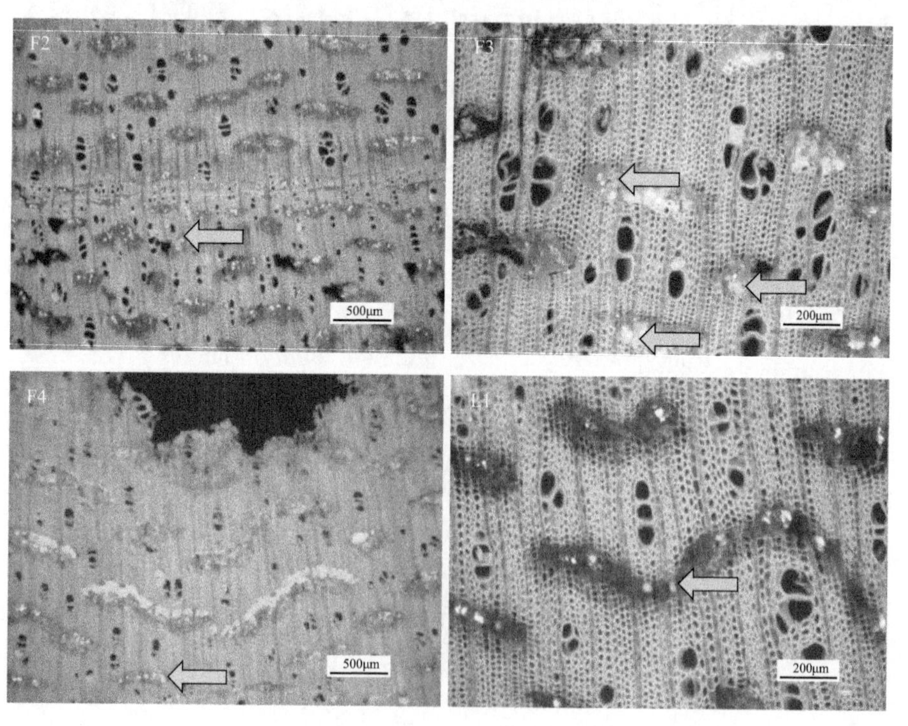

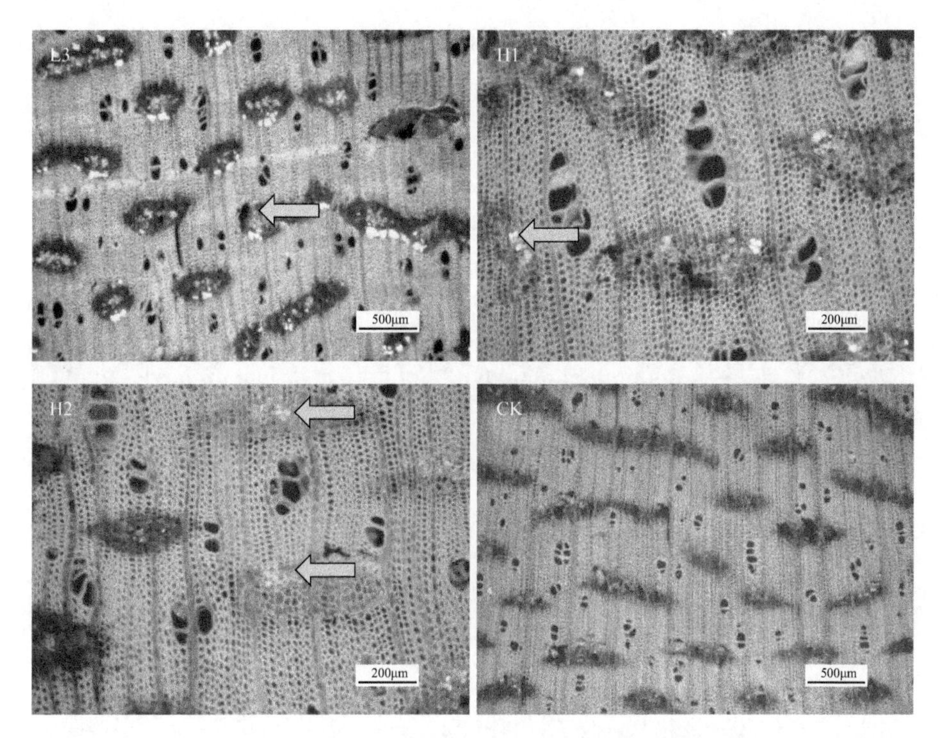

图 4-2　接菌和未接菌的白木香横切面胼胝质分布图

箭头标示胼胝质

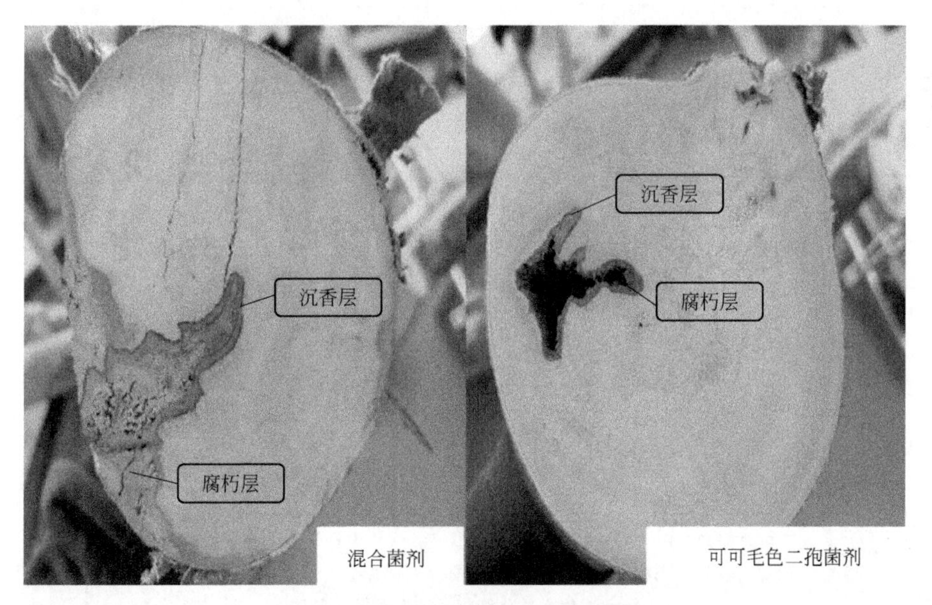

图 4-3　真菌菌液诱导的白木香横断面

解剖构造变化与化学试剂1M诱导的类似，区别在于真菌法诱导的过渡层中无小导管（图4-4）。

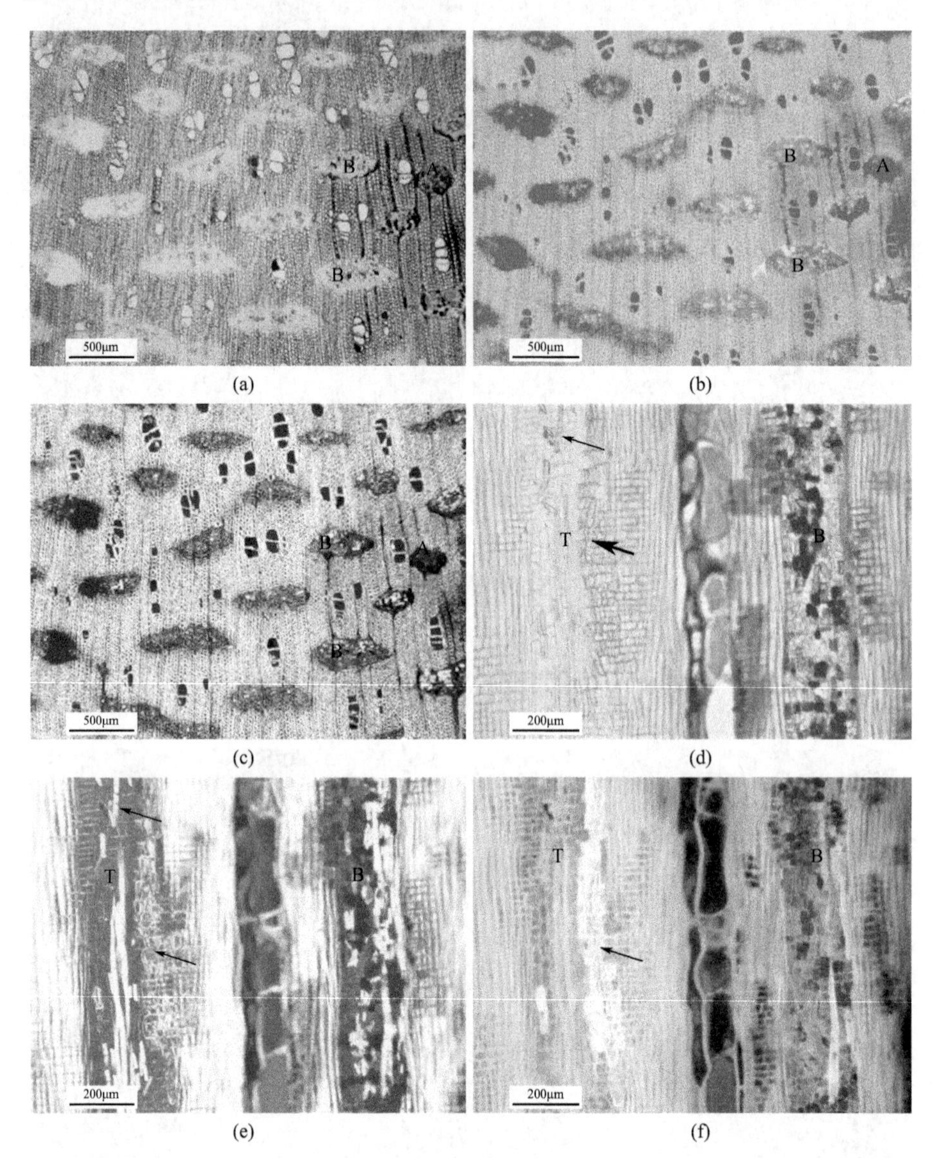

图4-4　真菌菌液诱导的白木香解剖构造

在图4-4中，图（a）为横切面正常光，图（b）为横切面荧光，图（c）为横切面偏光，图（d）为径切面正常光，图（e）为径切面偏光，图（f）为径切面荧光。图中A标示沉香层，B标示阻隔层，T标示过渡层，粗箭头标示再生木质化细胞，细箭头标示晶体

4.3 真菌培养液结香化学成分分析

4.3.1 乙醇提取物含量测定结果

标准 LY/T 2904—2017《沉香》要求乙醇提取物含量应不低于 10%。真菌诱导乙醇提取物含量仅混合菌剂处理的黄褐色样品达到 10% 以上（表 4-1）。

表 4-1　乙醇提取物含量

样品编号	试剂	含水率/%	乙醇提取物含量/%	抽提液颜色
标准品	—	7.51	22.49	黄褐色
L2-40 黄	*L. theobromae* 菌剂	4.89	5.12	浅黄色
L2-40 黑	*L. theobromae* 菌剂	4.71	3.78	无色
H2-20 黄	混合菌剂	3.07	13.34	黄褐色
H2-20 黑	混合菌剂	3.23	3.46	无色

4.3.2 显色反应结果

LY/T 2904—2017 中指出，沉香显色反应应呈现樱红、紫堇、浅红、浅紫色，不应呈无色或浅黄色。

真菌菌剂诱导中，混合菌剂诱导的黄色样品（H2-20 黄）及可可毛色二孢（*L. theobromae*）菌剂诱导的黄色样品（L2-40 黄）均呈现樱红色，混合菌剂诱导的黑色样品（H2-20 黑）及可可毛色二孢（*L. theobromae*）菌剂诱导的黑色样品（L2-40 黑）呈现浅粉色（图 4-5），均符合标准规定的沉香

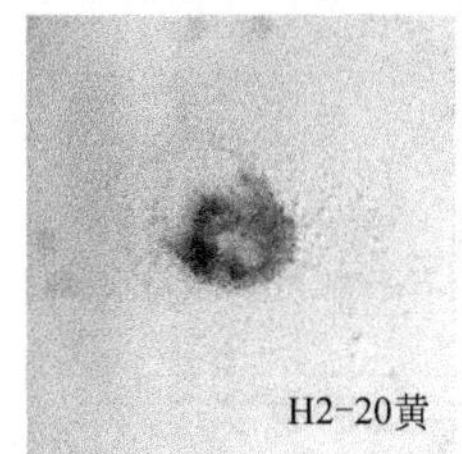

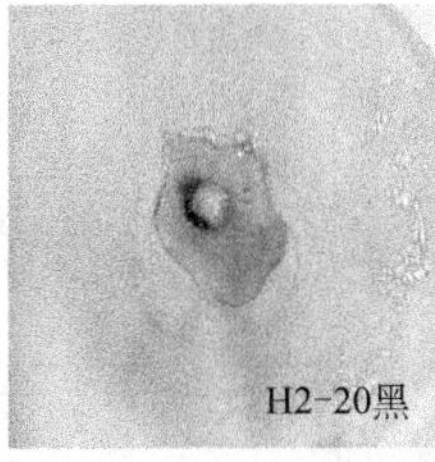

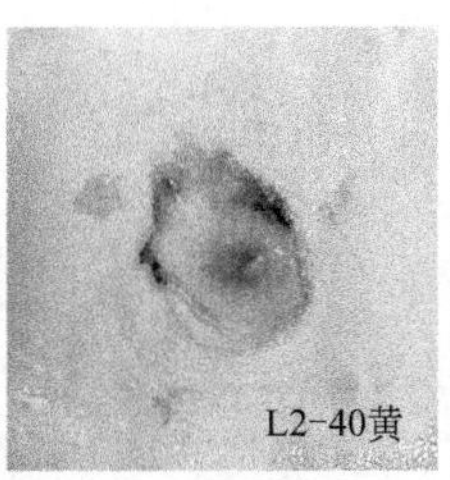

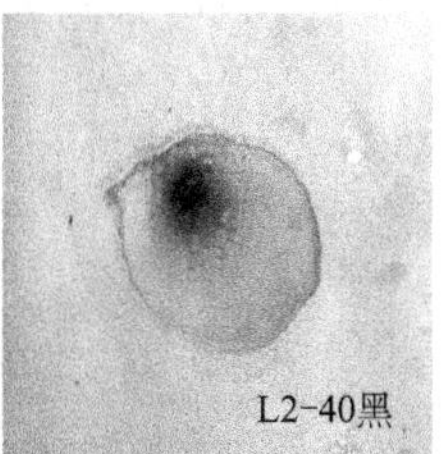

图 4-5　真菌诱导样品显色反应图

颜色。

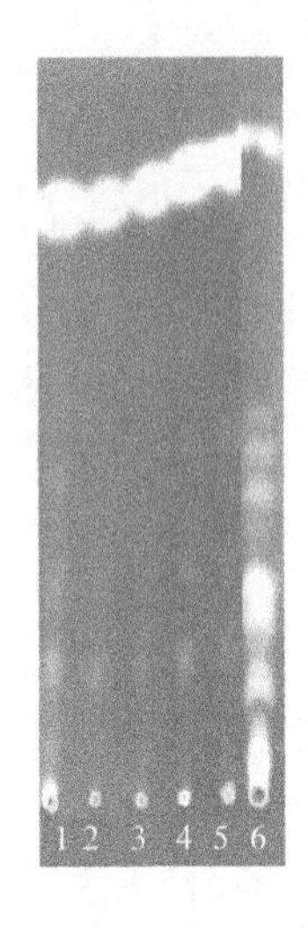

图 4-6　真菌诱导结香样品的薄层色谱分析图
1 标示 L1-40 黄褐色样品，
2 标示 L2-40 黄褐色样品，
3 标示 L2-40 黑褐色样品，
4 标示 L2-20 黄褐色样品，
5 标示 L2-20 黑褐色样品，
6 标示 H2-20 黄褐色样品

4.3.3 薄层色谱分析结果

真菌结香样品中仅 H2-20 黄褐色样品与标准 LY/T 2904—2017 所示薄层色谱图例对应的位置上相同颜色的荧光斑点相符，其余样品 L1-40 黄褐色样品、L2-40 黄褐色样品、L2-40 黑褐色样品、L2-20 黄褐色样品、L2-20 黑褐色样品部分相符（图 4-6）。

4.3.4 HPLC 分析结果

选取平均乙醇提取物含量高于 10%的混合菌剂处理样品，测试沉香四醇含量为 0.056%。所得 HPLC 图谱中，选取沉香四醇样品图谱为参照图谱，采用中位数法，时间窗 0.1min，多点校正，进行全谱峰匹配（图 4-7），峰 1 与沉香四醇标准样品保留时间（21.5min）一致，在峰 1 后呈现峰 2、3、4、5、6，与我国现行林业行业标准 LY/T 2904—2017

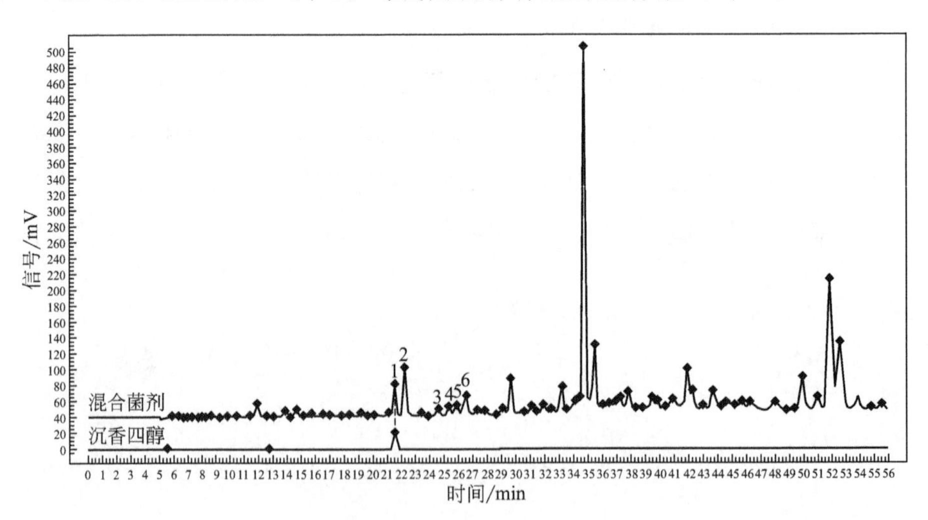

图 4-7　混合菌剂结香样品 HPLC 特征图谱

《沉香》所示6个特征峰相对应，因此混合菌剂结香样品符合现行林业行业标准要求。

4.3.5 GC-MS分析结果

真菌菌剂注入树干处理，混合菌剂超声抽提倍半萜类所占比例为10.11%，色酮类比例为1.1%，脂肪酸类比例为35.24%。索氏抽提倍半萜类比例为4.25%，色酮类比例为0.26%，脂肪酸类比例为49.71%（表4-2）。菌剂诱导样品的脂肪酸类物质含量均较高（均高于35%），倍半萜类和色酮类含量较低（均低于11%）。

表4-2 真菌菌剂诱导结香GC-MS分析

序号	化学名称	化学式	峰面积比例/%	
			超声	索氏
1	(-)-Aristolene#	$C_{15}H_{24}$	0.15	
2	(1S, 2S, 6S, 9R)-6, 10, 10-trimethyl-11-oxatricyclo[7.2.1.01,6]dodecane-2-carbaldehyde#	$C_{15}H_{24}O_2$	0.27	
3	(5S,7S,9S,10S)-(+)-selina-3,11-dien-9-ol#	$C_{15}H_{24}O$	0.45	0.21
4	12,15-Dioxo-α-selinen(selinen-3,11-dien-12,15-dial)#	$C_{15}H_{20}O_2$	2.31	
5	12-Hydroxy-4(5),11(13)-euddesmadien-15-al#	$C_{16}H_{24}$		0.61
6	2-(4a, 8-Dimethyl-2, 3, 4, 4a, 5, 6-hexahydro-naphthalen-2-yl)-prop-2-en-1-ol#	$C_{15}H_{22}O$	0.46	
7	2,14-Epoxy-vetispira-6(14),7-diene#	$C_{15}H_{22}O$	0.91	1.78
8	2,14-Epoxy-vetispira-6-ene#	$C_{15}H_{24}O$	0.21	0.66
9	2-Naphthalenemethanol,1,2,3,4,4a,5,6,8a-octahydro-α,α,4a,8-tetramethyl-,[2R-(2α,4aα,8aβ)]-#	$C_{15}H_{26}O$	0.15	
10	5,8-Dihydroxy-4a-methyl-4,4a,4b,5,6,7,8,8a,9,10-decahydro-2(3H)-phenanthrenone#	$C_{15}H_{22}O_3$	1.29	
11	6,7-Dimethyl-1,2,3,5,8,8a-hexahydronaphthalene#	$C_{12}H_{18}$	0.73	0.28
12	6-Isopropenyl-4,8a-dimethyl-4a,5,6,7,8,8a-hexahydro-1H-naphthalen-2-one#	$C_{15}H_{22}O$	0.27	
13	6-Methoxy-2-(2-phenylethyl)chromone△	$C_{18}H_{1603}$	1.1	0.26
14	9-Octadecenoic acid,(E)-□	$C_{18}H_{34}O_2$	24.62	49.71
15	Agarospirol#	$C_{15}H_{26}O$	1.1	
16	Agrospirol#	$C_{15}H_{24}$		0.21

续表

序号	化学名称	化学式	峰面积比例/%	
			超声	索氏
17	Dehydro jinkoh-eremol	$C_{17}H_{26}O_2$	0.17	
18	n-Hexadecanoic acid□	$C_{16}H_{32}O_2$	10.62	
19	Santalol,cis,α#	$C_{15}H_{24}O$	0.33	
20	Vetispira-2(11),6-dien-14-al#	$C_{15}H_{22}O$	0.38	0.5
21	β-Agarofuran#	$C_{15}H_{24}O$	1.1	
	倍半萜类#		10.11	4.25
	色酮类△		1.1	0.26
	脂肪酸类□		35.24	49.71

第五章
白木香盐水胁迫结香法

5.1 盐水胁迫结香方法和观察方法

5.1.1 仪器与试剂

电子天平、手持电锯、海盐、蒸馏水等。

5.1.2 实验地与步骤

挖断主根并原地休养一年的十年生白木香树，主干留高 2.5m，除去树顶，截断侧枝，连同根部土球运输到西南林业大学温室苗圃中，种植于陶盆中，每星期浇水 1～2 次，视情况翻土、除草。

以海盐配制与海水浓度接近的盐水，浇灌 3 颗白木香树，浇灌后，仍以同样的管理方式浇水除草。浇灌盐水后，白木香树生长受到明显影响，叶片逐渐变黄脱落，约 6 个月后，叶片全部变黄脱落，再经过 3 个月，取样进行分析。

5.2 盐水胁迫结香解剖观察

5.2.1 未结香对照样解剖构造观察

采用盐水胁迫法在温室进行实验，其对照样品与机械创伤结香法的对照样品解剖构造类似（图 5-1）。

在图 5-1 中，图（a）为径切面正常光，图（b）为径切面偏光，图（c）、

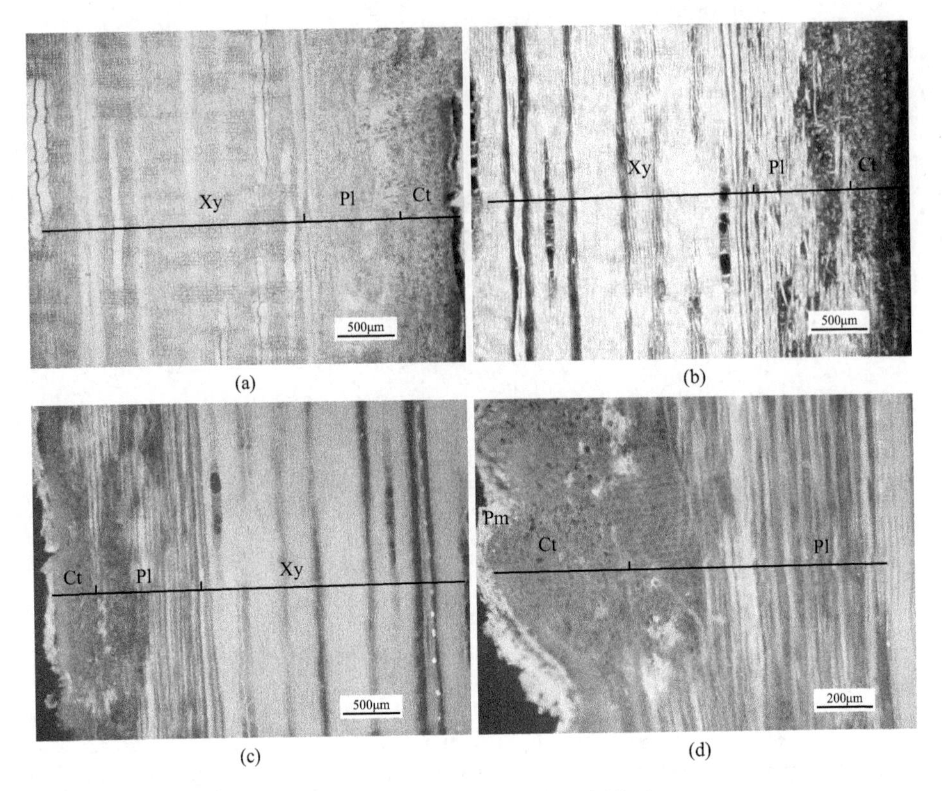

图 5-1 温室未结香白木香解剖构造

图（d）为径切面荧光。图中 Xy 标示木质部，Pl 标示韧皮部，Ct 标示皮层，Pm 标示栓皮层。

5.2.2 盐水胁迫结香解剖构造分析

树木在取样时已经干枯死亡，在白木香的木质部中，积累了少量黄褐色次生代谢产物，主要分布于木射线、内含韧皮部和导管中，木质部主要细胞构成没有变化，未见再生组织形成，部分内含韧皮部组织溃陷（图 5-2）。

盐水胁迫是一种非生物胁迫，其初级胁迫信号为同时对细胞造成高渗透压胁迫和离子毒害，其次级影响包括氧化胁迫、破坏膜脂、蛋白质和核酸等细胞组分，引起代谢紊乱。一般盐水胁迫信号能引起植物激素脱落酸（ABA）的积累，进而引起植物的适应性反应。本研究中白木香在受到盐水胁迫后树叶变黄脱落，6 个月左右即死亡，其木质部中积累了深色次生代

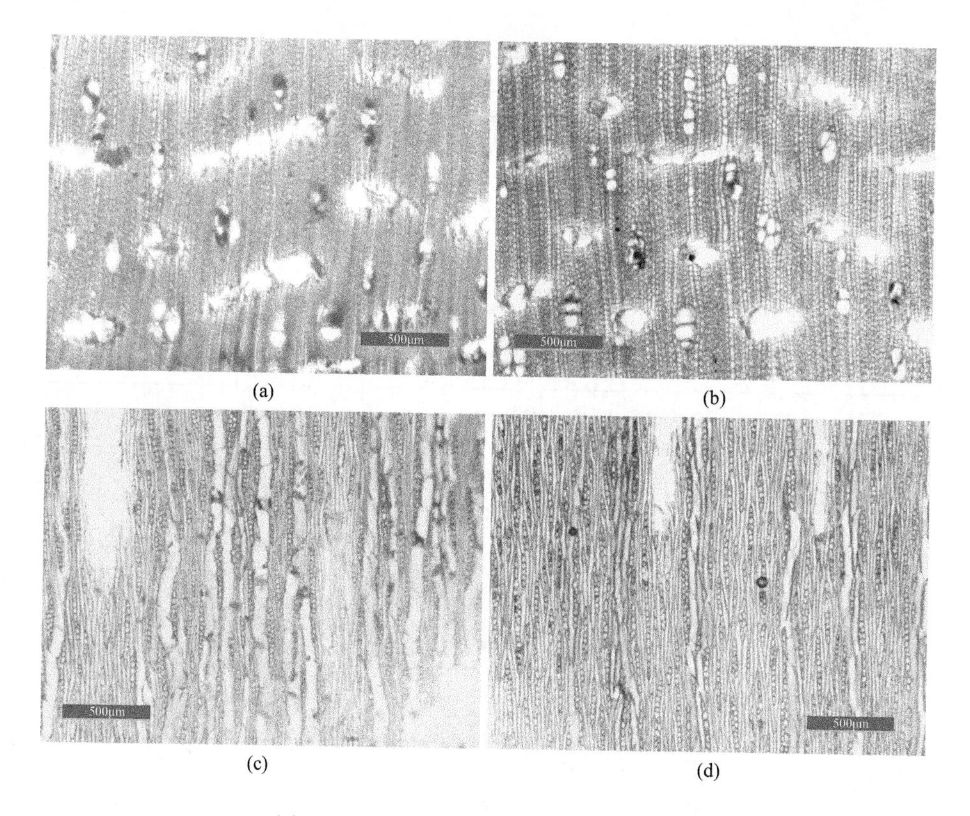

图 5-2　盐水胁迫下白木香木质部显微图
图（a）、图（b）为横切面正常光，图（c）、图（d）为弦切面正常光

谢产物，但量较少，盐水胁迫超过了白木香树可承受的限度，导致树木死亡，可能是苗圃中的白木香树为盆栽，盐水的浓度一直维持较高水平，使土壤环境较差。在后续实验中，降低盐水浓度或在野生环境条件下进行胁迫实验，有可能使白木香结香量变大。

5.3　盐水胁迫结香化学成分分析

盐水胁迫结香样品均呈现部分与标准 LY/T 2904—2017 所示薄层色谱对应位置上的荧光斑点（图 5-3）。

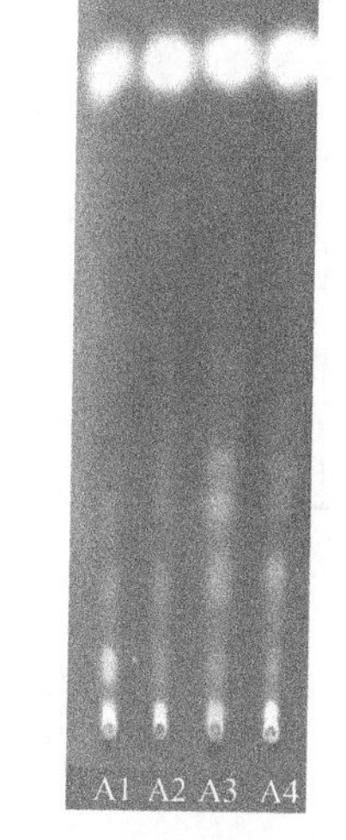

图 5-3　盐水胁迫结香样品的薄层色谱图

盐水胁迫法样品的GC-MS总离子流图如图5-4所示。

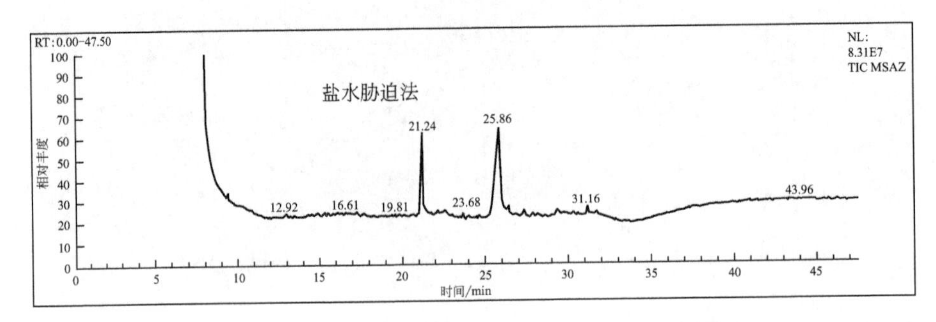

图5-4 盐水胁迫结香样品的GC-MS总离子流图

盐水胁迫法样品中未检测到倍半萜类，检测到色酮类比例为0.47%，见表5-1。失水法样品检测到色酮类6.48%和苄基丙酮0.3%。可见盐水胁迫法的诱导结香效果差。

表5-1 盐水胁迫法诱导结香GC-MS分析

序号	化合物名称	化学式	峰面积比例/%（超声抽提）
1	2(3H)-Furanone,dihydro-5-tetradecyl-	$C_{18}H_{34}O_2$	0.64
2	2-[2-(4-Methoxyphenyl)ethyl]chromone△	$C_{18}H_{16}O_3$	0.13
3	6,7-Dimethoxy-2-[2-(4-methoxyphenyl)ethyl]chromone△	$C_{20}H_{20}O_5$	0.12
4	6-Methoxy-2-(2-phenylethyl)chromone△	$C_{18}H_{16}O_3$	0.22
5	8-Heptadecene	$C_{17}H_{34}$	0.14
6	Hexadecanoic acid,methyl ester□	$C_{17}H_{34}O_2$	0.19
7	n-Hexadecanoic acid□	$C_{16}H_{32}O_2$	16.51
8	Oleic Acid□	$C_{18}H_{34}O_2$	59.46
	倍半萜类#		0
	色酮类△		0.47
	脂肪酸类□		76.16

第六章
白木香水分胁迫结香法

6.1 白木香水分胁迫结香实验方法

5～10 年生白木香树移入盆中在温室内栽培确保温度不低于 5℃，在服盆期三个月后，挑选生长状态良好的树木作为实验处理对象。水分供给方法采用人工补给，参照中山市当地年降雨量 1747.4mm，设置白木香水分供给量为 6 个梯度，换算到每盆每周的施加水量分别为：3.5L、4L、4.5L、5L、6L、7L。按照每周一次进行补水，实验时间持续 12 个月，观察树木生长情况，12 个月后取样。在持续 2 个月后发现控水现象不明显，更改控水梯度即母盆每周的施水量为：2L(1 号)、2.5L(2 号)、3L(3 号)、4L(4 号)、5L(5 号)、6L(6 号)。

用围尺、直尺对选取的实验所用白木香在实验前和实验后进行胸径测量，利用水分测定仪在每周供给水分之前对白木香所在盆的土壤进行水分含量进行测试（图 6-1）。

控水 12 个月后取白木香树顶端向下 30～50cm 处的木质部，进行木材含水率的测量。由表 6-1 可知，不同供水条件下的白木香木质部含水率变化明显，6 组白木香树树顶 2cm 处的白木香颜色呈深褐色，无湿润触感。从树顶向下取样，随着向下的距离增加，含水率由上向下也逐渐增加，其中 1 号、2 号、3 号增加较 4 号、5 号、6 号小。说明水分胁迫对于木质部中的含水率影响明显，且在水分胁迫下白木香木质部含水率是由树冠到树根逐渐降低的。

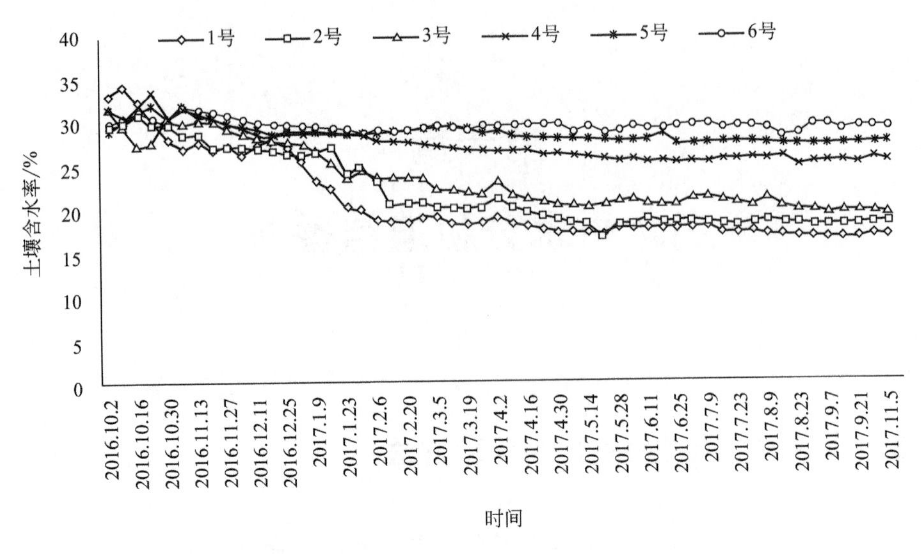

图 6-1　水分胁迫下白木香土壤含水率变化

表 6-1　不同控水条件下木质部含水率变化（%）

位置	1 号	2 号	3 号	4 号	5 号	6 号
顶端	12.73	9.77	8.06	10.45	12.49	11.18
距离顶端 25cm 处	32	24.92	26.77	65.07	68.15	68.04
距离顶端 50cm 处	49.35	38.92	39.66	121.85	130.13	120.58

对盆栽白木香进行控水实验，在实验过程中，随控水时间增加，不同控水梯度的土壤含水率变化明显。控水 12 个月后，控水梯度为 2L/周、2.5L/周、3L/周的样品树木生长状况较差，总体表现为：树冠树叶干枯、掉落，树木胸径出现负增长现象；木质部含水率降低明显，木质部颜色加深，有黄色沉积物，且有菌丝产生；木质部有特殊的香味。而控水梯度为 4L/周、5L/周、6L/周的样品树木生长状况良好，胸径有增长但是增长较为缓慢，木质部含水率与健康生长的白木香相同，木质部宏观特征无明显变化。

6.2　水分胁迫法解剖构造变化

在白木香木质部向下 10cm 处取样品圆盘，自髓心到树皮方向分别取样（约 5～10mm 的小木块）。

6.2.1 深色次生代谢产物分布

解剖观察表明，水分胁迫下白木香木质部产生不同数量的淡黄色沉积物。其中2L/周、2.5L/周、3L/周处理的白木香木质部具有沉积物，其余处理的没有观察到沉积物，见图6-2。

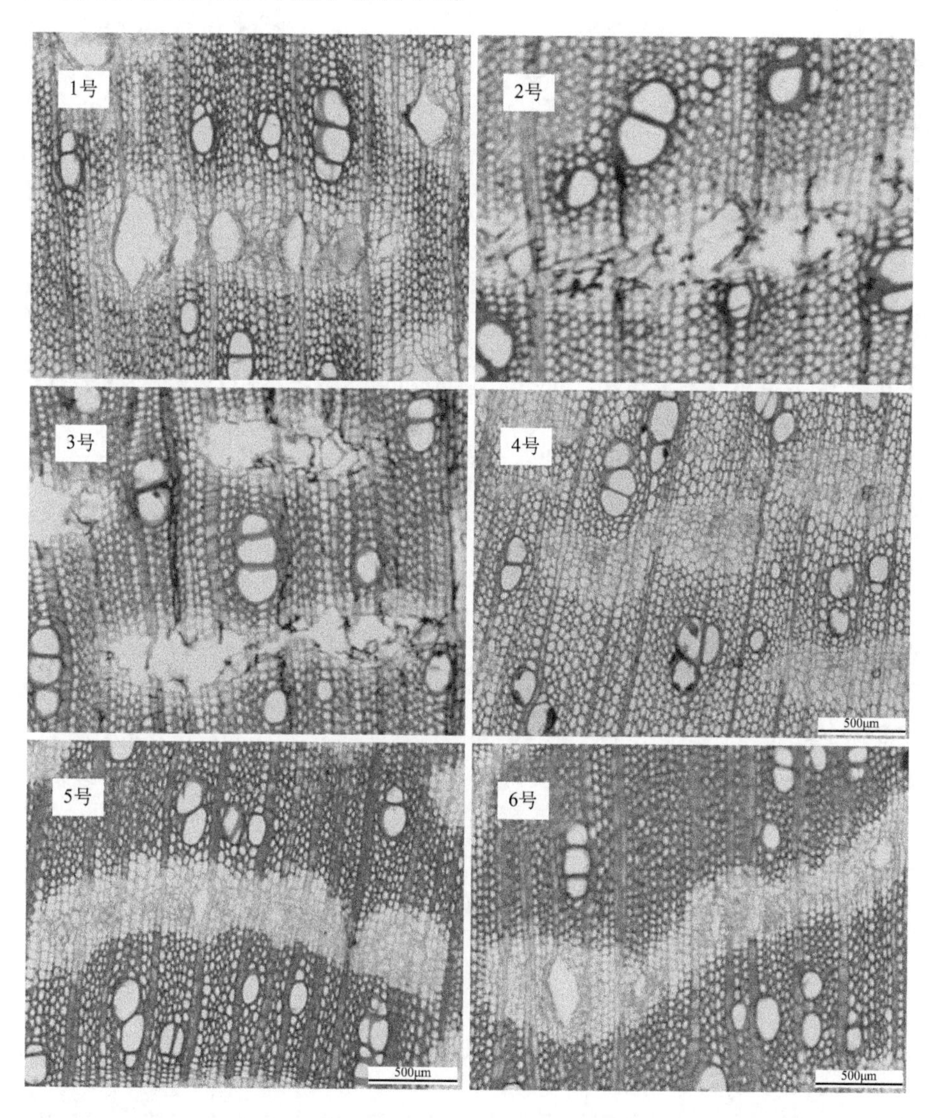

图6-2　不同控水条件下样品的横切面微观

6.2.2 水分胁迫下白木香导管尺寸变化

数据统计由髓心到树皮方向导管直径的变化，结果如图 6-3 所示。

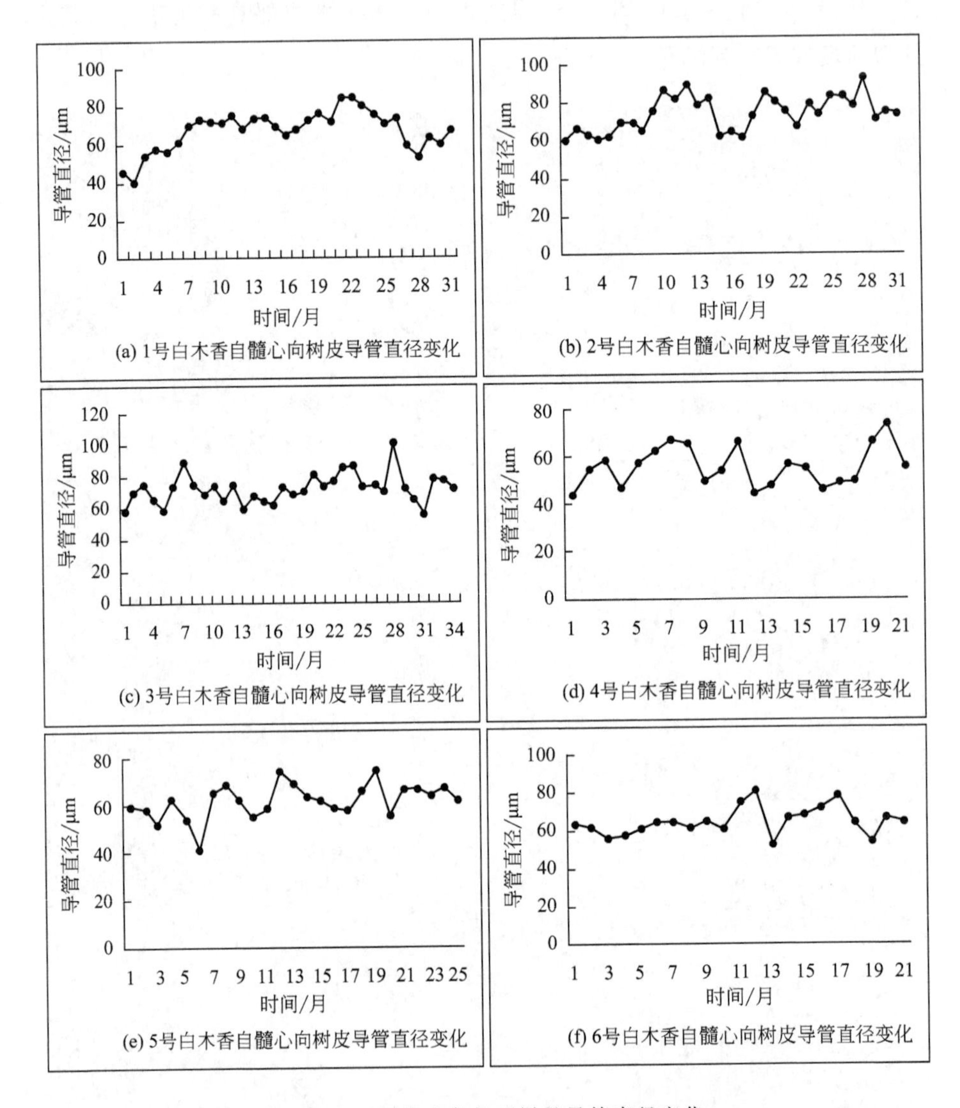

图 6-3 不同控水条件下样品导管直径变化

在不同水分供给条件下，白木香导管自髓心向树皮方向呈波浪形变化，说明白木香并不属于严格意义上的散孔材而是属于半散孔材。宏观测定木材的胸径增长不明显，但是由于形成层的分裂活动，必然产生一圈围绕髓心靠近树皮方向的木质部结构。

测量结果表明：1号、2号、3号在2017年春开始由于供给水分数量减少，而影响新生长出的木质部，1号2017年早晚材的直径均小于2016早晚材的尺寸，2号、3号2017年晚材导管直径较2016年小，4号、5号、6号直径尺寸变化不明显，见图6-4。

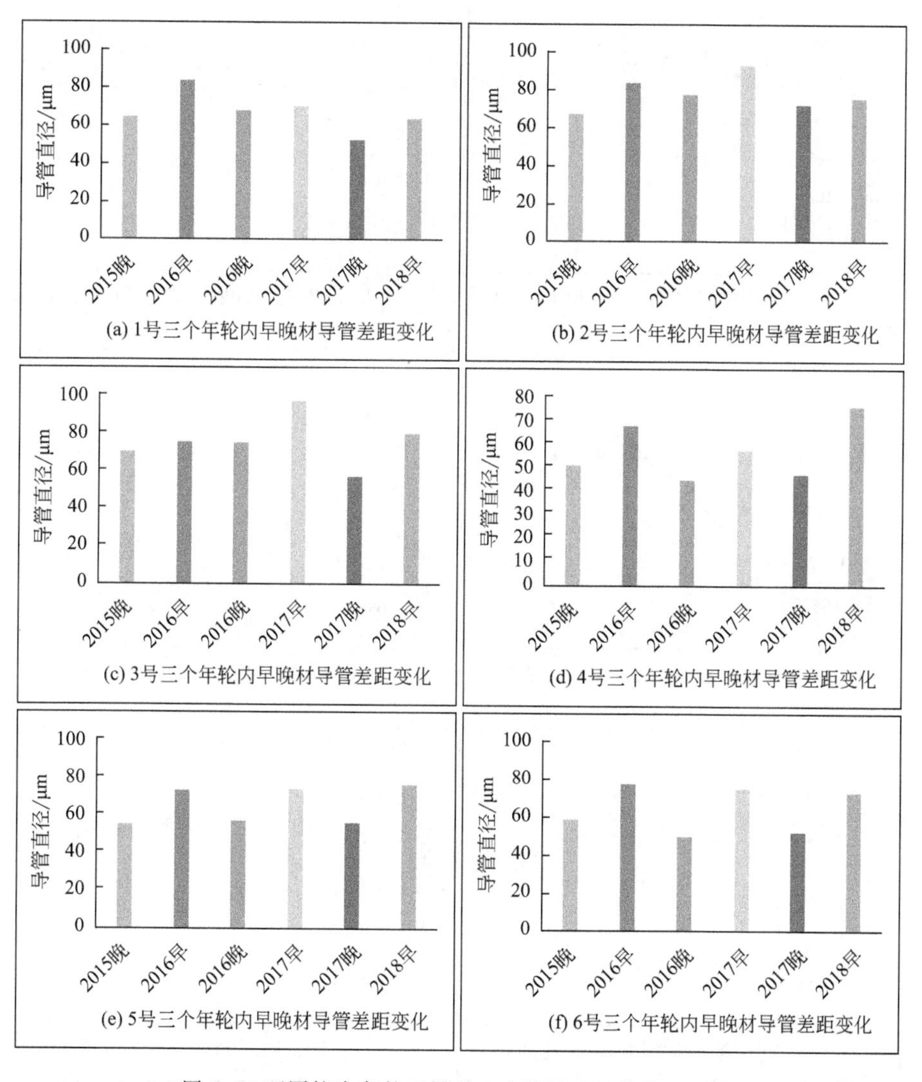

图6-4　不同控水条件下样品3个年轮内导管直径变化

6.2.3 水分胁迫下白木香内含韧皮部组织比量变化

水分胁迫下白木香内含韧皮部的组织比量测量结果如图 6-5 所示：1～6 号内含韧皮部组织比量无明显的变化规律，但是在靠近树皮方向上内含韧皮部的组织比量均有所下降。

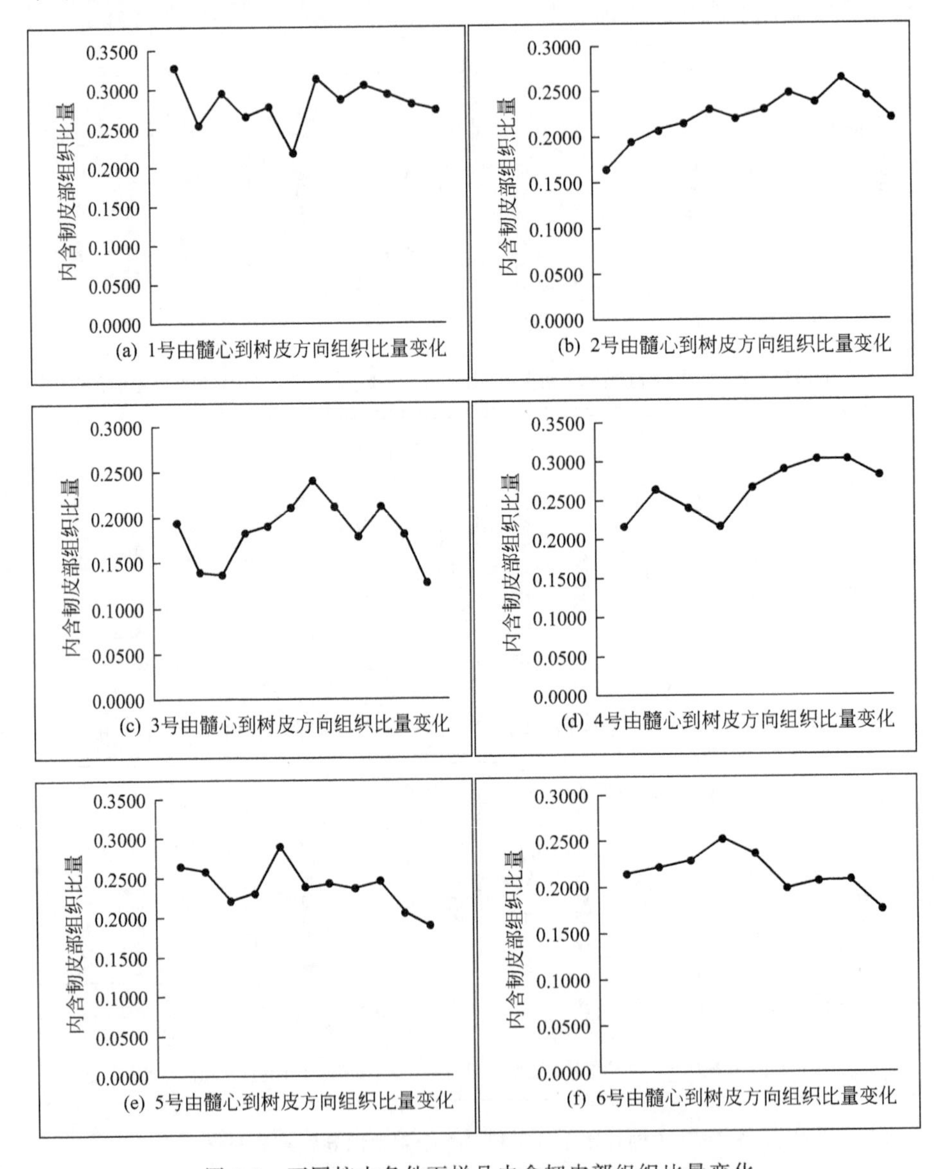

图 6-5 不同控水条件下样品内含韧皮部组织比量变化

6.2.4　水分胁迫下白木香胼胝质数量分布的变化

内含韧皮部和韧皮部同样具有筛管、伴胞，在特殊情况下韧皮部中筛管在筛板处积累一种多糖，在荧光显微镜下，经苯胺蓝染色呈黄绿色荧光。胼胝质在植物创伤与逆境胁迫中具有调控作用。有研究证明胼胝质参与了结香过程中的代谢调节，为了研究在水分胁迫下胼胝质的数量分布的变化与结香的关系，对水分胁迫下白木香木质部胼胝质的数量和分布进行了测量，如图6-6所示。

不同供给水分条件下的白木香均有胼胝质产生，主要产生部位是内含韧皮部，在荧光显微镜下呈黄色荧光斑点。在荧光显微镜检视下，内含韧皮部、木射线等薄壁细胞构成的组织无荧光效果，导管、木纤维等木质素含量高的物质呈现出荧光效果。有些内含韧皮部中呈现荧光效果的组织为纤维组织，此组织为内含韧皮部中的木纤维组织。

如图6-6所示，1号白木香在荧光显微镜下观察可见较多数量的胼胝质，分布在整个木质部横切面的内含韧皮部中，但是不同的位置的内含韧皮部有不同数量的胼胝质产生，自髓心向外胼胝质的数量逐渐减少。树皮处的韧皮部未见胼胝质的荧光反应。

6号白木香中胼胝质数量略少于4号、5号，整个横切面上胼胝质数量自髓心至树皮方向无明显差异。

胼胝质是植物在创伤或逆境胁迫条件下起到调控作用的一种多糖，1～6号中胼胝质数量最多的是4号白木香，4号白木香的供水量（4L/周）略少于样品来源地中山市当地的年降雨量，经过一年的控水，白木香生长状况良好，无明显落叶、干枯的现象，说明白木香在正常生长状况下，适量的水分胁迫，会引起白木香内含韧皮部中胼胝质数量增多，这属于白木香自身的调控现象。1号白木香供水量最少（2L/周），取样时，树叶已经完全掉落，树木上部已经呈半干枯状态，有少数的胼胝质产生，且自髓心向树皮方向数量减少。2号、3号树在取样时树木均处于半干枯状态，木质部中有大量菌丝，且心部较边材部分多，而胼胝质的数量恰好相反，菌丝多的地方胼胝质数量少，直到靠近树皮处木质部没有菌丝，才观察到少量胼胝质的荧光现象。5号、6号供水数量均高于当地年平均降雨

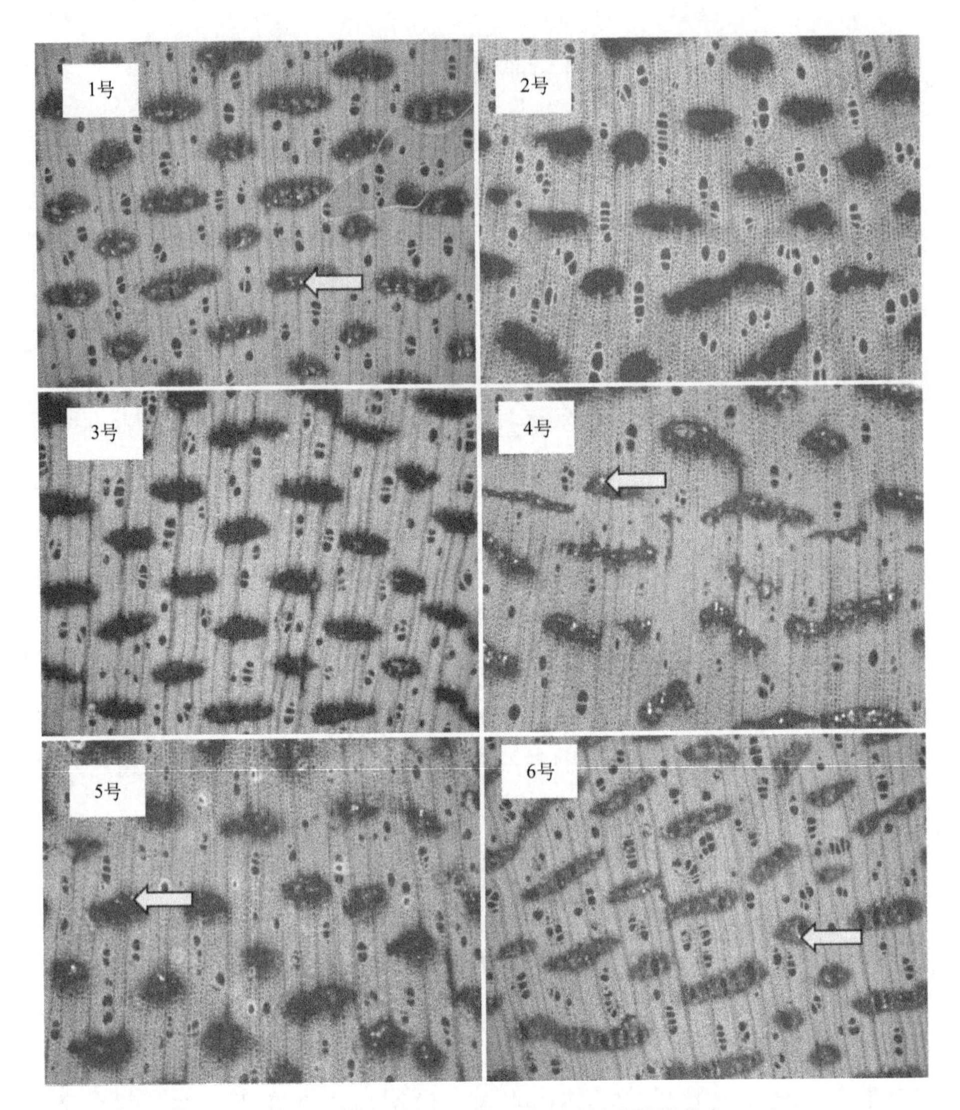

图 6-6　不同程度控水处理样品胼胝质数量分布

量，木质部中有少量胼胝质出现，但是数量较 4 号显著减少，且 6 号少于 5号。

6.2.5　小结

在水分胁迫下，每盆施加水量分别为 2.5L/周、3L/周的白木香树出现大量菌丝，可能水分胁迫使白木香的抗菌能力降低，或者是在水分胁迫下木质部中大部分细胞死亡，木质部通过毛细血管张力吸收的水分在木质部中不能蒸腾出去，为细菌、真菌创造了良好的生存环境而产生菌丝。菌类的繁殖破坏了植物体本身的环境平衡，为抵御这种平衡白木香产生沉香类物质。

水分胁迫对木质部导管的尺寸产生明显的影响，尤其是在控水阶段导管直径的变化，在宏观上表现为在一个生长周期内白木香胸径无增长或者负增长。

水分胁迫对白木香内含韧皮部组织比量无明显的影响，白木香树在靠近树皮方向的内含韧皮部组织比量都呈现下降的趋势，与控水数量是否有关有待进一步研究。

水分胁迫对内含韧皮部中的胼胝质数量及分布影响明显。当每盆控水条件在4L/周时，白木香内含韧皮部中的胼胝质数量明显增多，此时供水量略少于样品来源地中山当地的年降雨量，但是木质部没有沉香类物质积累；当每盆控水在3L/周以下时，有明显的沉积物存在，但胼胝质的数量减少，说明在水分充足的条件下，胼胝质合成数量较少。而当供水量略少于样品来源地中山的年降雨量时，不构成白木香树木死亡，但是仍然对于白木香起到胁迫作用，且随着时间延长，这种胁迫作用延长，胼胝质积累越来越多，所以每盆供水量为4L/周时白木香木质部胼胝质数量最多。在供水数量超过年降雨量后，白木香木质部中胼胝质的数量减少。不同量的水分供给对白木香解剖构造的胁迫有明显的变化。

6.3　水分胁迫法结香化学成分分析

6.3.1　乙醇提取物含量测定结果

标准LY/T 2904—2017《沉香》要求乙醇提取物含量应不低于10%。如表6-2所示，控水2.5L/周、3L/周的样品达到10%以上。

表6-2　乙醇提取物含量

样品	处理条件	含水率/%	乙醇提取物含量/%	抽提液颜色
标准品	—	7.51	22.49	黄褐色
2 L/周	控水		9.32	黄褐色

续表

样品	处理条件	含水率/%	乙醇提取物含量/%	抽提液颜色
2.5L/周	控水		12.95	黄褐色
3L/周	控水		12.01	黄褐色
4L/周	控水		6.55	浅黄色
5L/周	控水		6.32	浅黄色
6L/周	控水		6.61	浅黄色

6.3.2 显色反应结果

LY/T 2904—2017 中指出，沉香显色反应应呈现樱红、紫堇、浅红、浅紫色，不应呈无色或浅黄色。

控水条件下 1 号显浅紫色，2 号、3 号显紫堇色，4 号、5 号、6 号为樱红色。1～6 号均满足沉香行业标准中对于沉香显色反应的要求，如图 6-7 所示。

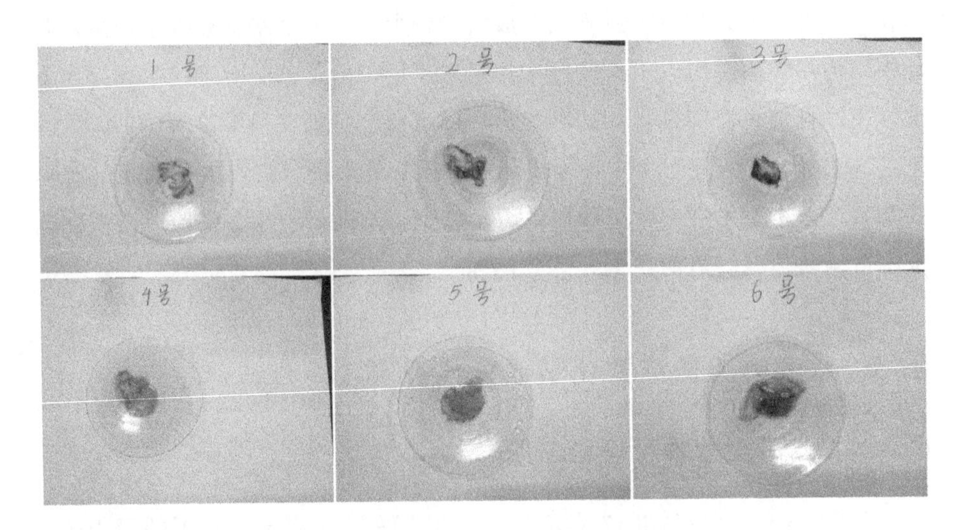

图 6-7 不同控水条件下样品的显色反应

6.3.3 薄层色谱分析结果

在波长为 254nm 及 365nm 的紫外条件下拍摄的控水样品 1～6 号展开

的薄层色谱如图 6-8 所示。

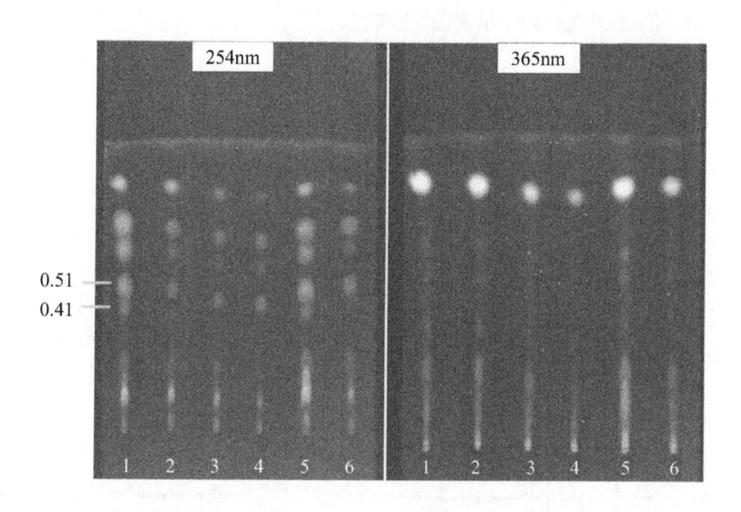

图 6-8　不同控水条件下样品的薄层色谱图

1～6 号白木香乙醚提取物的薄层色谱在波长为 365nm 的紫外线照射下检视，重复了几次仍有明显拖板现象，无法检测出是否具有特征性的荧光斑点。在波长为 254nm 的紫外线照射下检视荧光斑点明显。但 1～6 号均有明显的斑点，仍无法鉴定是否诱导形成沉香。由于沉香的形成是一个漫长复杂的过程，可能在诱导过程中形成许多中间产物，或者形成沉香特征性物质较少，故薄层色谱无法鉴定其中的成分。

6.3.4　HPLC 分析结果

高效液相色谱根据《药典》中的沉香有效化学成分检测，利用高效液相色谱对控水的实验样品 1～6 号及野生沉香的乙醇提取物进行检测，结果如图 6-9 所示。

标准品（野生沉香）、1 号、2 号、3 号有明显的峰形，4 号、5 号、6 号均没有明显的峰形。比较《沉香》标准谱图、野生沉香样品谱图、1～6 号沉香的高效液相色谱的谱图，发现 1 号、2 号、3 号及标准样品的谱图与《沉香》给出的谱图均有峰 1（沉香四醇）出现，其中 1 号样品这一峰形不明显。1 号、2 号、3 号具有峰 2，而野生沉香中没有这一峰。1 号、2 号、

3号样品与野生沉香具有峰4，但是1号、2号、3号样品仍不满足《药典》或《沉香》中的6个标准特征峰的要求。

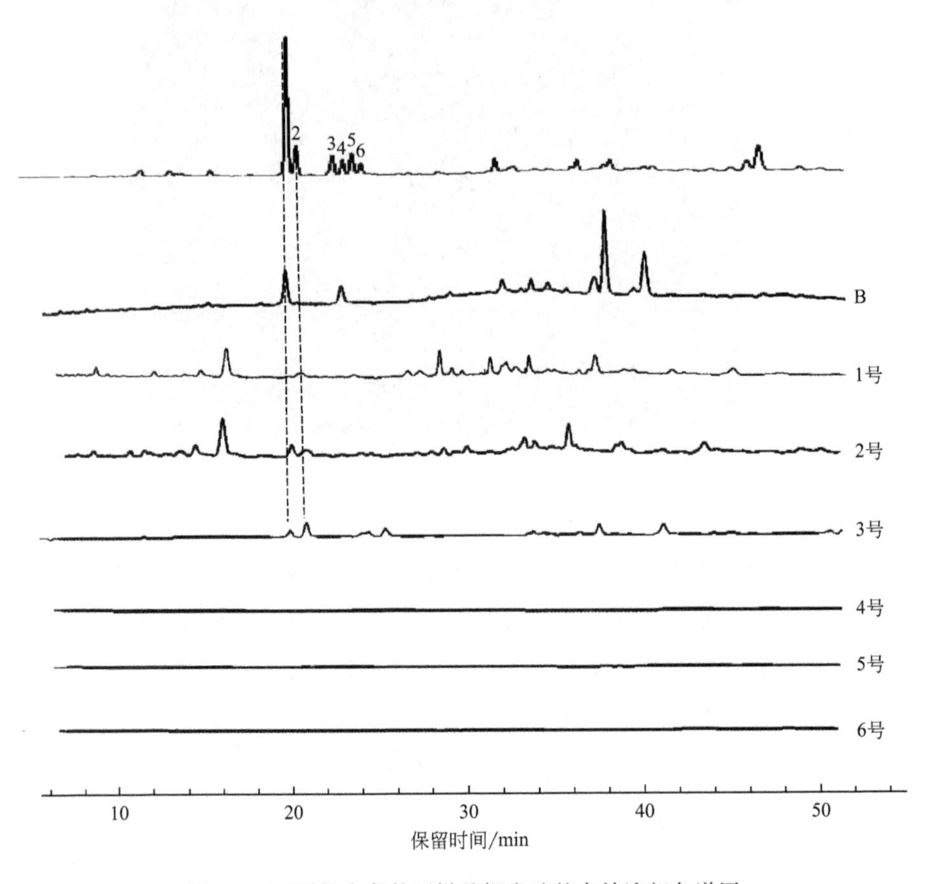

图6-9　不同控水条件下样品挥发油的高效液相色谱图

6.3.5　GC-MS分析结果

1号、2号、3号实验样品挥发油中的物质主要为芳香族类、少量色酮类、脂肪酸类和少量植物生长激素（表6-3）。其中芳香族类和色酮类为控水条件下产生的沉香类物质，脂肪酸类物质是健康白木香残留的物质，少量植物生长调节激素主要是赤霉素，说明在水分胁迫下白木香对于自身的调节系统进行调节产生植物生长激素。1号实验样品挥发油中芳香族的主要成分是：苯基丙酸、茴香基丙酮、3-(4-甲氧基苯基）丙酸，色酮类物质有

表 6-3　不同控水条件下木质部挥发油 GC-MS 分析

保留时间/min	化学式	化合物	峰面积比例/%					
			1号	2号	3号	4号	5号	6号
8.03	$C_6H_5N_3O_3$	吡嗪-2,3-二羧酸单酰胺	3	3.52	1.56	1.86	3.06	2.98
11.45	$C_{16}H_{12}FN_3OS_2$	2-{［4-(4-fluorophenyl)-1, 3-thiazol-2-yl］sulfanyl} -N-(2-pyridinyl)acetamide					—	0.57
11.52	$C_{10}H_{17}NO$	2-苄氧基萘	1.69	1.71	1.42			
12.42	$C_{11}H_2O$	1,10-十一碳二烯	71.2	69.71	74.82	75.03	75.25	78.93
14.87	$C_{11}H_{14}O_2$	茴香基丙酮	0.84	0.8		0.87	0.51	0.61
16.42	$C_9H_{18}N_4$				0.57			
16.57	$C_{10}H_{12}O_3$		0.62					
19.84	$C_{17}H_{34}O_2$	十七(烷)酸		0.64	0.5			0.46
21.18	$C_{16}H_{32}O_2$	棕榈酸	1.10	1.01	0.93			0.61
24	$C_{19}H_{36}O_2$	油酸甲酯						0.44
32.12	$C_{21}H_{26}O_5$	泼尼松				0.49		
32.21	$C_{22}H_{32}O_5$	(4Z,7S,9E,11E,13Z,15E,17S,19Z)-7,8,17-trihydroxydocosa-4,9,11,13,15,19-hexaenoic acid			32.21			
32.22	$C_{22}H_{34}O_3$	17A-羟基-16B-甲基孕烯醇						0.57
32.48	$C_{15}H_{24}O_2$	2,6-二叔丁基-4-甲氧基苯酚						0.5
32.48	$C_{28}H_{34}O_8$	4-[［5, 7-dihydroxy-2, 2-dimethyl-8-(2-methylpropanoyl) chromen-6-yl］methy l］-3, 5-dihydroxy-6, 6-dimethyl-2-(2-methylpropanoyl)cyclohexa-2,4-dien- 1-one		0.66				
32.53	$C_{22}H_{42}O_2$	2-甲基-2-丙烯酸十八烷基酯		0.8				0.7

续表

保留时间/min	化学式	化合物	峰面积比例/%					
			1号	2号	3号	4号	5号	6号
32.53	$C_{24}H_{36}O_6$	9A,10B-二乙酰氧基-5A,13A-二羟基-4(20),11-紫杉二烯			0.83			
32.53	$C_{16}H_{30}O_2$	hexadecenoic acid				0.51	0.61	0.61
36.38	$C_{14}H_{14}Cl_2N_2$	1,2-双(4-氯苯)乙基-1,2-二胺		1.85	2.17		0.44	1.32
36.36	$C_{17}H_{16}N_2O_2$		1.99			1.87		
36.66	$C_{25}H_{38}O_4$	5BETA-CHOLANIC ACID 3,7-DIONE METHYL ESTER					0.57	
37.43	$C_{21}H_{27}NO_3S$	methyl 2-[(1-adamantylcarbonyl) amino]-4, 5, 6, 7-tetrahydro-1-benzothiophene-3-carboxylate					0.5	
37.46	$C_{18}H_{18}O_3$		1.11		0.56			
37.54	$C_{17}H_{14}FNS_2$					1.81		0.72
37.54	$C_{17}H_{14}O_4$	(147)2-[2-Hydroxy-2-(4-hydroxyphenyl)ethyl]chromone	1.79	1.42	1.8			
37.56	$C_{15}H_{10}N_2O_6$						0.7	
37.88	$C_{31}H_{50}O_2$	醋酸豆甾醇			1	1.15		1.07
37.89	$C_{23}H_{32}O$	对特辛基酚		1.07			1.32	
38.07	$C_{29}H_{48}$	(6E,10E,14E,18E)-2,6,10,19,23-pentamethyltetracosa-2,6,10,14,18,22-hexaene	0.89	1.44	0.52	1.32	0.72	1.51
39.36	$C_{19}H_{22}O_6$	赤霉素	1.35	0.94	0.67	1.89	1.07	
40.05	$C_{18}H_{18}N_{20}S$			0.73				
40.8	$C_{20}H_{22}O_6$	二亚苄基山梨醇	0.81					
41.12	$C_{20}H_{26}N_2O_2$	4′-HEPTYLOXY-N-HYDROXY-BIPHENYL-4-CARBOXAMIDINE					0.67	

续表

保留时间/min	化学式	化合物	峰面积比例/%					
			1号	2号	3号	4号	5号	6号
41.14	$C_{25}H_{22}N_2O_7$	2-{3-nitrophenyl}-2-oxoethyl 2-{[(3,4-dimethylphenoxy) acetyl]amino} benzoate	0.81	1.03	1.39	0.79		0.67
41.45	$C_{14}H_{14}N_2O$	苯酚盐				1.15		
41.48	$C_{18}H_{18}N_2O_3$	5-苄氧基-DL-色氨酸					0.6	0.6
41.91	$C_{17}H_{11}FN_2OS$	2-(4-fluorobenzylidene)-8-methyl[1,3]thiazolo[3,2-a]benzimidazol-3(2H)-one				1.54		
41.94	$C_{18}H_{15}FN_2O_2$	1-(4-METHYLBENZYL)-3-(4-FLUOROPHENYL)-1H-PYRAZOLE-5-CARBOXYLIC ACID					1.32	
41.97	$C_{18}H_{15}FN_2O_2$	1-(4-METHYLBENZYL)-3-(4-FLUOROPHENYL)-1H-PYRAZOLE-5-CARBOXYLIC ACID				1.72		
41.98	$C_{17}H_{14}N_2O_4$	2-(4-甲氧基苄氧羰基氧亚氨基)-2-苯乙腈	3.93	2.63	2.98			0.32
42.09	$C_{15}H_{13}F_3N_2O_2$	N-METHYL-2-OXO-1-[4-(TRIFLUOROMETHYL)BENZYL]-1,2-DIHYDRO-3-PYRIDINECARBOXAMIDE						0.77
43.5	$C_{13}H_{18}O$	Benzene,(1-methoxy-4-methyl-3-pentenyl)-				6.27	0.77	4.85
43.47	$C_{10}H_{14}O_2$	4-正丁基间苯二酚　樟脑醌		5.87				
43.47	$C_{18}H_{16}N_2O_4$	3-[2-(3, 4-DIMETHOXY-PHENYL)-IMIDAZO[1, 2-A]PYRIDIN-3-YL]-ACRYLIC ACID	5.28					
43.49	$C_{13}H_{15}NO$	1,2,3,4-四氢-9-甲基-4H-咔唑酮			5.53			
46.64	$C_{24}H_{31}FO_6$						0.8	
46.63	$C_{32}H_{49}NO_3$					0.52		
43.68	$C_{30}H_{41}NO_2$	Quinoline, 3-dodecyl-2-methyl-4-[(4-methoxyphenyl) methoxy]-						0.8

6-羟基-2-(4-羟基-2-苯乙基)色酮、沉香四醇、未见倍半萜类物质，但是出现少量单萜类物质，除了这些物质之外还有棕榈酸等脂肪酸类物质，另外在挥发油中还检测到赤霉素。2号实验样品挥发油中芳香族成分有2,2-二甲基苯乙酸甲酯，色酮类物质有6-羟基-2-(4-羟基-2-苯乙基)色酮、沉香四醇，未见倍半萜类物质，同样出现少量单萜类物质，除了这些物质之外还有部分白木香酸如棕榈酸，另外在挥发油中还检测到赤霉素。3号实验样品挥发油中芳香族成分有2,2-二甲基苯乙酸甲酯、3B-乙酰氧基-5,22-豆甾二烯，色酮类物质有6-羟基-2-(4-羟基-2-苯乙基)色酮、沉香四醇，未见倍半萜类物质，同样出现少量单萜类物质，同样有棕榈酸、十七烷酸和赤霉素。4号、5号、6号样品中均不含有色酮类物质和倍半萜类物质，但是4号、5号、6号样品中含有2,2-二甲基苯乙酸甲酯，4号和5号样品中含有赤霉素，6号样品中则含有更多的白木香酸类物质如棕榈酸、油酸、十七烷酸。水分胁迫诱导白木香结香可形成色酮类物质和简单的芳香族类物质，但并未检测出倍半萜类物质，同时在水分胁迫下白木香植物产生生长调节激素赤霉素，只有6号样品未检测出赤霉素。

6.4 水分胁迫对白木香木质部主要化学成分的影响

木材的主要化学成分包括：细胞壁主要成分如综纤维素、木质素；提取物主要成分如苯醇提取物、乙醚浸出物、1%NaOH提取物、水提取物；灰分；等等。主要化学成分在一定程度上反映出木材生长代谢的情况。对沉香主要化学成分测定旨在研究水分胁迫下白木香主要化学成分的变化规律，寻找化学成分变化与结香的关系。对不同控水条件下1～6号白木香主要化学成分测定的结果见表6-4。

表6-4　不同控水条件下样品主要化学成分变化（%）

编号	灰分含量	细胞壁主要化学成分		提取物			
		木质素含量	综纤维素含量	热水提取物含量	冷水提取物含量	苯醇提取物含量	1%NaOH提取物含量
1号	1.44	24.42	78.49	9.45	7.00	6.41	17.96
2号	1.47	24.96	78.42	8.58	7.23	5.12	17.03
3号	2.2	25.75	77.37	8.26	4.23	7.29	11.35

续表

编号	灰分含量	细胞壁主要化学成分		提取物			
		木质素含量	综纤维素含量	热水提取物含量	冷水提取物含量	苯醇提取物含量	1%NaOH提取物含量
4号	2.08	21.63	81.18	15.38	13.11	4.82	15.85
5号	2.06	23.08	80.76	11.80	7.72	4.42	14.95
6号	2.37	19.28	83.58	17.74	12.07	3.87	15.63

灰分的主要化学物质是植物细胞壁中的无机盐，无机盐随着水分因植物的蒸腾作用和毛细管的张力从土壤中通过根系进入到木质部中。不同树种和不同立地条件对于灰分含量有一定影响。同一树种在同样土壤含量中灰分的含量应相差不大。而1～6号白木香的灰分含量不同，且几乎是随着供水量降低而降低的。原因可能是：供水数量减少则根系能吸收的水分减少，木质部中水分含量减少，从而灰分的含量减少。有研究表明白木香结香含量越高灰分含量越低，间接说明了白木香结香与水分有着直接关系。土沉香结香机制的研究表明：随着95%乙醇提取物的增加，灰分含量明显降低。

木质素是植物细胞壁的主要化学成分之一，是由苯丙烷基本单元构成的高聚物，含有多种活性官能团，有研究表明木质素在植物体现抗性的过程中有明显增多的趋势。1～6号白木香木质部中1号、2号、3号的木质素含量均有所上升，说明1号、2号、3号受到不同程度的环境胁迫，其中1号主要是来自水分的胁迫，2号、3号除了水分胁迫外，木质部产生的内生菌打乱了木质部内部本身具有的平衡，使白木香自身产生抗性反应从而使木质素含量增加。4号白木香的供水量虽然较当地年均降水量少，但是不足以对白木香形成胁迫作用。5号、6号没有受到环境胁迫，木质素含量较低。

综纤维素含量是细胞壁的主要物质，在水分胁迫下白木香木质部的综纤维素含量变化不明显，其中3号的综纤维素含量最少，3号样品在取样时发现有大量菌丝，有些真菌以植物细胞壁中的纤维素为主要营养物，可能样品中的内生真菌导致综纤维素含量降低。

热水提取物的主要成分是单糖、低聚糖、部分淀粉、果胶、糖醇类和无机盐等。1～6号中，1号、2号、3号热水提取物含量明显低于4号、5号、6号的热水提取物的含量，4号、5号、6号白木香热水提取物在浓缩时有很浓的焦糖味，说明健康的白木香热水提取物中含有大量的糖。1号、2号、3号白木香木质部热水提取物有淡雅的香味，且颜色较深。1号、2号、3号白木香木质部的热水提取物含量低，可能沉香形成过程中代谢了一部分糖类，导致热水提取物的数量减少。

苯醇提取物的主要化学成分是脂肪、萜类、色酮类等有机物。1号、2号、3号的苯醇提取物数量多于4号、5号、6号，说明1号、2号、3号中有机化学成分含量较高，水分胁迫下白木香产生较高的有机提取物。

第七章 白木香失水结香验证方法

7.1 失水结香验证材料与方法

7.1.1 仪器与试剂

苏净 VD-650 超净工作台（浙江苏净净化设备有限公司）。立式压力蒸汽灭菌器 BXM-30R（上海博迅实业有限公司医疗设备厂）。数码恒温恒湿箱 HH-4（国华电器有限公司）。数码鼓风干燥箱 GZX-9240 MBE（上海博迅实业有限公司医疗设备厂）。电子天平 DDT-A＋200（福州华志科学仪器有限公司）。美的 MRU1583A-50G 型双出水净水机（佛山市美的清湖净水设备有限公司）。过滤水：经美的净水机 5 级过滤功能过滤得到的过滤水，滤出水符合《生活饮用水水质处理器卫生安全与功能评价规范——一般水质处理器（2001)》的要求。灭菌水：经美的净水机 5 级过滤功能过滤得到的过滤水，再放入压力蒸汽灭菌器中灭菌 30min。1％苯扎溴铵溶液、定性滤纸、硅胶干燥剂、500mL 玻璃培养瓶等。

7.1.2 实验材料与步骤

活立木材料为西南林业大学苗圃中种植的白木香树，与盐水胁迫结香法的实验基地为同一基地。

前期预实验表明，在控制白木香木段失水的过程中，白木香表面易受真菌侵染，真菌的生长将影响白木香含水率的变化，也将直接影响白木香结香，有的真菌可促进白木香结香，而有的真菌不能促进白木香结香。因此，经多次试验，总结经验，采取的实验设计为，对白木香进行表面消毒后，装在灭菌后的培养瓶中密闭培养，通过在密闭培养瓶中添加干燥滤纸及硅胶干燥剂控制水分。具体步骤详述如下。

① 灭菌准备。为保持木段中活细胞的活力，在前往苗圃取样前，预备水、硅胶干燥剂、定性滤纸、培养瓶和镊子等，其中包括 500mL 玻璃培养瓶、500mL 玻璃培养瓶瓶装的过滤水、以纸包裹的滤纸、以纸和纱布包的硅胶干燥剂、镊子等。将其置于压力蒸汽灭菌器中 120℃灭菌 30min。将灭菌后的定性滤纸和硅胶干燥剂置于烘箱中 100℃烘干 1h，和其他灭菌器具一起放入超净工作台中，以紫外灯灭菌 20min 以上。

② 采白木香样品。2018 年 10 月 9 日晚 6 时～7 时，从苗圃培育的白木香树上段锯下树干顶部约 30cm 长的木段，置于装有少量水的密封袋中，迅速带回实验室，把木段分成约 10cm 长，共 3 段。

③ 取部分样品测量白木香含水率。每段分别用鸡尾锯锯下 2cm，103℃烘干至恒重，记录木材含水率。

④ 白木香木段表面消毒及诱导结香。将剩余白木香木段表面消毒后，置于装有干燥剂和干燥滤纸的培养瓶中，诱导沉香形成。具体步骤为：锯下部分用于测量含水率的木段后，剩余的木段用鸡尾锯锯成 6cm 及 2cm 的木样，共 6 段，编号 A～F，快速剥皮，以过滤水冲洗，放入保鲜袋中，立即在已消毒超净工作台上以 1%苯扎溴铵浸泡消毒 5min，灭菌水清洗 3 次，放入已灭菌的培养瓶中，加入灭菌后的滤纸或硅胶干燥剂，盖上盖子，用封口膜包裹，放入 23～27℃恒温恒湿箱中，黑暗培养。

⑤ 白木香木段的第二次消毒。7 天后，观察到其中 4 段（编号 A、B、D、E）白木香木段表面开始长霉，菌落直径 2mm 以下，仔细观察才能看到。

14 天后，菌落直径达到 1cm 左右，菌落已经明显可见，主要形成菌落的位置是在取样之前皮部受损已经形成褐色伤口的部位和节子断口处。于是当天对长出菌落的木段样品进行第二次表面消毒，操作方法如第一次表面消毒，装入灭菌的培养瓶，加入灭菌并干燥的硅胶干燥剂及定性滤纸。

⑥ 白木香木段的第三次消毒。21 天后，其中 4 段木段（编号 A、B、D、F）继续长出菌落，再次立即对样品进行表面消毒，操作方法相同。此

时未形成菌落的两个样品（编号C、E）中有一个样品为10月23日已经进行了第二次消毒的样品（编号E）。

31天后，其中4段木段（编号A、B、D、F）继续长出菌落，此时长出的菌落不再进行处理，为防止真菌生长过快，将放在恒温恒湿箱中装了白木香木段的培养瓶拿出恒温恒湿箱，置于室内。直至253天后，其中4个木段（编号A、B、D、F）已经被菌落覆盖，但其余两个（编号C、E）仍然保持未形成菌落的状态，取出样品，进行称重、解剖等进一步观察。

7.2　失水诱导结香验证法解剖构造分析

白木香木段在培养过程中共经过三次消毒。经第一次表面消毒的白木香木段放入培养瓶中，4段木段在7天后可见极少且不明显的菌落，14天后菌落已明显可见，主要在创伤变色部位及断枝伤口处形成，少部分也可在其他部位形成，此时进行第二次消毒。21天后，4段木段形成菌落，其中2段是经过二次消毒的木段，此时进行第三次消毒。此后仍有4段木段陆续长出菌落，但其他2段木段不再长出菌落，且这2段木段均为没有创伤变色部位及断枝伤口的木段，其中3段含有创伤变色部位及断枝伤口的木段均在创伤变色部位及断枝伤口处反复形成菌落，说明创伤变色部位及断枝伤口处真菌群落抗消毒能力较强，而健康部位的白木香内生真菌群落相对较弱。

白木香木段在培养瓶中逐渐向空气中释放水分。白木香木段放入培养箱14天后，培养瓶瓶壁较为干燥，瓶底无多余水分，滤纸较干燥，硅胶干燥剂变粉色［图7-1(a)］，放入培养箱21天后，瓶壁上凝聚水雾，滤纸潮湿［图7-1(b)］，8个月后，瓶壁上积聚水珠，瓶底凹陷处积聚了少量水分，滤纸湿透，应为白木香呼吸作用释放出水分［图7-1(c)］。

在图7-1中，图（a）为放入培养箱14天后，瓶壁较为干燥，无多余水分；图（b）为放入培养箱21天后，创伤处长出菌丝，瓶壁上形成水雾；图（c）为放入培养箱8个月后，培养瓶中未长出菌落的木段，瓶壁上积聚水珠，滤纸湿透。

白木香木段在培养瓶中与干燥剂和干燥滤纸放置8个月后，含水率发生变化，木段出现失水现象，干燥滤纸吸水变潮湿，干燥剂吸水变粉色，培养

(a) (b) (c)

图 7-1 失水法诱导结香

瓶瓶壁逐渐积聚出水珠，沿瓶壁流下在瓶底形成积水，经称重计算，木段的失水情况如表 7-1 所示。鲜木段含水率均值为 106.58%，在培养瓶中放置失水的木段含水率均值为 90.23%，说明该实验方法可使白木香木质部实现离体逐步失水。

表 7-1 白木香木段含水率变化

木段类型	最大含水率/%	最小含水率/%	均值/%	方差
鲜木段	122.35	97.88	106.58	13.68
失水木段	93.63	86.20	90.23	3.76

8 个月后取出的未长出菌落的样品，在宏观上，表面颜色略变深，劈开观察其内部，可见木段表面之下 2～3mm 处形成了明显的黄褐色的界线，包围白木香内部组织，黄褐色界线内部组织颜色未变深，黄褐色边界外部组织的颜色较黄褐色界线浅，且略带灰色（图 7-2）。黄褐色界线的形态呈保护内部组织的状态，应为白木香为保护内部组织阻隔外界不良环境条件而形成的深色次生代谢产物，构成了一道化学性的防御层。

在图 7-2 中，图（a）为颜色略变深的表面；图（b）为劈开后的内部，具有明显的包围木材内部组织的黄褐色界线。

8 个月后取出的继续长出菌落的木段，表面部分被白色菌丝和深色菌落的代谢产物覆盖［图 7-3(a)］，劈开后观察内部，部分因真菌侵染变色，未

(a)

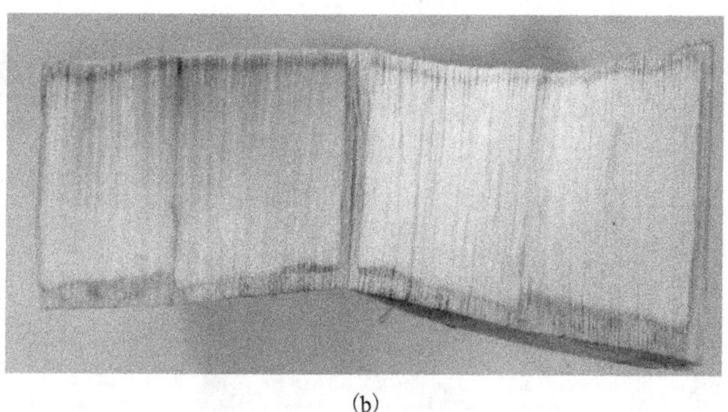

(b)

图 7-2　失水法诱导结香 8 个月未长菌落样品

变色部分能观察到黄褐色的界线［图 7-3(c)］，但有的样品黄褐色界线不明显［图 7-3(b)］。可见白木香木质部自身的内生真菌未能促进白木香形成深色次生代谢产物，即不能促进白木香结香，甚至阻止了白木香的结香过程。

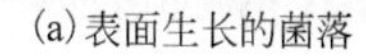

(a)表面生长的菌落

(b)内部黄褐色界线不明显

(c)内部黄褐色界线明显

图 7-3　失水法诱导结香 8 个月长菌落样品

宏观上可见未长出菌落的木段形成深色次生代谢产物，构成化学性的防御层，微观上可见深色次生代谢产物主要分布于木射线、内含韧皮部和少数导管细胞壁上，量较少。此外在深色代谢产物层内侧出现细胞木质化增强的现象，即细胞壁在荧光下亮度较附近组织高，同时在内含韧皮部中可见胼胝质存在，见图 7-4。

在图 7-4 中，图（a）为木段剖面宏观图，图（b）为径切面正常光微观图，图（c）为径切面荧光微观图，图（d）为径切面荧光微观图。图中，双箭头标示深色代谢产物沉积，虚线圈标示细胞壁木质化。

从横切面可观察到，荧光下亮度较高、木质化增强的细胞分布于深色次

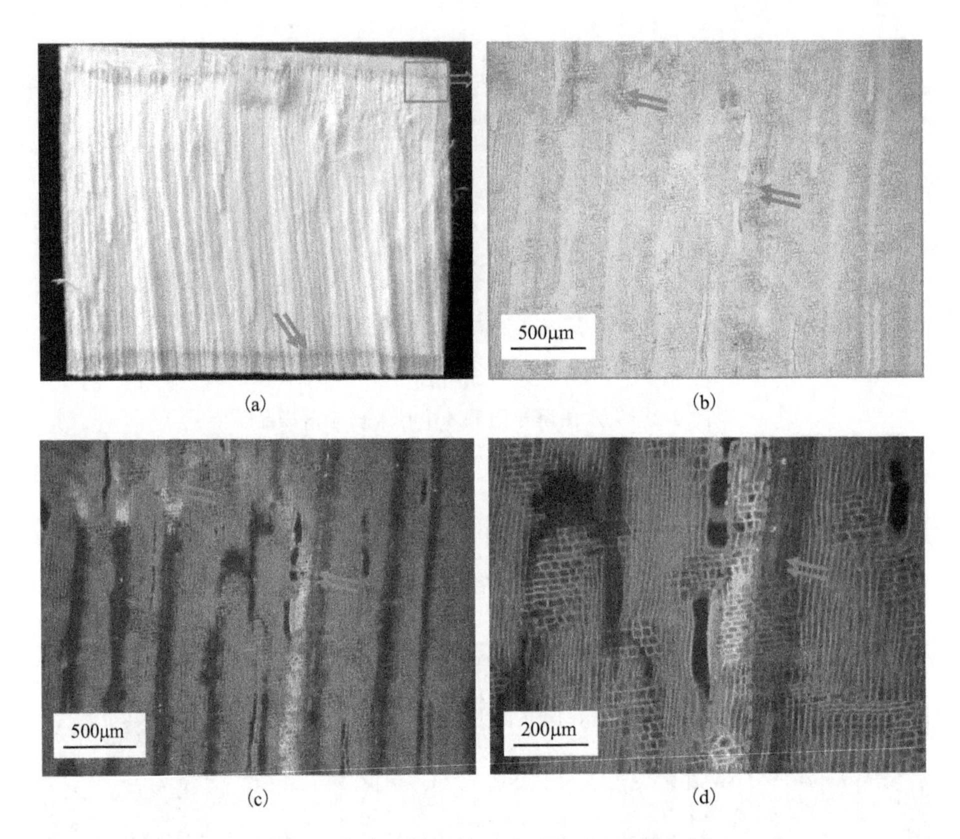

图 7-4　失水法诱导结香形成的径切面微观图

生代谢产物分布区域的内含韧皮部的周缘，包围内含韧皮部；从弦切面可观察到，内含韧皮部形成深色次生代谢产物的部分与内侧未形成的部分之间的细胞木质化增强，见图 7-5。其中，发亮程度从高到低排序为木射线、内含韧皮部、木纤维，可见木射线和内含韧皮部在防御反应过程中的灵敏性高于木纤维。

在图 7-5 中，图（a）为横切面正常光，图（b）为横切面荧光，图（c）为弦切面正常光，图（d）为弦切面荧光。图中，箭头标示深色次生代谢产物沉积。

以白木香 5～7cm 直径木段离体失水培养 253 天后，观察白木香解剖构造，结果表明：

① 白木香木段经过在培养瓶中与干燥剂和干燥滤纸放置 8 个月后，发生了失水现象，鲜材含水率均值为 106.58%，失水材含水率均值为

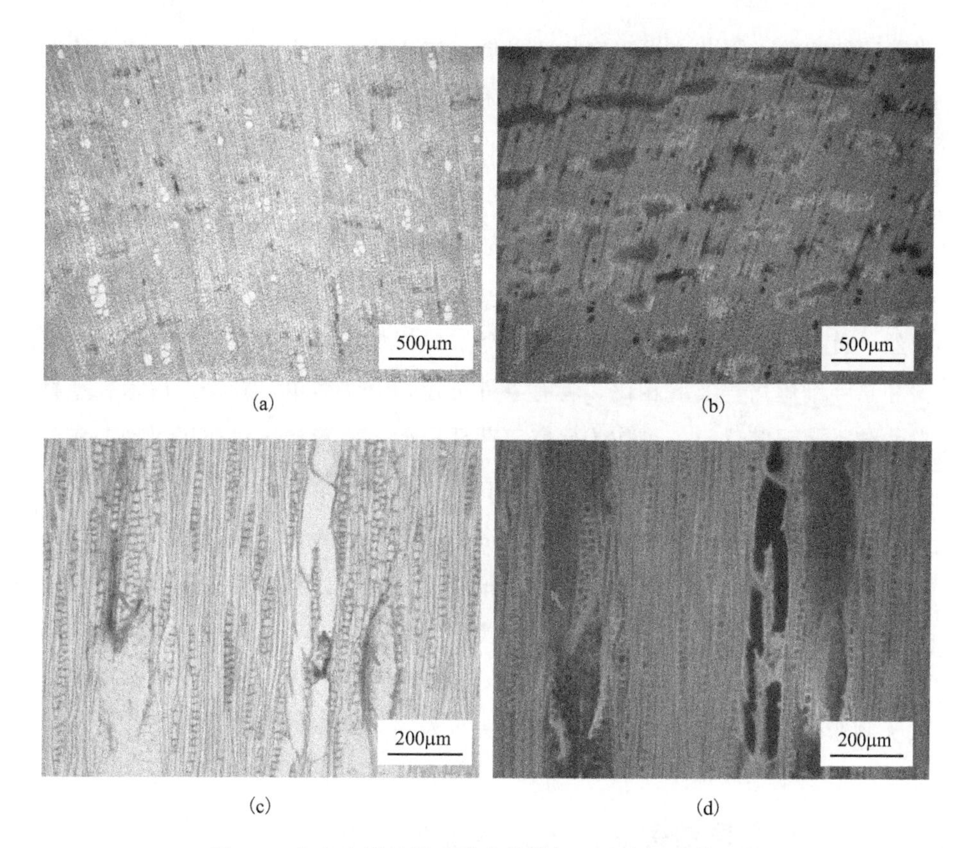

(a)　(b)

(c)　(d)

图 7-5　失水法诱导结香形成的横切面及弦切面微观图

90.23%，白木香木段持续向空气中释放水分，使培养瓶中可见逐渐积聚的水分。

② 白木香离体失水法可使白木香木质部在表面之下 2～3mm 形成包围内部组织的一层深色次生代谢产物层，即引发了化学性防御，形成沉香层。

③ 在白木香离体失水情况下，化学性防御层之内的细胞产生了木质化现象。

④ 白木香木段在离体条件下，其内生真菌的生长破坏了白木香形成的化学性防御，即阻止了白木香结香。

⑤ 创伤变色部位及断枝伤口处真菌群落抗消毒能力较强，而健康部位的白木香内生真菌群落相对较弱。

虽然离体失水法可以诱导白木香形成包围内部组织的沉香层，但是沉香层非常薄，且从微观上观察到深色次生代谢产物富集量非常低，绝大部分仅附着于细胞壁，因此应用于实际产量低。在离体失水法的基础上，结合化学试剂或植物激素诱导，或可增加对白木香的刺激，从而产生含量更大的次生代谢产物。

离体失水方法诱导沉香的形成在沉香诱导技术中的研究和应用较少，陶华美等把白木香直径约为0.5～1cm的枝条切成8cm的小段，在1%升汞溶液中消毒，接种白木香内生真菌*Botryosphaeria rhodina* A13，20天后长满菌丝，首次建立了一种离体白木香枝条实验模型。该实验模型与野外植株实验和悬浮细胞培养实验相比，具有条件可控，方法简单，较接近白木香植物自然结香状况等优点，可作为研究真菌诱导白木香形成沉香作用机理的实验模型。野外植株接种实验能反映白木香结香的真实情况，但实验周期长，且容易受环境中土壤、害虫、气候等诸多因素影响。断枝培养方法条件可控，方法简单，但存在的主要问题是与植株实验有差异。本研究采用苯扎溴铵消毒离体的白木香木段，苯扎溴铵是一类广谱杀菌剂，通过改变菌类细胞膜通透性而杀菌，遇纤维素和有机物存在，作用显著降低，0.1%以下浓度对皮肤无刺激性，对少数水生生物有毒，未见对植物细胞有伤害的报道。

7.3 失水诱导结香验证法化学成分分析

失水诱导结香验证方法结香样品的GC-MS分析，比对出少量色酮类化合物和少量脂肪酸类物质（图7-6，表7-2），说明该方法可使白木香形成少量沉香特征性化合物。

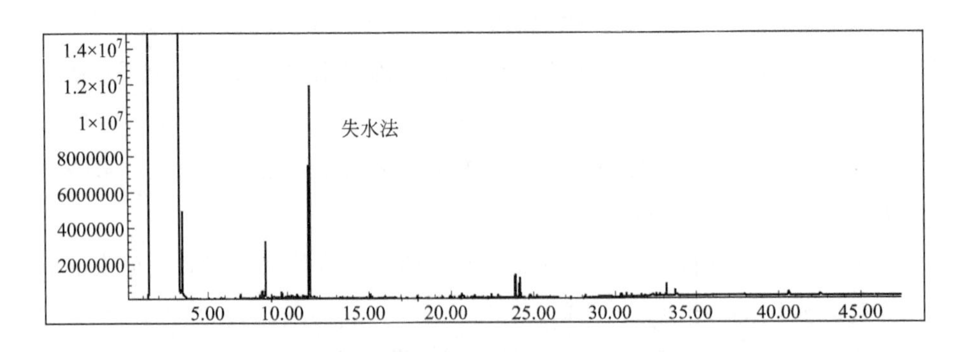

图7-6 失水诱导结香验证法样品结香GC-MS总离子流图

表 7-2　失水法诱导结香验证法结香样品 GC-MS 分析

序号	化合物名称	类型	化学式	峰面积比例/%
1	2-(2-Phenylethyl)chromone	色酮类	$C_{17}H_{14}O_2$	2.99
2	6,7-Dimethoxy-2-(2-phenylethyl)chromone	色酮类	$C_{19}H_{18}O_5$	2.6
3	6,7-Dimethoxy-2-[2-(4-methoxyphenyl)ethyl]chromone	色酮类	$C_{20}H_{20}O_5$	0.29
4	6-Methoxy-2-(2-phenylethyl)chromone	色酮类	$C_{18}H_{16}O_3$	0.19
5	n-Hexadecanoic acid	脂肪酸类	$C_{16}H_{32}O_2$	1.11
6	6-Hydroxy-2-(2-phenylethyl)chromone	色酮类	$C_{17}H_{14}O_3$	0.41
7	Benzaldehyde	其他	C_6H_5CHO	0.69
8	Benzenemethanamine,N,N-dimethyl-	其他	$C_9H_{13}N$	1.81
9	Benzyl chloride	其他	C_7H_7Cl	10.05
10	Benzyl alcohol	其他	C_7H_8O	0.67
11	2-Butanone,4-phenyl-	其他	$C_{10}H_{12}O$	0.3
12	Vanillin	其他	$C_8H_8O_3$	0.4
13	Diethyl Phthalate	其他	$C_{12}H_{14}O_4$	0.51
14	Hexadecanoic acid,ethyl ester	脂肪酸类	$C_{18}H_{36}O_2$	0.64
15	4-[(1E)-3-Hydroxy-1-propenyl]-2-methoxyphenol	其他	$C_{10}H_{12}O_3$	0.42
16	2-Propenoic acid,2-methyl-,1,2-ethanediylbis(oxy-2,1-ethanediyl)ester	其他	$C_{14}H_{22}O_6$	1.17
17	Dibutyl phthalate	其他	$C_{16}H_{22}O_4$	10.66
18	Ethyl Oleate	脂肪酸类	$C_{20}H_{38}O_2$	2.06
		色酮类		6.48
		脂肪酸类		3.81

微信扫码立领
☆沉香高清大图
☆沉香结香案例
☆阅读延展资料

第八章

不同结香方法解剖构造及化学成分比较分析

从不同结香方法的结香概况来看，结香的形式和区域差异较大。化学试剂诱导法中的无机盐溶液注入树干诱导、真菌菌剂注入树干诱导所致白木香变色范围通过树枝髓心，结香距离通常为40～120cm，沉香层黄褐色薄层状，腐朽层灰褐色块状，与市场上常见的试剂注入结香法类似。而试剂A注入白木香树干诱导所致白木香结香区域呈块状，剥皮法的结香在树干表层，与市场常见的结香方式不同。化学试剂A结香不形成阻隔层，结香区域大，由于化学试剂结香对人体的安全性仍不明确，因此在实际应用之前应通过食品药品安全检测，但化学试剂A结香区域为块状的机理值得进一步探讨。

8.1 不同结香方法解剖构造比较分析

不同结香方法造成的解剖构造变化既有相同之处也有明显差异之处。

相同之处为：形成沉香区域，深色次生代谢产物分布于内含韧皮部、木射线中，部分分布于导管中，富集量大者木纤维中可见。

明显的差异表现可从2个层次分析。

① 化学试剂A和盐水胁迫法的结香区域为块状，未形成再生组织，没有木质化现象；而其他结香方式形成的沉香区域为薄层状，形成了再生组织和/或细胞木质化现象。说明白木香结香因创伤方式不同形成了不同的结香及愈合方式。化学试剂A不会导致阻隔层和细胞木质化现象的原因尚不清楚，可能与白木香本身的基因和代谢途径有关，这是一个值得研

究的现象。

② 开香门法、无机盐溶液诱导、真菌菌剂诱导均使白木香形成腐朽层、沉香层、阻隔层、过渡层，但阻隔层和过渡层的构成和形态在不同处理条件下有区别，阻隔层为由木质化细胞群和富含晶体的薄壁细胞群构成的阻隔区域，过渡层是内含韧皮部分化出木质化细胞群的区域。真菌菌剂和无机盐诱导所得的阻隔层在纵向上甚至横向上是连续的，过渡层内含韧皮部分化的木质化细胞群和小导管在内含韧皮部髓心方向一侧；而开香门法所得的阻隔层在横向上和纵向上都不连续，过渡层内含韧皮部分化木质化细胞群在内含韧皮部周围且没有形成小导管。可见物理创伤的开香门法与无机盐溶液及真菌菌剂的刺激形成的再生组织在形态（阻隔层）和构成（过渡层）上均不同，这同样表明白木香结香因创伤方式不同而形成不同的结香及愈合方式。

阻隔层分隔开沉香层和白木层，它的出现是创伤愈合重要的标志，也是白木香结香区域受到限制的瓶颈。阻隔层由木质化细胞群和富含晶体的薄壁细胞群构成，而细胞木质化可以使细胞不易透水，为水分、矿物质、有机物在植物中的长距离运输提供保障，晶体的富集可能是由于水分源源不断输送到阻隔层的部位，但周边细胞木质化，水分不能通过而积聚，水分中的矿物质因此而沉积，导致出现薄壁细胞中富含晶体的现象。

本研究中白木香解剖构造的变化中阻隔层的构造特征与刘培卫等以通体结香技术（一种混合试剂）处理白木香形成阻隔层类似，但未见报道过渡层中再生小导管的形成，而大部分研究者报道使用的结香试剂均无解剖构造的研究。

8.2 不同结香方法结香化学成分比较分析

不同结香方法乙醇提取物含量见表 8-1。标准 LY/T 2904—2017《沉香》要求乙醇提取物含量应不低于 10%。环剥法中，除了剥除台风倒木表层木质部裸露创口处理的平均乙醇提取物小于 10%，其他样品均大于 10%。化学试剂处理的其中 7 种试剂处理达到标准要求，真菌诱导乙醇提取物含量仅混合菌剂处理达到标准要求。

表 8-1　不同结香方法乙醇提取物含量

样品编号	试剂及浓度	含水率/%	乙醇提取物含量/%	抽提液颜色
标准品	—	7.51	22.49	黄褐色
Ⅱ-包裹薄膜	—	8.42	19.22	褐色偏绿
Ⅲ-包裹薄膜	—	7.61	15.37	绿色
Ⅱ-台风倒木	—	8.01	11.96	绿褐色
Ⅲ-台风倒木	—	7.93	7.17	绿色
Ⅱ-裸露创口	—	8.43	10.05	褐色偏绿
1S 黄	1% $NaHSO_3$	7.23	10.31	浅黄色
1S 黑	1% $NaHSO_3$	7.81	5.11	无色
2S 黄	2% $NaHSO_3$	3.04	6.77	浅黄色
3S 黄	3% $NaHSO_3$	3.23	9.29	浅黄色
3S 黑	3% $NaHSO_3$	3.22	2.21	无色
1M	1% $NaCl+NaHSO_3$	3.39	16.22	黄褐色
2M	2% $NaCl+NaHSO_3$	5.21	19.85	黄褐色
3M	3% $NaCl+NaHSO_3$	6.20	12.28	黄褐色
A1-1	试剂 A 浓度 1	7.1	12.28	深黄褐色
A1-2	试剂 A 浓度 1	6.92	11.18	深黄褐色
A2-1	试剂 A 浓度 2	7.23	12.05	浅黄色
A2-2	试剂 A 浓度 2	7.55	8.52	浅黄色
L2-40 黄	*L. theobromae* 菌剂	4.89	5.12	浅黄色
L2-40 黑	*L. theobromae* 菌剂	4.71	3.78	无色
H2-20 黄	混合菌剂	3.07	13.34	黄褐色
H2-20 黑	混合菌剂	3.23	3.46	无色
A-1	盐水胁迫	2.84	7.20	浅黄色
A-2	盐水胁迫	7.35	5.54	浅黄色
A-3	盐水胁迫	8.70	5.47	浅黄色
A-4	盐水胁迫	8.17	4.82	浅黄色

化学法诱导中，1% $NaCl+NaHSO_3$ 处理、2% $NaCl+NaHSO_3$ 处理、3% $NaCl+NaHSO_3$ 处理、1% $NaHSO_3$ 处理样品（1S 黄）、2% $NaHSO_3$ 处理样品、试剂 A 两种浓度处理的样品均符合标准 LY/T 2904—2017 规定的颜色。菌剂诱导中，混合菌剂诱导的黄色样品及 *L. theobromae* 菌剂诱导的黄色样品均符合标准 LY/T 2904—2017 规定的沉香颜色。环剥法、盐水胁

迫法各样品均不符合标准规定的沉香颜色。

环剥样品和无机盐结香中，1% $NaCl+NaHSO_3$ 黄褐色、2% $NaCl+NaHSO_3$ 黄褐色、3% $NaCl+NaHSO_3$ 黄褐色、1% $NaHSO_3$ 黄褐色、3% $NaHSO_3$ 黑色、3% $NaHSO_3$ 黄褐色、2% $NaHSO_3$ 黄褐色样品都显现与标准 LY/T 2904—2017 所示薄层色谱图例对应的位置上相同颜色的荧光斑点。

HPLC 分析表明，环剥法样品、1% $NaHSO_3$、1% $NaCl+NaHSO_3$、2% $NaCl+NaHSO_3$、3% $NaCl+NaHSO_3$、两种真菌混合菌剂、化学试剂 A 浓度 1 和浓度 2 样品的 HPLC 图谱均具有我国现行林业行业标准《沉香》所规定的 6 个特征峰，呈现峰 1、2、3、4、5、6，并与标准所示保留时间相一致。其中 1% $NaCl+NaHSO_3$ 处理的样品及试剂 A 两种浓度处理样品的沉香四醇含量达到 0.1%以上，达到《中华人民共和国药典》对沉香药材中的沉香四醇含量的要求（表 8-2）。同一方法的 HPLC 图谱相似度高，不同方法的相似度低，即同一方法色酮类化合物的类型、成分相接近，而不同方法的色酮类化合物的类型、成分差异较大。

表 8-2　不同结香方法结香的沉香四醇含量

编号	注入试剂	沉香四醇含量/%
Ⅲ-包裹薄膜		0.011
Ⅱ-包裹薄膜		0.025
Ⅲ-台风倒木		0.018
Ⅱ-台风倒木		0.004
Ⅱ-裸露创口		0.022
1S 黄	1% $NaHSO_3$	0.006
1M	1% $NaCl+NaHSO_3$	0.152
2M	2% $NaCl+NaHSO_3$	0.026
3M	3% $NaCl+NaHSO_3$	0.005
H2-20 黄	混合菌剂	0.056
A1-1	试剂 A 浓度 1	0.300
A2-1	试剂 A 浓度 2	0.254

选取沉香四醇含量较高的处理 1M（1% $NaCl+NaHSO_3$）样品图谱为参照图谱，采用中位数法，时间窗 0.2min，多点校正，进行全谱峰匹配，峰面积占总峰面积的 0.1%以上的峰参加匹配，共获得 28 个共有峰（图 8-1），

生成对照图谱，进行相似度计算，如表 8-3 所示。

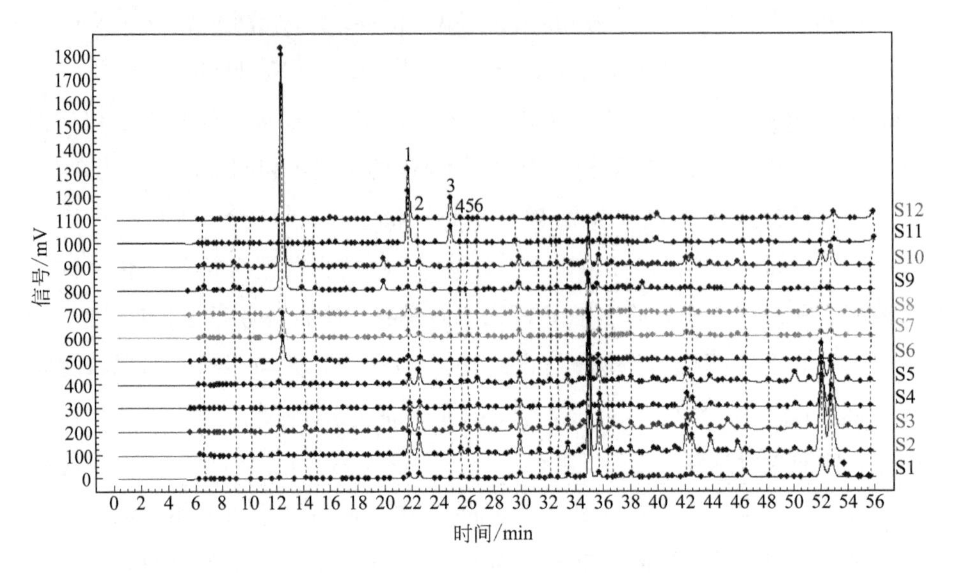

图 8-1　不同结香方法结香样品 HPLC 特征图谱

图 8-1 中，曲线 S12 为环剥法的活立木剥除部分形成层裸露创口处理，S11 为环剥法的活立木剥除部分形成层包裹薄膜处理，S10 为环剥法的活立木剥除表层木质部包裹薄膜处理，S9 为环剥法的台风倒木剥除部分形成层裸露创口处理，S8 为环剥法的台风倒木剥除表层部分木质部处理，S7 为 1%$NaHSO_3$ 注入树干处理，S6 为 1%$NaCl+NaHSO_3$ 注入树干处理，S5 为 2%$NaCl+NaHSO_3$ 注入树干处理，S4 为 3%$NaCl+NaHSO_3$ 注入树干处理，S3 为两种真菌混合液注入树干处理，S2 为化学试剂 A 浓度 1 注入树干处理，S1 为化学试剂 A 浓度 2 注入树干处理。

由相似度计算结果（表 8-3）可知，不同结香处理方式之间，除了不同浓度无机盐溶液与真菌混合液注入树干处理相似度（大于 0.8）较高以外，HPLC 特征图谱相似度均较低，均在 0.7 以下，甚至大部分在 0.5 以下。说明无机盐溶液和真菌混合液处理所得样品间色酮类化合物相似度较高，而与环剥法、化学试剂 A 之间的色酮类化合物差异较大。环剥处理中裸露创口的 3 种处理的样品 HPLC 特征图谱相似度达到 0.95 以上，包裹薄膜的 2 种处理的样品 HPLC 特征图谱相似度达 0.9 以上，台风倒木剥除表层木质部裸露创口处理与活立木剥除表层木质部包裹薄膜处理的样品 HPLC 特征图谱相似度为0.694，与活立木剥除部分形成层包裹薄膜处理的样品特征图谱相似度为0.769，为环剥法中相似度较低的情况，说明环剥法之间的色酮类化合物差异较小。两种浓度的试剂A处理所得样品HPLC特征图谱相似度达到0.9以上，说明两种浓度处理所得结香样品的色酮类化合物相似度较高。综上所述，同一方法处理所得的样品HPLC特征图谱相似度高，不同方法的相似度低，即同一方法色酮类化合物的类型、成分相接近，而不同方法的色酮类化合物的类型、成分差异较大。

表8-3　不同结香方法结香的HPLC图谱相似度计算

编号	1S	1M	2M	3M	H	II-裸露	III-台风	II-台风	III-包裹	II-包裹	A1-1	A2-1
1S	1											
1M	0.912	1										
2M	0.925	0.952	1									
3M	0.828	0.968	0.934	1								
H	0.943	0.944	0.924	0.9	1							
II-裸露	0.581	0.562	0.598	0.557	0.616	1						
III-台风	0.636	0.648	0.679	0.659	0.7	0.966	1					
II-台风	0.56	0.561	0.593	0.56	0.592	0.986	0.955	1				
III-包裹	0.081	0.082	0.105	0.097	0.11	0.806	0.694	0.837	1			
II-包裹	0.222	0.229	0.254	0.24	0.246	0.868	0.769	0.901	0.987	1		
A1-1	0.311	0.379	0.395	0.375	0.377	0.334	0.451	0.334	0.08	0.121	1	
A2-1	0.195	0.26	0.295	0.254	0.239	0.234	0.339	0.245	0.064	0.092	0.947	1

注：1S表示1% $NaHSO_3$处理，1M表示1% NaCl＋$NaHSO_3$处理，2M表示2% NaCl＋$NaHSO_3$处理，3M表示3%NaCl＋$NaHSO_3$处理，II-裸露表示活立木环剥至形成层裸露创口处理，III-台风表示台风倒木环剥至木质部裸露创口处理，II-台风表示台风倒木环剥至形成层裸露创口处理，III-包裹表示活立木环剥至木质部包裹薄膜处理，II-包裹表示活立木环剥至形成层包裹薄膜处理，A1-1表示试剂A浓度1处理，A2-1表示试剂A浓度2处理。

GC-MS分析表明，所有结香样品的主要挥发性成分为倍半萜类、色酮类和脂肪酸类。活立木剥除表层木质部包裹薄膜处理所得样品的脂肪酸类含量最高（38.04%），这与环剥法采样时未避免未结香部分的韧皮部和少量木质部有关。台风倒木剥除至木质部裸露创口的色酮类含量（30.54%）显著较其他处理的高，可能与台风倒木整棵植株均处于较衰弱的状态有关。无机盐试剂诱导结香中采用 2%NaCl+$NaHSO_3$ 溶液进行诱导结香的样品的倍半萜类成分最高（36.09%），全部无机盐处理所得样品超声抽提的色酮类含量均较低（小于 5%），对于 2%$NaHSO_3$ 所诱导样品，索氏抽提法可有效降低脂肪酸类物质含量，提高色酮类物质提取比例。菌剂诱导样品的脂肪酸类物质含量均较高（均高于 35%），倍半萜类和色酮类含量较低（均低于 11%），混合菌剂诱导样品的倍半萜类含量明显较可可毛色二孢菌剂的含量高。化学试剂 A 浓度 1 处理所得样品的倍半萜类含量为 29.59%、色酮类 1.53%，较浓度 2 结香效果更好。盐水法的结香样品中未检测到倍半萜类化合物，可检测到少量色酮类化合物，结香效果差，失水法可以诱导得到沉香特征性化合物倍半萜类和色酮类。

第九章
白木香纤维特征分析

9.1 纤维特征研究方法

白木香树皮色浅，纤维含量丰富，虽然《中国植物志》记载其可为造纸原料，但目前尚无对白木香树皮特征进行分析的文献。

在西双版纳沉香基地，取不同直径的树枝，带回实验室，按照直径进行分级。分级为：0～3mm、3.1～7.0mm、7.1～10.0mm、10.1～15.0mm、15.1～20.0mm、20.1～25.0mm（图 9-1）。按照分级进行剥皮，剥皮时兼顾不同的部位。

在图 9-1 中，图（a）为直径 0～3.0mm 的枝条，图（b）为直径 3.1～7.0mm 的枝条，图（c）为直径 7.1～10.0mm 的枝条，图（d）为直径 10.1～15.0mm 的枝条，图（e）为直径 15.1～20.0mm 的枝条，图（f）为直径 20.1～25.0mm 的枝条。

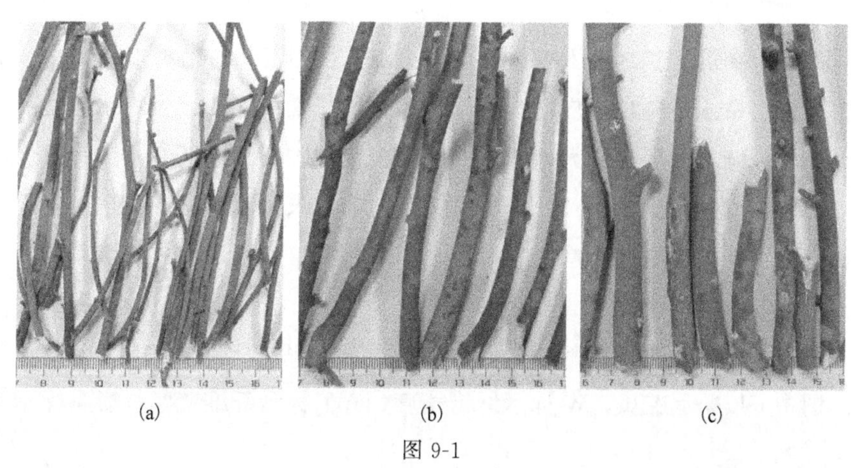
(a) (b) (c)

图 9-1

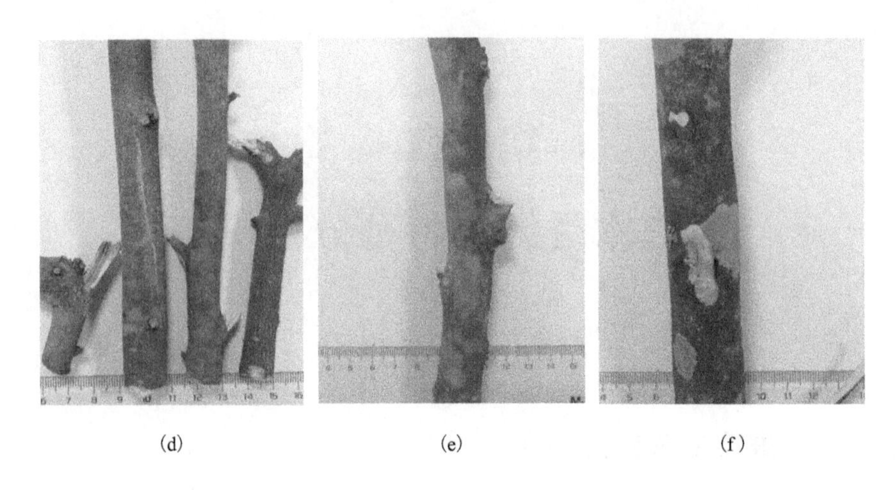

(d) (e) (f)

图 9-1 西双版纳沉香基地白木香树枝直径分级

在中山市五桂山沉香基地选取 3 棵白木香树，在白木香树主干上取 5 个高度的部位，以美工刀取 10cm 长树皮，5 个取样高度分别为 10～20cm、130～140cm、230～240cm、330～340cm、430～440cm，其中两棵仅能取样至 340cm 的高度。将树皮样品带回实验室，进行后续离析、染色、观察和测量。在 1 棵以化学试剂结香后的白木香树上，以不同高度取树皮样，并测量树干直径。

9.2 白木香树皮纤维特征

西双版纳沉香基地白木香树枝与中山市五桂山沉香基地树干的树皮纤维形态类似，白木香树枝树皮纤维呈现大部分的纤维中部膨大、两端细长的形态，少部分纤维无明显膨大，纤维中部膨大者的腔长和腔径差异较大，少数树皮纤维末端出现分叉，见图 9-2。由于纤维未膨大部分的腔径接近于 1μm，光学显微镜测量误差较大，因此文中所测腔径为纤维中部膨大部分的腔径。

在图 9-2 中，图（a）为 20 倍物镜显微图，图（b）为 40 倍物镜显微图。图中 CL 标示腔长，W 标示纤维宽度，WT 标示纤维壁厚，箭头标示为分叉纤维。

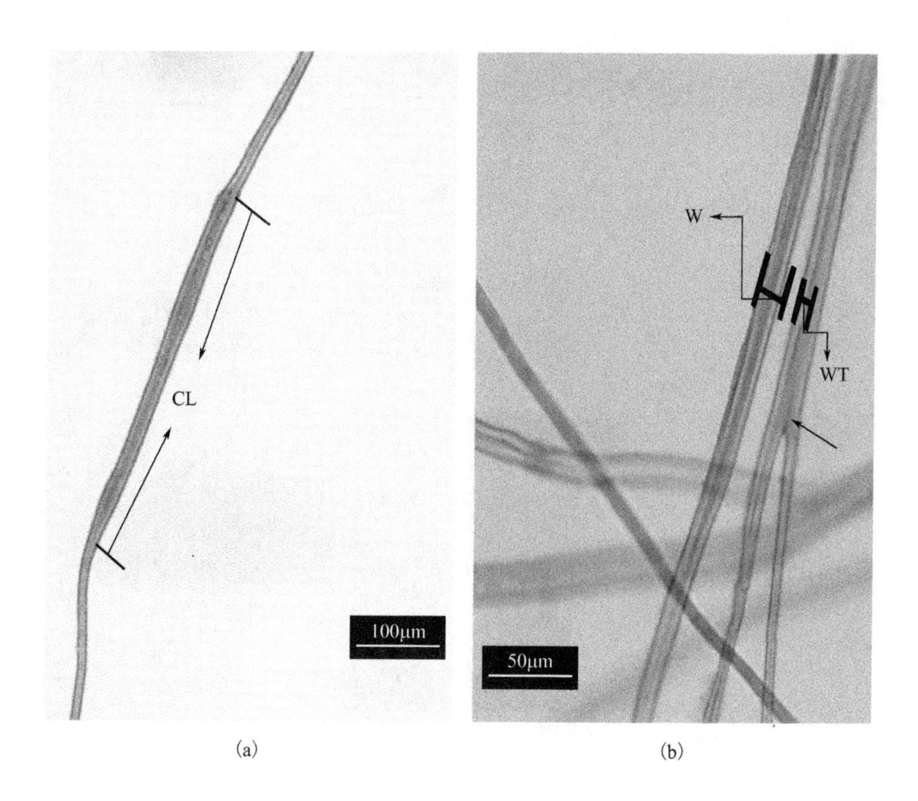

图 9-2 白木香纤维形态

9.2.1 白木香树枝树皮纤维形态

白木香直径 0～25mm 的树枝树皮纤维长度为 1036～5780μm，均值 2910μm，宽度为 6～32μm，宽度均值为 17μm，长宽比为 147～233，均值为 173（图 9-3，表 9-1）。

在图 9-3 中，图（a）为直径 0～3.0mm 的枝条的树皮纤维显微图，图（b）为直径 3.1～7.0mm 的枝条的树皮纤维显微图，图（c）为直径 7.1～10.0mm 的枝条的树皮纤维显微图，图（d）为直径 10.1～15.0mm 的枝条的树皮纤维显微图，图（e）为直径 15.1～20.0mm 的枝条的树皮纤维显微图，图（f）为直径 20.1～25.0mm 的枝条的树皮纤维显微图。

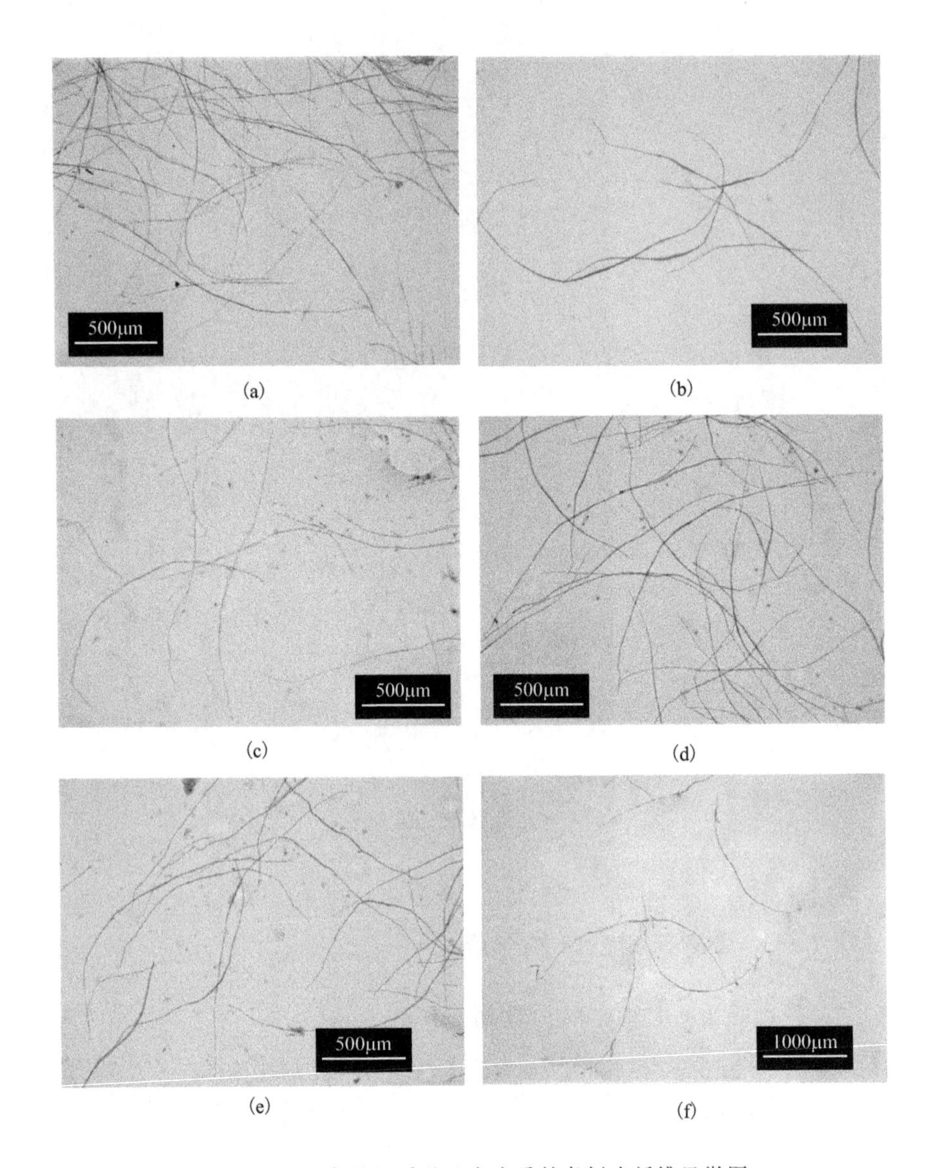

图 9-3　西双版纳沉香基地白木香枝条树皮纤维显微图

表 9-1　西双版纳沉香基地白木香树枝树皮纤维长度、宽度、长宽比

树枝直径/mm	长/μm				宽/μm				长宽比
	最小	平均	最大	方差	最小	平均	最大	方差	
0～3.0	1049	2068	3483	599	6	14	21	4	147
3.1～7.0	1110	2436	3805	680	8	16	25	5	149

续表

树枝直径/mm	长/μm				宽/μm				长宽比
	最小	平均	最大	方差	最小	平均	最大	方差	
7.1～10.0	1036	2649	4405	726	11	17	27	4	155
10.1～15.0	1447	3398	5452	672	7	15	22	4	233
15.1～20.0	2127	3328	5780	672	11	21	32	4	161
20.1～25.0	1981	3583	5395	673	11	19	32	5	193
平均值	2910				17				172

白木香直径 0～25mm 树枝树皮纤维壁厚 1.05～8.33μm，均值 3.09μm，腔径 1.18～18.27μm，均值 16.53μm，壁腔比 0.68～1.29，均值 0.97（表 9-2）。

表 9-2　西双版纳沉香基地白木香树枝树皮纤维壁厚、腔径、壁腔比

树枝直径/mm	壁厚/μm				腔径/μm				壁腔比
	最小	平均	最大	方差	最小	平均	最大	方差	
0～3.0	1.69	3.53	6.16	1.24	1.77	6.05	10.67	2.39	1.17
3.1～7.0	1.41	3.57	8.33	1.66	2.92	7.54	18.27	3.75	0.95
7.1～10.0	1.05	2.67	4.46	0.88	3.50	7.87	17.05	3.56	0.68
10.1～15.0	1.82	3.67	6.48	1.04	1.18	5.71	12.21	2.88	1.29
15.1～20.0	1.35	2.55	4.79	0.71	2.15	6.69	13.44	2.68	0.76
20.1～25.0	1.17	2.58	5.76	0.98	2.09	5.33	10.95	2.26	0.97
平均值	3.09				6.53				0.97

白木香树枝树皮纤维长度主要为 2～4mm，所占比例为 72%，长度＜2mm 的纤维占 17%，而长度＞4mm 的占 11%，见表 9-3。

表 9-3　西双版纳沉香基地 0～25mm 白木香树枝纤维长度分布频率

纤维长/μm	0～3.0	3.1～7.0	7.1～10.0	10.1～15.0	15.1～20.0	20.1～25.0	平均
0～1000	0.00	0.00	0.00	0.00	0.00	0.00	0.00
1001～2000	0.49	0.29	0.22	0.01	0.00	0.01	0.17
2001～3000	0.44	0.48	0.43	0.26	0.29	0.19	0.35
3001～4000	0.07	0.23	0.31	0.52	0.55	0.53	0.37
4001～5000	0.00	0.00	0.04	0.18	0.14	0.25	0.10
5001～6000	0.00	0.00	0.00	0.03	0.02	0.02	0.01

白木香树枝树皮纤维宽度主要分布于10～25μm，比例为88％，宽度<10μm的占7％，宽度>25μm的占5％（表9-4）。

表9-4 西双版纳沉香基地直径0～25mm白木香树枝纤维宽度分布频率

纤维宽/μm	0～3.0	3.1～7.0	7.1～10.0	10.1～15.0	15.1～20.0	20.1～25.0	平均
0～10.00	0.17	0.13	0.00	0.13	0.00	0.00	0.07
10.01～15.00	0.40	0.27	0.30	0.40	0.06	0.23	0.28
15.01～20.00	0.33	0.37	0.47	0.40	0.42	0.45	0.41
20.01～25.00	0.10	0.20	0.20	0.07	0.35	0.23	0.19
25.01～30.00	0.00	0.03	0.03	0.00	0.13	0.06	0.04
30.01～35.00	0.00	0.00	0.00	0.00	0.03	0.03	0.01

对西双版纳沉香基地白木香树枝树皮纤维形态随树枝直径变化规律分析如下。

直径1.5cm以下的树枝树皮纤维长度随树枝的直径增加而显著增加，直径1.0～1.5cm树枝树皮纤维长度和直径1.5～2.0cm的差异不显著，直径2.1～2.5cm的树枝树皮纤维长度比直径1.5～2.0cm的显著增加。SPSS单因素方差分析表明，在直径0～25mm的树枝中，随树枝直径的增长纤维长度增长，直径1cm及以上的树枝树皮纤维平均长度达3000μm以上，见图9-4。

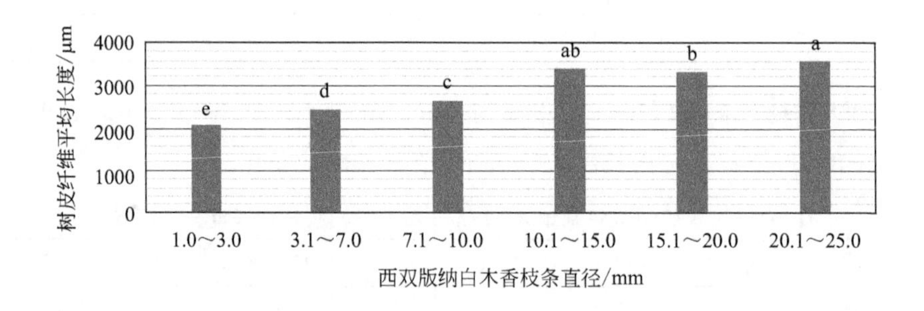

图9-4 西双版纳枝条树皮纤维长度随枝条直径的变化
使用调和均值样本大小为100，图中不同字母表示差异显著，
相同字母表示差异不显著（$\alpha=0.05$）

树皮纤维宽度、壁厚、腔径、腔长随着树枝直径的增加波动变化。在直

径分级基础上进行比较分析（spss 单因素方差分析，$p=0.05$），可得出以下结论：树枝直径 0～3.0mm 时，树皮纤维短，宽度较窄，壁较厚，腔径较小，腔长较短；树枝直径 3.1～7.0mm 时，树皮纤维显著伸长，宽度、壁厚、腔径、腔长中等；树枝直径 7.1～10.0mm 时，树皮纤维进一步伸长，宽度中等，壁较薄，腔较长且较大；树枝直径 10.1～15.0mm 时，树皮纤维继续伸长，宽度中等，壁较厚，腔长中等，腔径较小；树枝直径 15.1～20.0mm 时，树皮纤维长度伸长不显著，宽度较大，壁较薄，腔长和腔径均中等；树枝直径 20.1～25.0mm 时，树皮纤维长度继续伸长，较宽，壁较薄，腔长中等，腔径较小，如图 9-5～图 9-8 所示。

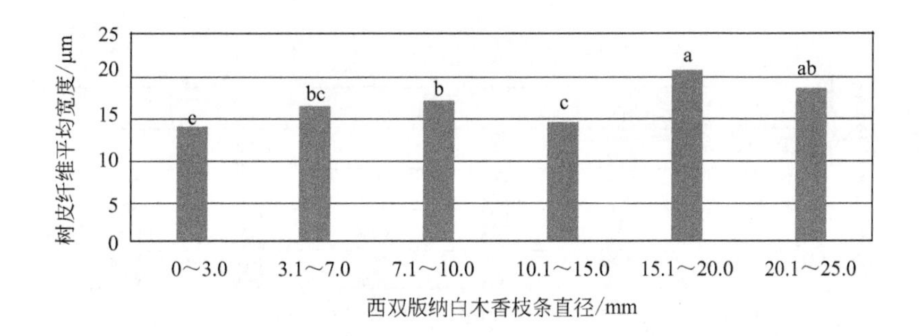

图 9-5　西双版纳枝条树皮纤维宽度随枝条直径的变化
使用调和均值样本大小为 30.326，图中不同字母表示差异显著，
相同字母表示差异不显著（$\alpha=0.05$）

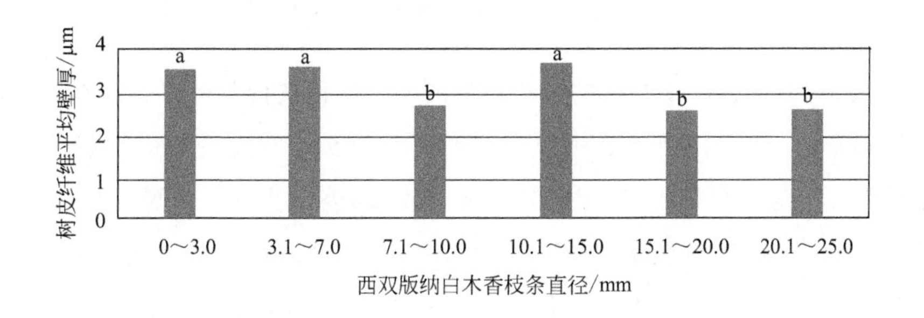

图 9-6　西双版纳枝条树皮纤维壁厚随枝条直径的变化
使用调和均值样本大小为 30，图中不同字母表示差异显著，
相同字母表示差异不显著（$\alpha=0.05$）

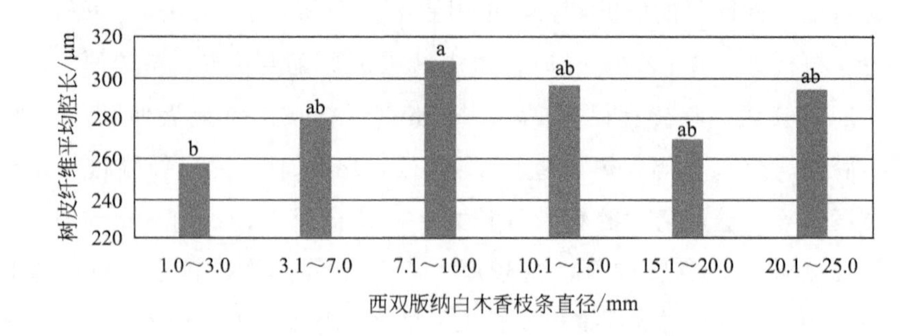

图 9-7　西双版纳枝条树皮纤维腔长随枝条直径的变化

使用调和均值样本大小为 30.162，图中不同字母表示差异显著，
相同字母表示差异不显著（α＝0.05）

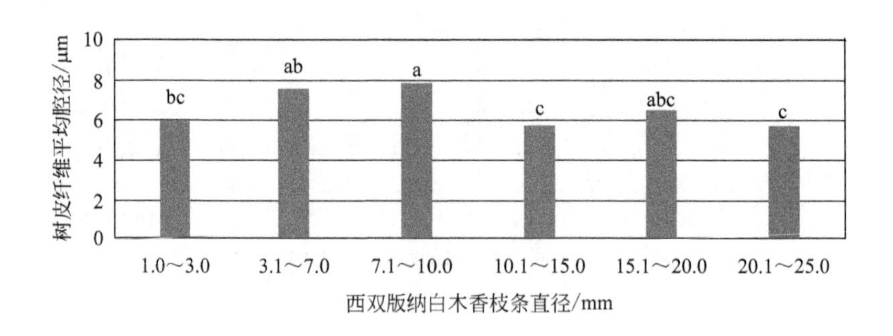

图 9-8　西双版纳枝条树皮纤维腔径随枝条直径的变化

使用调和均值样本大小为 30.162，图中不同字母表示差异显著，
相同字母表示差异不显著（α＝0.05）

据此对白木香树皮纤维的生长过程的形态变化进行分析，直径 0～3mm 时树皮纤维短细；直径 3.1～7.0mm 时纤维伸长，宽度变宽但不显著，腔变大且长，壁薄；直径 7.1～10.0mm 时纤维进一步伸长，腔继续变大变长，壁薄，宽度变宽但不显著；直径 10.1～15.0mm 时纤维进一步伸长，腔变短变小，壁增厚，宽度变化不显著；直径 15.1～20.0mm 时纤维未见伸长，腔变大变长，壁变薄，宽度变宽；直径 20.1～25.0mm 时纤维继续伸长但不显著，腔变小但未变短，壁薄，宽度变化不显著。

由此可见，树皮纤维的生长具有规律性和节律性，细胞壁厚薄配合细胞腔大小变化，腔变大变长时壁变薄（10mm 以下），腔变小变短时壁增厚

（10.1～15.0mm），继而腔变大变长壁变薄（15.1～20.0mm），再随后腔变小壁变厚（20.1～25.0mm），在此过程中纤维长度持续地伸长。

9.2.2　白木香树干树皮纤维特征

中山市五桂山沉香基地白木香树干树皮纤维的长度、宽度、长宽比、壁厚、细胞腔径、壁腔比随树高的变化见表 9-5 及表 9-6。

中山市五桂山沉香基地白木香树干高度 10～440cm，树皮纤维长度 532.50～5863.90μm，均值 3624.40μm，宽度 9.05～36.33μm，宽度均值 18.55μm，长宽比 152.33～222.96，均值 195.35。

中山市五桂山沉香基地已结香白木香树干高度 10～440cm 的树皮纤维壁厚 1.057～4.90μm，均值 2.41μm，腔径 3.42～33.12μm，腔径均值 11.16μm，壁腔比 0.37～0.56，均值 0.43。

中山市五桂山沉香基地白木香树干不同高度纤维长度分布频率如表 9-7 所示。白木香树枝树皮从纤维长度分级来看，主要分布于 3～5mm，比例为 79%，长度＜3mm 的纤维占 18%，而长度＞5mm 的占 3%。因此，就纤维平均长度和纤维长度分布频率而言，白木香树枝树皮纤维达到了特优原料纤维的标准。

通过对西双版纳沉香基地树枝纤维形态随枝条直径变异特征和中山市五桂山沉香基地树干纤维随树高变异特征的观察分析，得出以下结论。

① 白木香树皮纤维中部略大，两端细长，大部分纤维中部明显膨大，纤维中部明显膨大者的腔长和腔径差异较大，少数树皮纤维末端出现分叉。

② 西双版纳沉香基地直径 0～25mm 的白木香树枝树皮纤维长 1035.69～5780.32μm，均值 2910.41μm，纤维宽 6.32～32.31μm，均值 16.89μm，长宽比 146.93～232.98，均值 173.32，壁厚 1.05～8.33μm，均值 3.09μm，腔径 1.18～18.27μm，均值 16.53μm，壁腔比 0.68～1.29，均值 0.97。纤维长度主要分布于 2～4mm，比例为 72%，长度＜2mm 的占 17%，长度＞4mm的占 11%。纤维宽度主要分布于 10～25μm，比例为 88%，宽度＜10μm的占 7%，宽度＞25μm 的占 5%。

表 9-5 中山市白木香树干树皮纤维长度、宽度、长宽比

树干编号	树干高度/cm	树干直径/cm	长/μm				宽/μm				长宽比
			最小	平均	最大	方差	最小	平均	最大	方差	
B1	43758.00	13.7	1990.9	3468.31	5233.3	587.8	11.48	17.97	26.96	3.83	192.97
	130～140	12.1	1390.82	3437.8	4745.36	678.5	13.26	18.57	24.16	2.89	185.16
	230～240	8.9	1247.6	4133.44	5863.9	739.8	9.6	18.54	26.69	4.86	222.96
	330～340	6.68	2440.5	3654.27	5825.2	702.4	10.27	17.36	28.15	3.9	210.51
B2	43758.00	11.8	1647.3	3888.77	5761.2	731.9	9.48	18.65	33.36	5.42	208.46
	130～140	9.5	2154.9	3737.73	5295	719.5	9.89	20.2	36.33	5.86	185.08
	230～240	5.6	2710.2	3886.02	5178.8	538.2	9.87	19.62	30.43	5.3	198.08
	330～340	4.9	2555.3	3901.16	5382.2	638.1	12.85	19.19	33.21	5.14	203.3
	430～440	3.8	2529.2	3816.81	5344.8	514	12.24	18.12	23.27	3.31	210.65
B3	43758.00	9.8	532.5	3234.42	4850.6	645.2	14.24	21.23	28.52	3.15	152.33
	130～140	7.9	759.2	3321.48	5159.5	657.5	9.05	18.14	29.74	4.53	183.1
	230～240	6.4	647.7	3336.28	4652.2	584.9	12.24	17.26	24.47	5.68	193.28
	330～340	5.4	1921.4	3300.74	4849.22	580	9.16	16.34	22.98	3.3	202.01
平均值				3624.4				18.55			195.35

表 9-6　中山市白木香树干树皮纤维壁厚、腔径、壁腔比

树干编号	树干高度/cm	树干直径/cm	壁厚/μm				腔径/μm				壁腔比
			最小	平均	最大	方差	最小	平均	最大	方差	
B1	10～20	13.7	1.06	3.02	4.13	0.760321					
	130～140	12.1	1.68	2.71	4.35	0.684174	4.78	9.85	16.56	3.124816	0.55
	230～240	8.9	1.46	2.50	4.90	0.701822	3.42	10.02	17.99	3.445745	0.50
	330～340	6.68	1.74	2.66	3.84	0.509573	5.20	9.51	16.34	2.888657	0.56
B2	10～20	11.8	1.44	2.36	3.28	0.525145	5.42	9.60	20.78	3.916201	0.49
	130～140	9.5	1.21	2.13	3.35	0.4826	4.90	10.93	17.79	3.144052	0.39
	230～240	5.6	1.33	2.35	4.32	0.632645	4.81	12.27	20.66	4.711113	0.38
	330～340	4.9	1.24	2.29	3.73	0.549548	6.79	12.12	22.57	4.050316	0.38
	430～440	3.8	1.36	2.23	3.41	0.529212	7.10	11.35	21.28	3.293814	0.39
B3	10～20	9.8	1.25	2.27	3.75	0.502725	5.79	13.91	21.51	4.091779	0.33
	130～140	7.9	1.07	2.27	3.66	0.554668	5.23	12.07	16.72	2.994886	0.38
	230～240	6.4	1.23	2.21	3.00	0.437625	5.86	11.82	20.76	4.138443	0.37
	330～340	5.4	1.07	2.39	4.00	0.593983	3.88	10.44	33.12	5.187917	0.46
平均值				2.41				11.16			0.43

表 9-7　中山市五桂山沉香基地白木香树干不同高度纤维长度分布频率

树编号		B1				B2					B3				平均值
直径/mm		13.7	12.1	8.9	6.68	11.8	9.5	5.6	4.9	3.8	9.8	7.9	6.4	5.4	
高度/cm		10～20	130～140	230～240	330～340	10～20	130～140	230～240	330～340	430～440	10～20	130～140	230～240	330～340	
纤维长/μm	1000	0	0	0	0	0.00	0.00	0.00	0.00	0.00	0.01	0.01	0.01	0	0
	2000	0.01	0.03	0.01	0	0.01	0.00	0.00	0.00	0.00	0.04	0	0.01	0.01	0.01
	3000	0.2	0.25	0.03	0.2	0.08	0.14	0.07	0.09	0.05	0.29	0.3	0.24	0.31	0.17
	4000	0.64	0.52	0.38	0.54	0.43	0.46	0.52	0.44	0.63	0.54	0.56	0.65	0.6	0.53
	5000	0.14	0.2	0.47	0.23	0.40	0.38	0.40	0.43	0.30	0.12	0.11	0.1	0.08	0.26
	6000	0.01	0	0.11	0.03	0.07	0.02	0.01	0.04	0.02	0	0.02	0	0	0.03

树皮纤维随树枝直径的增长纤维长度增长，纤维宽度、壁厚、腔径、腔长随着树枝直径的增加波动变化，树皮纤维的形态在生长过程中具有规律性和节律性，细胞壁厚薄配合细胞腔大小变化，腔变大变长时壁变薄（10mm以下），腔变小变短时壁增厚（10.1～15.0mm），继而腔变大变长壁变薄（15.1～20.0mm），再随后腔变小壁变厚（20.1～25.0mm），在此过程中纤维长度持续地伸长。

③ 中山市五桂山沉香基地白木香树干高度10～440cm的树皮纤维长532.50～5863.90μm，均值3624.40μm，宽9.05～36.33μm，均值18.55μm，长宽比152.33～222.96，均值195.35，纤维壁厚1.057～4.90μm，均值2.41μm，腔径3.42～33.12μm，均值11.16μm，壁腔比0.37～0.56，均值0.43。纤维长度主要分布于3～5mm，比例为79%，长度＜3mm的占18%，长度＞5mm的占3%。

树干树皮纤维长度、宽度、腔径随树高和直径的增加没有显著规律性；纤维壁厚随树高的增加而降低，随直径的降低而降低；纤维腔长在树干高度为140cm及以下时随树高增加而增加，随后的变化与树高的关系没有显著规律性，纤维腔长在树干直径为5.6cm及以上时随直径降低而增加，随后的变化没有显著规律。

白木香树皮纤维的特征与青檀树皮较为接近，在韧皮纤维中属于较细软的类型。白木香直径为0～25mm的树枝纤维长度均值为2910.41μm，宽度均值16.89μm，长宽比均值173.32，树干高度10～440cm树皮纤维长度均值为3624.40μm，宽度均值18.55μm，长宽比均值195.35。据报道，青檀树皮平均长度约为3.5mm，宽度约12μm左右。方升佐等报道安徽青檀人工林檀皮纤维长2181～2730μm，宽9.8～12.0μm，长宽比184.8～250.5。汪殿蓓等报道湖北野生2～3年生健壮青檀树枝条的平均长度为1499.68μm，平均宽度为8.9μm，长宽比为168.91。因此，白木香与青檀纤维的长度和长宽比的均值接近，甚至优于青檀。说明白木香树枝的树皮制浆造纸有良好的先决条件，同样属于韧皮纤维中较为纤细而柔软的纤维。

本书为研究白木香树皮纤维在生长过程中的纤维形态，白木香树皮纤维的腔径是指在离析条件下测量纤维细胞中部膨大部位的腔径，壁腔比的计算也是依据纤维细胞中部膨大处的腔径，这种测量方式与通过横切面测量细胞腔径不同，在参考和实际应用中应注意两者测量方式及结果的不同。

从横切面观察白木香树皮时，韧皮纤维占树皮面积的30%以上，纤维丰富，为进一步研究白木香树皮造纸的条件，还需继续对其纤维素、木质素、灰分等化学成分进行分析。

10.1 结论

① 研究提出并初步验证了白木香失水可诱导白木香结香的科学假设，失水是白木香细胞死亡的诱因之一，是可诱导白木香结香的重要因素。白木香在受无机盐、真菌菌剂、开香门、环剥刺激后形成的阻隔层或细胞的木质化或栓皮层或侵填体均具有封堵伤口和防止细胞失水的功能。环剥、开香门、无机盐试剂、真菌试剂均使白木香在受伤区域形成薄层状沉香区域，环剥创伤后细胞失水较严重的裸露创口处理较保持环境含水量的包裹薄膜处理会导致更多组织死亡，所积累的沉香特征性化合物含量更高，说明由于薄膜的保水作用，表层细胞失水变缓慢，失水死亡的组织较少，缓和失水的细胞组织可较长时间保持在濒死状态，积累了更多的深色次生代谢产物。包裹薄膜的情况使创口水分含量高，邻近的内含韧皮部未死亡且分化出完整的次生维管组织系统，说明内含韧皮部和木质部其他细胞失水是导致细胞死亡的诱因。白木香在离体失水状态下可以形成少量沉香特征性化合物。白木香木段离体失水培养 253 天，含水率下降，在木段表面下形成沉香层并产生了木质化现象，GC-MS 检测到少量色酮类化合物和芳香族化合物。

② 不同结香方式导致不同的创伤愈合机理。解剖构造变化分析表明不同结香方式引起的白木香结香区域形成和再生组织差异明显，HPLC 特征图谱也表明特征性化学成分因结香方法不同有明显的不同。不同程度环剥使白木香形成沉香层和完整或不完整的次生维管组织系统将创口完整覆盖修复，无机盐溶液、菌剂注入树干或开香门法结香均使白木香形成沉香层、阻

隔层和过渡层，具有细胞木质化和晶体富集现象。采用开香门法，创口四周发生再生组织，呈包围创口的趋势，创口内侧形成腐朽层、沉香层、阻隔层和过渡层；而盐水胁迫法、失水法、化学试剂 A 注入法处理未使白木香形成再生组织，其中盐水胁迫法和化学试剂 A 法无细胞木质化现象和晶体富集现象。

③ 研究发现内含韧皮部具有脱分化和再分化形成完整次生维管组织系统、皮层、周皮的功能，在不同情况下分化出不同的再生组织，具有向下输送营养物质的功能。环剥至表层木质部并包裹薄膜处理，以创口的内含韧皮部为分化中心形成扇形维管组织系统，包括木质部、形成层、韧皮部、皮层、周皮。环剥至形成层并包裹薄膜处理，创口表层未再生形成韧皮部、皮层和周皮，但树木仍然生长旺盛，环剥创口上侧没有隆起，说明树木光合作用产生的营养可向下输送。内含韧皮部在环剥情况下可分化出完整的维管组织系统，在一侧分化木质化细胞群、小导管；在开香门情况下周围分化出木质化细胞群；在无机盐、真菌菌剂注入树干情况下一侧分化出木质化细胞群、薄壁细胞群、小导管。

④ 阻隔层和过渡层分隔开沉香层和白木层，是创伤愈合重要的标志，阻隔层由木质化细胞群和富含晶体的薄壁细胞群构成，过渡层是由内含韧皮部分化出木质化细胞群的区域，阻隔层和过渡层的构成和形态在不同处理条件下有区别。细胞的木质化可使细胞具有疏水性，阻隔水分传输，晶体的富集可能是由于水分源源不断输送到阻隔层的部位，但阻隔层细胞木质化，使水分不能通过而积聚，水分中的矿物质因此而沉积，导致薄壁细胞中富含晶体。采用真菌菌剂和无机盐诱导的所得样品的阻隔层在纵向上甚至横向上是连续的，过渡层内含韧皮部分化的木质化细胞群和小导管在内含韧皮部髓心方向一侧；而采用开香门法所得样品的阻隔层在横向上和纵向上都不连续，过渡层内含韧皮部分化木质化细胞群在内含韧皮部周围且没有形成小导管。

⑤ 再生组织的形成受到多种因素的影响。环剥包裹薄膜时再生组织少且不连续，裸露创口时发达且连续，说明含水率低刺激内侧木质部的分化，而含水率高不利于再生组织形成。环剥至表层木质部，活立木再生组织发达而连续，其间不镶嵌原组织，台风倒木再生组织少且镶嵌原组织，其再生组

织分化速度的差异可能与台风倒木的生理活动较活立木弱，再生分化功能迟缓有关。环剥至形成层裸露创口处理再生组织较少且镶嵌原组织，环剥至木质部裸露创口处理再生组织发达且不镶嵌原组织，说明创伤至木质部所引起的创伤刺激所致再生组织分化速度比创伤至形成层快，形成的再生组织更多。

⑥ 解剖及化学分析结果表明，环剥至形成层并包裹薄膜处理、氯化钠和亚硫酸氢钠混合试剂处理、化学试剂 A 浓度 1 处理的结香效果较好，其中环剥法的沉香层易于采收，采收后树木仍然可继续生长，具有重复结香采香的潜能。环剥至形成层并包裹薄膜，解剖观察可见，除了内含韧皮部、木射线和部分导管，部分的木纤维中也积累了深色次生代谢产物，GC-MS 分析所得倍半萜类含量高达 57%，乙醇提取物含量 19.22%。氯化钠和亚硫酸氢钠的 1%混合溶液和试剂 A 浓度 1 的沉香四醇含量达到《药典》对药材沉香的要求，乙醇提取物含量分别为 16.22%和 12.28%。化学试剂 A 的结香区域为块状，是目前报道的结香方法中结香区域最大的方法，但其安全性还需进一步检验。

⑦ 水分胁迫诱导白木香结香具有一定的效果，每盆的供水量为 2L～4L/周，为一个重要的供水梯度值，在供水量为 3L/周以下时，水分胁迫白木香产生不同程度的诱导结香。木质部颜色加深，木质部有独特的香味，胸径增长缓慢，树叶明显脱落，木质部含水率下降。在水分胁迫开始的一年中，由形成层分裂产生的生长轮中导管直径减小，木质部中有淡黄色物质沉积在薄壁细胞处。胼胝质在受到严重的胁迫下数量减少，在轻微水分胁迫下白木香内含韧皮部胼胝质数量最多，当水分充足时白木香胼胝质数量很少或基本不出现。木质部中木质素含量增加、灰分含量降低，苯醇提取物含量增加。沉香的检测实验结果：显色反应特征明显呈淡紫色和紫堇色，薄层色谱在规定比例处有荧光斑点，高效液相色谱出峰位置有部分与标准谱图和野生沉香高效液相色谱谱图部分有效的出峰位置吻合，但是并未满足《药典》规定的 6 个标准特征峰。GC-MS 检测出木质部的提取物中含有部分沉香中的有效成分，主要为色酮类、芳香族类及少量倍半萜衍生物。

⑧ 白木香树皮纤维的特征与青檀树皮较为接近，在韧皮纤维中属于较细软的类型，是造纸的优良材料。白木香树皮纤维中部略大，两端细长，大

部分纤维中部明显膨大，纤维中部明显膨大者的腔长和腔径差异较大，少数树皮纤维末端出现分叉。

西双版纳沉香基地直径 0～25mm 的树枝树皮纤维长度均值为 2910.41μm，纤维宽度均值 16.89μm，长宽比均值 173.32；纤维长度主要分布于 2～4mm，比例为 72%。纤维宽度主要分布于 10～25μm，比例为 88%。树皮纤维的形态在生长过程中具有规律性和节律性，细胞壁厚薄配合细胞腔大小变化，腔变大变长时壁变薄，腔变小变短时壁增厚，继而腔变大变长壁变薄，此过程中纤维长度持续地伸长。

中山市五桂山沉香基地树干高度 10～440cm 的树皮纤维长度均值为 3624.40μm，宽度均值 18.55μm，长宽比均值 195.35；纤维长度主要分布于 3～5mm，比例为 79%。树皮纤维长度、宽度、腔径随树高和直径的增加没有显著规律性；纤维壁厚随树高的增加而降低，随直径的降低而降低；纤维腔长在树干高度为 140cm 及以下时随树高增加而增加，随后的变化与树高的关系没有显著规律性，纤维腔长在树干直径为 5.6cm 及以上时随直径降低而增加，随后的变化没有显著规律。

10.2 展望

① 阻隔层是白木香通体结香技术中抵御伤害的重要屏障，如何消除和减少阻隔层的形成是高效结香技术的难题，而本实验中化学试剂 A 在结香过程中未出现阻隔层且深色次生代谢产物沉积区呈块状，说明阻隔层的消除可以实现。化学试剂 A 不会导致阻隔层和细胞木质化现象的原因尚不清楚，可能与白木香本身的基因和代谢途径有关，这是一个值得研究的问题。但化学法结香被认为可能存在对人体健康的风险，因此化学法的应用还需经过食品药品安全检验。

综合多种的刺激白木香或能产生更多种类的沉香特征性化合物。化学试剂注入树干诱导结香的方法中，混合试剂效果明显较好，真菌培养液的混合液结香效果也较单株真菌培养液诱导结香效果好。在离体失水法的基础上，结合化学试剂、植物激素或真菌培养液诱导，或可增加对白木香的刺激，从而产生含量更大的次生代谢产物。

② 白木香剥皮是一种稳定可靠的机械创伤结香方法，不会致树木死亡，不需砍伐整棵树取香，可持续、经济、简单、安全，但剥皮部位、剥皮程度、剥皮季节、结香时长、树龄等因素对所得沉香质量的影响还需进一步研究。白木香树皮也曾是一种造纸原料，其树皮纤维占比大、细长，但目前少有利用，研究如何利用白木香树皮造纸也是高效综合利用白木香人工林的途径之一。在后续的研究中，为扩大结香范围和增加树皮采集量，要针对白木香整树不同程度剥皮采香对白木香树的影响进行研究。本书的研究表明白木香伤口的愈合和组织再生情况与伤口的环境条件有密切关系，本书中剥皮实验在冬季进行，树木的生理活动不如夏季活跃，储存的营养物质较多，而如果在其他季节对白木香树干进行剥皮，则很可能出现本书中未出现的剥皮愈合和结香情况。

环剥裸露创口处理时，其再生栓皮层与沉香层之间有一层富含深色次生代谢产物的薄壁细胞，可能是在创伤愈合早期形成的愈伤组织层。对白木香在环剥后的再生过程进行观察，可分析各类细胞所发挥的功能，形成层组织、木质部组织中的细胞分化、形成次生代谢产物的部位，可阐释沉香的形成是在受创部位，或者在其他部位形成代谢产物后转移到受创部位。

环剥、真菌菌剂注入树干、无机盐试剂注入树干后，木质部内侧的内含韧皮部靠近髓心一侧的部位分化出木质化细胞群和导管，内含韧皮部内侧小导管的形成可能是由于再生组织形成初期需要较多水分供给，为加强水分疏导的功能而在邻近的组织中分化出小导管。

晶体在再生组织、阻隔层薄壁细胞中富集，可能的原因是，创伤后，植物内部水分从创口向外蒸发，而当创口逐渐愈合时，向外蒸发的水分大量积聚在创口及愈合的组织内，其中的矿物质沉积而形成晶体。

再生木质部的组织形态异常，再生导管形态弯曲，平均直径降低，再生内含韧皮部的形态与原组织相比变细变窄。其原因可能是，再生组织由再生形成的维管形成层分化而成，再生形成的维管形成层尚不成熟，所分化出的组织形态与幼龄的组织形态较接近。

在裸露创口的情况下，木质部再生出完整连续的木质部、韧皮部和周皮，而包裹薄膜的情况下，木质部再生出木质化细胞群、薄壁细胞群、木射线、导管、筛管和少数韧皮纤维，未形成周皮和完整独立的韧皮部。可见较低的湿度可刺激白木香创口内侧木质部组织栓化和再生，而在较高湿度条件下，白木香的木质部未受失水胁迫，树木创伤信号弱或少，未形成可防止水分散失的栓化层，再生组织少且尚未形成完整连续的维管组织层。创口在较低湿度条件下的表层细胞失水较快，可能是其创伤刺激信号与高湿度条件下的信号不同，因而导致白木香的愈合方式不同。

在包裹薄膜条件下，白木香细胞是何时开始合成深色次生代谢产物，何时进入细胞程序性死亡值得后续研究。如果在包裹薄膜的条件下，白木香细胞进入程序性死亡先于深色次生代谢产物的形成，且在薄膜包裹条件下，细胞程序性死亡的过程较裸露创口更长，说明沉香的形成是在失水导致的细胞程序性死亡过程中合成的，水分的散失程度影响细胞程序性死亡的过程：在水分充足的条件下，表面受创的细胞可能因创伤进入程序性死亡过程，但过程较缓慢，给受创细胞合成更多次生代谢产物的机会，且周边的细胞向受创细胞输送营养物质的时间更长，当受创细胞彻底死亡，周边的细胞不能再将营养物质输送到受创细胞内。如果在环剥初期裸露创口一段时间，在更多的白木香细胞进入程序性死亡后，再包裹薄膜减缓程序性死亡过程，或有利于扩大深色次生代谢产物的累积区域和累积量。